21 世纪高等工科教育数学系列课程教材

概率论与数理统计

王丽英　王亚红　孙海珍◎主　编
　　　王秋宝　冯雅南◎副主编

中国铁道出版社有限公司
CHINA RAILWAY PUBLISHING HOUSE CO., LTD.

内 容 简 介

本系列教材为大学工科各专业公共课教材,包括《高等数学》(上、下册)、《线性代数与几何》、《概率论与数理统计》(第三版)四册。本书编者在前两版的基础上,根据工科数学教改精神,在多个省部级教学改革研究成果的基础上,结合多年的教学实践进行修订。书中融入了许多新的教学思想和方法,改正了近年教学过程中发现的问题。全书共 10 章,包括随机事件与概率、随机变量及其分布、二维随机变量及其分布、随机变量的数字特征、大数定律和中心极限定理、数理统计的基本概念、参数估计、假设检验、方差分析与回归分析。每章有精心选配的习题用以巩固知识,书末附有部习题参考答案。

本书面向工科学生,适合作为普通高等院校土木工程、机械工程、电气自动化工程、计算机工程、交通工程、工商管理、经济管理等本科专业的教材或教学参考书,也可供报考工科硕士研究生的人员参考。

图书在版编目(CIP)数据

概率论与数理统计/王丽英,王亚红,孙海珍主编.—3 版.—北京:中国铁道出版社有限公司,2022.12(2023.12 重印)
21 世纪高等工科教育数学系列课程教材
ISBN 978-7-113-29756-5

Ⅰ.①概⋯ Ⅱ.①王⋯ ②王⋯ ③孙⋯ Ⅲ.①概率论-高等学校-教材②数理统计-高等学校-教材 Ⅳ.①O21

中国版本图书馆 CIP 数据核字(2022)第 210266 号

书　　名：	概率论与数理统计
作　　者：	王丽英　王亚红　孙海珍

策　　划：	祝和谊	编辑部电话:	(010)63549501
责任编辑：	贾　星　包　宁		
责任校对：	苗　丹		
责任印制：	樊启鹏		

出版发行：中国铁道出版社有限公司(100054,北京市西城区右安门西街 8 号)
网　　址：http://www.tdpress.com/51eds/
印　　刷：河北宝昌佳彩印刷有限公司
版　　次：2015 年 2 月第 1 版　2022 年 12 月第 3 版　2023 年 12 月第 3 次印刷
开　　本：787 mm×1 092 mm　1/16　印张:14.75　字数:368 千
书　　号：ISBN 978-7-113-29756-5
定　　价：39.80 元

版权所有　侵权必究

凡购买铁道版图书,如有印制质量问题,请与本社教材图书营销部联系调换,电话:(010)63550836
打击盗版举报电话:(010)63549461

21世纪高等工科教育数学系列课程教材

编 委 会

主　任	刘响林
副主任	张素娟　孙海珍　张少谱
编　委	王永亮　范瑞琴　赵　晔　李向红
	左大伟　陈聚峰　郭志芳　郭秀英
	赵士欣　王亚红　王丽英　李　华
	胡俊美　冯雅南　张　扬　张丽丽
	孙　铁　刘　炜　孟维维

第三版前言

本教材是在第二版的基础上,根据教育部新工科建设精神和一流课程建设精神修订而成。

第三版在原有两版的基础上,增加基本概念的引入、注解等内容,重现其发展过程,阐释其数学本质;增加概率统计历史文化、案例、前沿应用等延展阅读内容;增加 MATLAB 代码,用于复杂计算、抽象内容的直观呈现;修订课后习题,按照基础类及综合类两组编排;删除第二版的第 11 章及相关内容。上述修订聚焦新工科建设需求,融入了编者混合式教学改革及课程思政经验,力求提升课程的高阶性、创新性及挑战度,充分发挥课程的育人功能。

本书由王丽英、王亚红、孙海珍任主编,王秋宝、冯雅南任副主编。王丽英和王亚红共同完成内容修订,孙海珍负责全书校验及统稿,王秋宝负责增添 MATLAB 代码。张莉、王盼望、冯雅南、白晨明、聂旭东、李艳艳、尹显利负责课后习题校验。在修订过程中,得到了刘响林、王永亮、张少谱等老师的大力支持,石家庄铁道大学数理系多位教师提出了宝贵意见,在此一并表示感谢。

由于编者水平有限,书中仍有不妥之处,敬请读者批评指正。

编 者

2022 年 10 月

第二版前言

本教材第二版是在第一版的基础上，根据教育部关于新工科建设的精神修订的。修订的主要内容有：

第二版融入了近年来教育部工科数学教学改革精神，尝试反映概率论与数理统计相关领域技术发展新趋势；吸收编者近年来教学成果、教学实践，力求教学内容导入、讲解更加符合学生兴趣，增强了教材的可读性；改正了第一版中的少量错误和欠妥之处；更新了部分例题和习题，以使教材内容更契合学生基础，同时呈现概率论与数理统计相关知识在工科各专业的应用背景，以利于后续课程的衔接学习。

编 者
2019 年 7 月

第一版前言

本系列教材是在多年教学改革、教学研究和教学实践基础上，广泛征求意见，参照教育部教学指导委员会2012年颁布的《工科类本科数学基础课教学基本要求》（修改版），紧扣近年教育部颁布的《全国硕士研究生入学统一考试》数学考试大纲，并结合编者丰富的教学经验编写而成的。编写中力求渗透现代数学思想，淡化计算技巧，加强应用能力的培养。本系列教材的原讲义在多年的教学实践中受到了广大师生的欢迎和同行的肯定，在总体结构、编写思想和特点、难易程度把握等方面，经受了实践的考验。本系列教材包括《高等数学》（上、下册）、《线性代数与几何》、《概率论与数理统计》。

本书是《概率论与数理统计》。教材努力体现以下特色：

(1) 既突出概率论和数理统计学科特点，又兼顾与《高等数学》、《线性代数与几何》等先修课程的联系，实现课程间的自然衔接。

(2) 在概率论部分的内容选择与安排上，注意将理论体系的系统性、严谨性与丰富的背景、广泛的应用有机结合，使读者能够对基本概念有更深入的理解，并能够重视理论联系实际。在数理统计部分的内容选择与安排上，注重统计思想的阐述及统计方法的应用。

(3) 在基本概念的引入或基本方法的应用中，注意从实际问题出发，抽象为理论，再应用于实践，以调动学生学习的积极性，提高学生分析问题和解决问题的能力。

(4) 为培养学生学习概率论与数理统计的兴趣，在部分章节简介了相关的研究背景及应用。

全书内容包括：随机事件与概率、随机变量及其分布、二维随机变量及其分布、随机变量的数字特征、大数定律和中心极限定理、数理统计的基本概念、参数估计、假设检验、方差分析、回归分析与正交试验。本书适合作为普通高等院校工科各专业公共数学基础课的教材或教学参考书，也可供报考工科硕士研究生的人员参考。

本书由孙海珍、王丽英任主编，王亚红、赵士欣、李华任副主编。孙海珍、王丽英负责总体方案的设计、具体内容的安排及统稿工作。编写分工如下：赵士欣（第1章），王亚红（第2、3章），孙海珍、李华（第4、5、10、11章），王丽英（第6～9章）。在编写过程中，得到了刘响林、陈庆辉等老师的大力支持。石家庄铁道大学的许多任课老师提出了宝贵意见，在此一并表示感谢。

由于编者水平有限，书中仍可能有不妥之处，敬请读者批评指正。

编　者
2014年12月

目 录

第1章 随机事件与概率 ... 1
- 1.1 随机事件和样本空间 ... 1
- 1.2 概率的定义与性质 ... 5
- 1.3 古典概型和几何概型 ... 8
- 1.4 条件概率与全概率公式 ... 12
- 1.5 随机事件的独立性 ... 17
- 习题1A ... 21
- 习题1B ... 23
- 延展阅读 ... 24

第2章 随机变量及其分布 ... 27
- 2.1 随机变量和分布函数 ... 27
- 2.2 离散型随机变量 ... 29
- 2.3 连续型随机变量 ... 35
- 2.4 正态分布 ... 40
- 2.5 随机变量函数的分布 ... 44
- 习题2A ... 47
- 习题2B ... 49
- 延展阅读 ... 50

第3章 二维随机变量及其分布 ... 52
- 3.1 二维随机变量的概念及其分布函数 ... 52
- 3.2 二维离散型随机变量 ... 53
- 3.3 二维连续型随机变量 ... 58
- 习题3A ... 69
- 习题3B ... 72
- 延展阅读 ... 73

第4章 随机变量的数字特征 ... 75
- 4.1 数学期望 ... 75
- 4.2 方差 ... 83
- 4.3 协方差 相关系数和矩 ... 86
- 4.4 分位数 ... 88
- 习题4A ... 89
- 习题4B ... 90
- 延展阅读 ... 91

第 5 章　大数定律和中心极限定理 ····· 95
5.1　大数定律 ····· 95
5.2　中心极限定理 ····· 98
习题 5A ····· 101
习题 5B ····· 101
延展阅读 ····· 101

第 6 章　数理统计的基本概念 ····· 104
6.1　样本与统计量 ····· 104
6.2　抽样分布 ····· 107
习题 6A ····· 113
习题 6B ····· 114
延展阅读 ····· 114

第 7 章　参数估计 ····· 117
7.1　参数的点估计 ····· 117
7.2　参数的区间估计 ····· 124
习题 7A ····· 131
习题 7B ····· 132
延展阅读 ····· 133

第 8 章　假设检验 ····· 135
8.1　假设检验的基本思想 ····· 135
8.2　假设检验的基本概念和方法 ····· 137
8.3　单个正态总体参数的假设检验 ····· 139
8.4　两个正态总体参数的假设检验 ····· 144
8.5　分布拟合检验 ····· 150
8.6　秩和检验简介 ····· 153
习题 8A ····· 156
习题 8B ····· 157
延展阅读 ····· 159

第 9 章　方差分析 ····· 161
9.1　单因素方差分析 ····· 161
9.2　双因素方差分析 ····· 172
习题 9 ····· 182
延展阅读 ····· 184

第 10 章　回归分析 ····· 186
10.1　一元线性回归 ····· 186
10.2　一元非线性回归 ····· 194

  10.3 多元线性回归 ··· 197
 习题 10 ··· 200
 延展阅读 ··· 200

附录 ··· 202
 附表 A 标准正态分布表 ··· 202
 附表 B 泊松分布表 ··· 203
 附表 C t 分布上侧分位数表 ··· 205
 附表 D χ^2 分布上侧分位数表 ··· 206
 附表 E F 分布上侧分位数表 ··· 208
 附表 F 多重比较的 $q_a(r, f)$ 表 ··· 214

部分习题参考答案 ··· 216

第 1 章 随机事件与概率

概率论源于 17 世纪中叶. 通常大家都认为概率的数学理论是由法国数学家帕斯卡 (1623—1662) 和费马 (1601—1665) 首创的. 他们成功地导出了包括掷骰子在内的一些博弈的实际概率. 在巴斯加尔、费马、伯努利等人的努力下, 现在广泛应用于各个领域的概率论逐步建立起来了. 同时, 随着航海、航空、保险业的发展, 这些领域中提出的问题也促使概率论得到了进一步的发展和完善. 到 19 世纪, 初等概率论已经走向成熟. 初期研究概率论的代表人物有拉普拉斯 (Laplace)、高斯 (Gauss)、泊松 (Poisson)、切比雪夫、马尔可夫、柯尔莫哥洛夫、格涅坚科等. 现在, 概率论已经广泛应用到物理、数学、军事科学、天文学、经济和金融学、生物和医学、电子学等领域.

数理统计的发展是 19 世纪中叶开始的, 在其奠基阶段, 主要的代表人物有英国的统计学家 K. Pearson 和 R. A. Fisher. Pearson, 主要研究利用一些数据来求频率曲线, 从而描述所研究对象的特征的分布; 而 Fisher 则开创了试验设计、估计理论和方差分析等统计理论. 自 1920 年以来, J. Neyman 和 E. Pearson 创立了假设检验理论后, 数理统计开始蓬勃发展起来, 逐步建立了统计判断理论、多元统计分析、方差分析、时间序列分析、随机模拟等数理统计分支. 随着各学科不断提出新问题和数理统计在各个领域的不断应用, 使数理统计和其他学科相互渗透, 产生了各种各样的应用统计分支, 如水文统计、地质统计、生物统计、工程统计、质量统计和计量经济等. 从数理统计的特点和发展过程看, 它是一门研究如何收集数据、整理数据和分析数据的应用数学学科, 它在国民经济的各个领域中都有着重要的作用.

1.1 随机事件和样本空间

1.1.1 随机试验

人们通常把自然界或社会中出现的现象分为两类: 一类是必然的 (又称确定性的), 如重物在高处总是垂直落到地面, 在标准大气压下, 水在 100 ℃沸腾, 气体在一定大气压下满足状态方程 $pV = nRT$ 等, 早期的科学就是研究这一类现象的规律性, 所应用的数学工具有数学分析、几何、代数、微分方程等. 另一类现象是事前不可预测的, 即在相同条件下重复进行试验, 每次的结果未必相同, 这一类现象称为偶然现象或随机现象, 如掷一枚硬币, 其结果可能是正面, 也可能是反面, 其他如农作物在收获前的产量, 射击时子弹的落点都是不能事先确定的. 这些偶然现象的发生表面上看是偶然的, 但是, 在偶然的表面下蕴含着必然的内在规律性. 概率论就是研究这种偶然现象的内在规律性的一门学科.

在概率论研究中, 我们把人们的某种活动称为试验. 这里试验的含义十分广泛, 包括各种各样的科学试验, 也包括进行一次测量或进行一次抽样观察. 注意与物理、化学等科学实验的区别.

定义 1.1　将满足如下条件的试验称为**随机试验**(用 E 表示)：
(1) 在相同的条件下可以重复进行；
(2) 每次试验的可能结果有多个，并且事先知道所有可能发生的结果；
(3) 每次试验的具体结果不能事先确定.
以后我们提到的试验都指的是随机试验，例如：
E_1：将一枚硬币抛掷三次，观察正面 H、反面 T 出现的情况；
E_2：掷一颗骰子，记录其出现的点数；
E_3：在一批灯泡中任取一只，测试它的寿命.

1.1.2　样本空间

定义 1.2　随机试验 E 的所有可能结果组成的集合称为 E 的**样本空间**，记为 Ω. 样本空间的元素，即 E 的每个结果称为**样本点**，记为 ω 或 $\omega_1,\omega_2,\cdots$.
上述试验 $E_i(i=1,2,3,4)$ 的样本空间 Ω_i 为
$\Omega_1=\{HHH,HHT,HTH,HTT,THH,THT,TTH,TTT\}$；
$\Omega_2=\{0,1,2,3,\cdots\}$；
$\Omega_3=\{1,2,3,4,5,6\}$；
$\Omega_4=\{t\mid t\geqslant 0\}$.

1.1.3　随机事件

定义 1.3　在一次试验中可能出现也可能不出现的结果或事件称为**随机事件**，简称**事件**，用字母 $A,B,C,\cdots$ 表示；把不可能再分或没有必要再分的事件称为**基本事件**. 样本空间一定会发生，故又称**必然事件**；每次试验不可能发生的事件称为**不可能事件**，用 $\varnothing$ 表示.
下面举出一些随机事件的例子. 例如，在试验 E_1 中，事件"恰有一次正面朝上"表示为
$$A_1=\{HTT,THT,TTH\};$$
在试验 E_3 中，事件"出现偶数点"表示为
$$A_2=\{2,4,6\};$$
在试验 E_4 中，事件"寿命不超过 1 000 h"表示为
$$A_3=\{t\mid 0\leqslant t\leqslant 1\,000\};$$
随机事件还可以定义为随机试验 E 的样本空间 Ω 的子集.
一次试验中有且只有一个基本事件出现；随机事件 A 出现或发生当且仅当 A 所含基本事件之一出现.

1.1.4　随机事件的关系与运算

进行一次试验，会有这样或那样的事件发生，它们各有不同的特点，彼此之间又有一定的联系. 下面引入一些事件之间的关系和运算，来描述这些事件之间的联系.

1. 事件的关系

(1) 包含关系
如果事件 A 发生必然导致事件 B 发生，则称事件 A **包含于**事件 B，又称事件 B **包含**事件 A，或称事件 A 是事件 B 的**子事件**，记为 $A\subset B$ 或 $B\supset A$.

显然,对任意事件 A,有 $\varnothing \subset A, A \subset \Omega$.

若 $A \subset B$ 且 $B \subset A$,即 $A = B$,称事件 A 与事件 B **相等**.

(2) 互斥(互不相容) 关系

如果两个事件 A,B 不可能同时发生,则称事件 A 和事件 B **互斥**或**互不相容**. 必然事件和不可能事件互斥.

设 $A_1, A_2, \cdots, A_n$ 为同一样本空间 Ω 中的随机事件,若它们之间任意两个事件是互斥的,则称 $A_1, A_2, \cdots, A_n$ 是**两两互斥**的.

2. 事件的运算

(1) 事件的并(或和)

若 C 表示"事件 A 与事件 B 至少有一个发生"这一事件,则称 C 为 A 与 B 的**并**或**和**,记为 $C = A \bigcup B$. 当事件 A 与 B 互斥时,将并事件记为 $C = A + B$ 且称 C 为 A 与 B 的**直和**. 显然有 $A \bigcup A = A, A \bigcup \Omega = \Omega$.

(2) 事件的交(或积)

若 D 表示"事件 A 与事件 B 同时发生"这一事件,则称 D 为 A 与 B 的**交**或**积**,记为 $D = A \bigcap B$,也可简记为 $D = AB$. 显然 $A \bigcap A = A, A \bigcap \varnothing = \varnothing, A \bigcap \Omega = A$,事件 A 与 B 互斥等价于 $AB = \varnothing$.

(3) 事件的差

若 F 表示"事件 A 发生而事件 B 不发生"这一事件,则称 F 为 A 与 B 的**差事件**,记为 $F = A - B$. 显然有 $A - A = \varnothing, A - \varnothing = A, A - \Omega = \varnothing$.

(4) 事件的逆(对立事件、余事件)

称"事件 A 不发生"为事件 A 的**逆事件**,记为 $\overline{A}$. 显然 $A \bigcup \overline{A} = \Omega, A\overline{A} = \varnothing, A - B = A\overline{B} = A - AB$.

如果以平面内的某个正方形表示样本空间,用两个小圆表示事件 A 和 B,则事件的运算可以通过平面图形来表示,这种更加直观的表示方法被称为**文氏**(Venn)**图**,如图 1.1 所示.

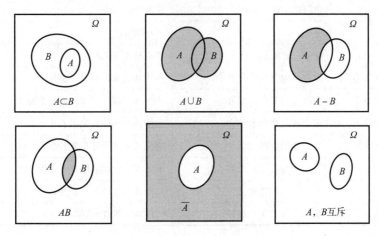

图 1.1

事件的并和交可以推广到有限多个或无穷多个事件的情形:

"有限个事件 $A_1, A_2, \cdots, A_n$ 中至少有一个发生"这一事件称为 $A_1, A_2, \cdots, A_n$ 的**并**,记为 $\bigcup\limits_{i=1}^{n} A_i$;

"有限个事件 $A_1, A_2, \cdots, A_n$ 同时发生"这一事件称为 $A_1, A_2, \cdots, A_n$ 的**交**,记为 $\bigcap\limits_{i=1}^{n} A_i$;

"无穷多个事件 $A_1, A_2, \cdots, A_n, \cdots$ 至少有一个发生"这一事件称为 $A_1, A_2, \cdots, A_n, \cdots$ 的**并**,记为 $\bigcup\limits_{i=1}^{\infty} A_i$;

"无穷多个事件 $A_1, A_2, \cdots, A_n, \cdots$ 同时发生"这一事件称为 $A_1, A_2, \cdots, A_n, \cdots$ 的**交**,记为 $\bigcap\limits_{i=1}^{\infty} A_i$.

3. 事件的运算规律

随机事件的运算满足以下规律.

交换律:$A \cup B = B \cup A$;
$\quad\quad\quad A \cap B = B \cap A$.

结合律:$A \cup (B \cup C) = (A \cup B) \cup C$;
$\quad\quad\quad A \cap (B \cap C) = (A \cap B) \cap C$.

分配律:$A \cap (B \cup C) = (A \cap B) \cup (A \cap C)$;
$\quad\quad\quad A \cup (B \cap C) = (A \cup B) \cap (A \cup C)$.

德·摩根律(De. Morgan):$\overline{\bigcup\limits_{i} A_i} = \bigcap\limits_{i} \overline{A_i}$, $\quad \overline{\bigcap\limits_{i} A_i} = \bigcup\limits_{i} \overline{A_i}$.

由于样本空间是以所有基本事件为元素的集合,随机事件是样本空间的一个子集,因而随机事件之间的相互关系和运算规律是集合论中集合之间相互关系和运算规律的平行移置,集合与随机事件对照表见表 1.1.

表 1.1

符号	集合	随机事件
Ω	空间或全集	样本空间,必然事件
$\varnothing$	空集	不可能事件
$\omega \in \Omega$	Ω 中的元素	基本事件或样本点
$A \subset B$	集合 A 包含在集合 B 中	事件 A 是事件 B 的子事件
$A \cup B$	集合 A 与集合 B 的并	事件 A 与事件 B 至少有一个发生
$A \cap B$	集合 A 与集合 B 的交	事件 A 与事件 B 同时发生
$\overline{A}$	集合 A 的余集	事件 A 的逆事件或余事件
$A - B$	集合 A 与集合 B 之差	事件 A 发生而事件 B 不发生
$A \cap B = \varnothing$	集合 A 与集合 B 无公共元素	事件 A 与事件 B 互不相容(互斥)
$A = B$	集合 A 与集合 B 相等	事件 A 与事件 B 相等

下面举一些例子来说明上面的概念和运算.

例 1.1 在掷骰子试验中,事件 A 表示"点数小于 2",事件 B 表示"点数为奇数",显然有 $A \subset B$, $A \cup B = \{1, 3, 5\}$, $A \cap B = \{1\}$, $B - A = \{3, 5\}$, $\overline{A} = \{2, 3, 4, 5, 6\}$, $\overline{B} = \{2, 4, 6\}$.

例 1.2 化简下列各式:(1) $(A \cup B)(A \cup \bar{B})$;(2) $(A \cup B) - A$.

解 (1) $(A \cup B)(A \cup \bar{B}) = A \cup A\bar{B} \cup BA \cup B\bar{B} = A \cup (A\bar{B} \cup AB)$
$$= A \cup A(\bar{B} \cup B) = A;$$

(2) $(A \cup B) - A = (A \cup B)\bar{A} = A\bar{A} \cup B\bar{A} = B\bar{A} = B - A$.

例 1.3 向指定目标射击 3 次,以 A_1, A_2, A_3 分别表示事件"第一、二、三次击中目标",试用 A_1, A_2, A_3 表示下列事件.

(1) 只击中第一次;(2) 只击中一次;(3) 三次都未击中;(4) 至少击中一次.

解 (1) 事件"只击中第一次"意味着第一次击中,第二次和第三次都未击中同时发生,所以事件"只击中第一次"可表示为 $A_1 \bar{A}_2 \bar{A}_3$.

(2) 事件"只击中一次"并不指定哪一次,三个事件"只击中第一次""只击中第二次""只击中第三次"中任意一个发生,都意味着事件"只击中一次"发生.而且,上述三个事件是两两互斥的,所以事件"只击中一次"可表示为 $A_1 \bar{A}_2 \bar{A}_3 + \bar{A}_1 A_2 \bar{A}_3 + \bar{A}_1 \bar{A}_2 A_3$.

(3) 事件"三次都未击中"意味着"第一次、第二次、第三次都未击中"同时发生,所以它可以表示为 $\bar{A}_1 \bar{A}_2 \bar{A}_3$.

(4) 事件"至少击中一次"意味着三个事件"第一次击中""第二次击中""第三次击中"中至少有一个发生,故它可表示为 $A_1 \cup A_2 \cup A_3$,也可表示为 $A_1 \bar{A}_2 \bar{A}_3 + \bar{A}_1 A_2 \bar{A}_3 + \bar{A}_1 \bar{A}_2 A_3 + A_1 A_2 \bar{A}_3 + A_1 \bar{A}_2 A_3 + \bar{A}_1 A_2 A_3 + A_1 A_2 A_3$.

1.2 概率的定义与性质

一个随机事件在一次试验中可能发生,也可能不发生.我们希望知道事件发生的可能性大小,并且用数来刻画这种可能性.用来刻画事件发生可能性大小的数,称为事件发生的**概率**.

概率的定义是概率论的基本和核心概念.概率定义有一个不断完善的过程,在其发展过程中有三个主要的定义:古典定义、统计定义、公理化定义.

1812 年,法国数学家拉普拉斯在《概率的分析理论》中给出概率的古典定义:事件 A 的概率等于一次试验中事件 A 的可能结果数与该试验中所有可能结果数之比.概率古典定义适用的重要条件是"同等可能".帕斯卡、费马、伯努利等数学家在古典概率的计算、公式推导和应用等方面做了重要的工作.概率的古典定义简单直观,但使用范围有限.

雅各布·伯努利在研究古典概率时得到的另一重要成果:伯努利大数定律.这条定律告诉我们"频率具有稳定性",所以可以"用频率估计概率",而这为概率的统计定义奠定了思想基础.1919 年,德国数学家冯·米塞斯在《概率论基础研究》一书中提出了概率的统计定义:在大量重复试验时,随着试验次数的增加,某个事件出现的频率总是在一个固定数值的附近摆动,显示出一定的稳定性,把这个固定的数值定义为这一事件的概率.概率的统计定义不再需要"等可能"的条件,适用范围更广.然而随着社会实践的发展,人们发现概率的统计定义同样具有理论上和应用上的缺陷,如无法保证 $n+1$ 次试验总比 n 次试验所得频率更逼近概率.

概率的古典定义和统计定义的缺陷,要求对其逻辑基础做出更加严格的考量.1900 年,数学家希尔伯特提出建立概率的公理化定义以解决上述问题.1933 年,苏联数学家柯尔莫哥洛夫,在他的论著《概率论基础》中,首次提出了概率的公理化定义.这个定义囊括了历史上几种概率定义的共同特性,又避免了各自的局限性和含混之处. 这一公理化定义迅速获得举世公认,是概率论发展史上的一个里程碑. 从此,概率论才正式成为真正的数学分支.

1.2.1 概率的定义

定义 1.4 对于随机试验 E,随机事件 A 在一次试验中可能出现也可能不出现. 在相同的条件下重复试验 n 次,观察事件 A 出现的次数为 r,则称 $f_n(A) = \dfrac{r}{n}$ 为事件 A 发生的**频率**.

例如,多次掷一枚均匀的硬币,考察正面出现的次数,这样的试验在历史上有很多人做过,结果见表 1.2.

表 1.2

实验者	n	n_H	$f_n(A)$
德·摩根	2 048	1 061	0.518 1
蒲丰	4 040	2 048	0.506 9
K. 皮尔逊	12 000	6 019	0.501 6
	24 000	12 012	0.500 5

从以上数据可以看出,随着 n 的增大,频率呈现出稳定性,在 0.5 附近徘徊,而逐渐稳定于 0.5.

事件 A 发生的频率 $f_n(A)$ 的性质:
(1) $0 \leqslant f_n(A) \leqslant 1$;
(2) $f_n(\Omega) = 1, f_n(\varnothing) = 0$;
(3) 若 $AB = \varnothing$,则 $f_n(A+B) = f_n(A) + f_n(B)$.

定义 1.5(概率的统计定义) 在相同条件下重复进行 n 次试验,当 n 很大时,事件 A 发生的频率在一个常数附近摆动,并且随着 n 的增大,这种摆动"大致上"越来越小,我们称这个常数为事件 A 的**概率**,记为 $P(A)$.

例 1.4 从某鱼池中取 100 条鱼,做上记号后再放入该鱼池中. 现从池中任意捉来 40 条鱼,发现其中两条有记号,问池内大约有多少条鱼?

解 设池中有 n 条鱼,则从池中捉到一条有记号鱼的概率为 $\dfrac{100}{n}$,它近似于捉到有记号鱼的概率 $\dfrac{2}{40}$,即 $\dfrac{100}{n} \approx \dfrac{2}{40}$,解得 $n = 2\,000$.

概率的统计定义有价值的地方在于,当实验重复次数 n 比较大时,可用频率给出概率的一个近似值. 例如,在足球比赛中,人们很关心罚点球命中的可能性大小. 有人曾对 1930 年至 1988 年世界各地的 53 274 场重大足球比赛做了统计:在判罚的 15 382 个点球中 11 172 个命中. 由此可得罚点球命中率的估计值为 $\dfrac{11\,172}{15\,382} \approx 0.726$. 再如,对各类典型的英语书刊字母出现的频率进行统计,发现 26 个字母的使用频率相当稳定,前四位是 E,T,A,O,后四位是 X,J,Q,Z. 这项研究对计算机键盘的设计、信息的编码等十分有用. 又如,研究女婴的出生率问题. 拉普拉斯对伦敦、圣彼得堡、柏林和全法国的大量人口资料进行研究,发现女婴的出生频率 $\dfrac{21}{43} \approx$

0.488 4 左右波动. 统计学家克拉默用瑞典 1935 年的官方统计资料,发现女婴的出生频率在 0.482 左右波动. 这些发现改变了男女婴出生比例相同的传统认识,促使医学生物领域学者深入研究男女婴出生比例不同的成因.

概率的统计定义虽然很直观,但通过频率来求概率,需要做的试验次数多,费时、费力、费财,并且不严格,也不利于推广.

根据频率的性质及概率的统计定义,我们给出下面的公理化定义,使得它既包括前面的特殊情况,又具有更广泛的一般性.

定义 1.6(概率的公理化定义) 设 E 是一个随机试验,Ω 是基本事件空间,对于任意事件 $A \subset \Omega$,定义一个实的集函数 $P(A)$,它满足下面三条公理:

(1) $0 \leqslant P(A) \leqslant 1$;
(2) $P(\Omega) = 1$;
(3) 对于两两互斥的随机事件 $A_1, A_2, \cdots, A_n, \cdots$,有

$$P(\sum_{n=1}^{\infty} A_n) = \sum_{n=1}^{\infty} P(A_n).$$

则称 $P(A)$ 为**事件 A 发生的概率**.

1.2.2 概率的性质

由概率的公理化定义可得如下的性质:

性质 1 $P(\varnothing) = 0$.

证 因为 $\Omega = \Omega \cup \varnothing \cup \varnothing \cup \cdots$,且 $\Omega, \varnothing, \cdots$ 两两互斥,由公理 3 知 $P(\Omega) = P(\Omega) + P(\varnothing) + P(\varnothing) + \cdots$. 又由公理 2 知 $P(\Omega) = 1$,故 $P(\varnothing) = 0$.

性质 2(有限可加性) 设 $A_1, A_2, \cdots, A_n$ 是两两互斥的事件,则

$$P(A_1 + A_2 + \cdots + A_n) = P(A_1) + P(A_2) + \cdots + P(A_n).$$

证 令 $A_{n+1} = A_{n+2} = \cdots = \varnothing$,由公理 3 和性质 1 知结论成立.

性质 3 对任意事件 A,有 $P(\overline{A}) = 1 - P(A)$.

证 由 $\Omega = A + \overline{A}$ 知 $P(A) + P(\overline{A}) = P(\Omega) = 1$,得证.

性质 4 若 $A \subset B$,则 $P(B - A) = P(B) - P(A)$.

证 因 $B = A \cup (B - A)$ 且 $A(B - A) = \varnothing$,故

$$P(B) = P(A + (B - A)) = P(A) + P(B - A),$$

从而

$$P(B - A) = P(B) - P(A).$$

性质 5 $P(A \cup B) = P(A) + P(B) - P(AB)$.

证 因 $A \cup B = A + (B - AB)$,故有

$$P(A \cup B) = P(A) + P(B - AB) = P(A) + P(B) - P(AB).$$

注:性质 5 可推广到 n 个事件的并的情形,如三个事件的并的概率为

$$P(A \cup B \cup C) = P(A) + P(B) + P(C) - P(AB) -$$
$$P(BC) - P(AC) + P(ABC).$$

性质 6 若 $A \subset B$,则 $P(B) \geqslant P(A)$.

证 由 $P(B - A) \geqslant 0$ 和性质 4 可证.

例 1.5 已知 $P(A)=0.4, P(B)=0.3, P(A\cup B)=0.6$,求 $P(\overline{A}B)$ 和 $P(\overline{A}\cup B)$.

解 由性质 5 知 $P(AB)=P(A)+P(B)-P(A\cup B)=0.1$. 又由 $B=AB+\overline{A}B$,且 AB 与 $\overline{A}B$ 互不相容,于是有: $P(\overline{A}B)=P(B)-P(AB)=0.2$.

再由性质 5 有
$$P(\overline{A}\cup B)=P(\overline{A})+P(B)-P(\overline{A}B)=0.7.$$

例 1.6 某厂有两台机床,机床甲发生故障的概率为 0.1,机床乙发生故障的概率为 0.2,两台机床同时发生故障的概率为 0.05,试求:

(1) 机床甲和机床乙至少有一台发生故障的概率;

(2) 机床甲和机床乙都未发生故障的概率;

(3) 机床甲和机床乙不都发生故障的概率.

解 令 A 表示"机床甲发生故障", B 表示"机床乙发生故障",则
$$P(A)=0.1,\quad P(B)=0.2,\quad P(AB)=0.05.$$

(1) $A\cup B$ 表示"机床甲与机床乙至少有一台发生故障",故
$$P(A\cup B)=P(A)+P(B)-P(AB)=0.1+0.2-0.05=0.25;$$

(2) $\overline{A}\,\overline{B}$ 表示"机床甲与机床乙都未发生故障",故
$$P(\overline{A}\,\overline{B})=P(\overline{A\cup B})=1-P(A\cup B)=1-0.25=0.75;$$

(3) $\overline{AB}$ 表示"机床甲与机床乙不都发生故障",故
$$P(\overline{AB})=1-P(AB)=1-0.05=0.95.$$

1.3 古典概型和几何概型

1.3.1 古典概型

古典概型是概率论发展过程中最早被研究的概率模型. 它的计算公式虽然简单,但是许多事件概率的计算却比较困难且富有技巧. 对于初学者来说,困难在于对随机试验的内容理解不准确以及对排列组合掌握得不牢.

定义 1.7 称满足下列条件的概率问题为**古典概型**,也称为**等可能概型**:

(1) 所有可能结果只有有限个,即样本空间只含有有限个基本事件;

(2) 每个基本事件发生的可能性是相同的,即等可能发生.

设 $\Omega=\{\omega_1,\omega_2,\cdots,\omega_n\}$, $A=\{\omega_{i_1},\omega_{i_2},\cdots,\omega_{i_k}\}\subset\Omega$, 由古典概型的定义可知 $P(\omega_i)=\dfrac{1}{n}$, $i=1,2,\cdots,n$. 从而 $P(A)=P(\omega_{i_1})+\cdots+P(\omega_{i_k})=\dfrac{k}{n}$. 于是可得古典概型的计算公式为

$$P(A)=\frac{A\text{ 所含的基本事件个数}}{\Omega\text{ 所含的基本事件个数}}.$$

此公式只适用于古典概型,因此在使用此公式前要正确判断所建立的样本空间是否属于古典概型,即样本空间所含基本事件个数是否有限,每个基本事件是否等可能出现. 例如,掷骰子试验,由于骰子是质地均匀的正六面体,所以各点数为 $1,2,3,4,5,6$ 这六个面是等可能出现的. 若骰子不是正六面体而是一个长方体,则这些面出现就不是等可能的. 对于同一个试验,可以建立不同的样本空间,它可能属于古典概型,也可能不属于古典概型. 例如,袋中装有大小相同的 4 个白球和 2 个黑球,分别标有号码 $1,2,3,4,5,6$,从中任取一球,若根据取到球的号码建

立样本空间 $\Omega_1 = \{1,2,3,4,5,6\}$，显然，它是属于古典概型的；若根据取到球的颜色建立样本空间 $\Omega_2 = \{黑,白\}$，则它不是古典概型问题，这是因为基本事件不是等可能出现的.

例 1.7 设有 4 个人都以相同的概率进入 6 间房子的每一间，每间房子可容纳人数不限，求下列事件的概率.

(1) A："某指定的 4 间房中各有一人"；

(2) B："恰有 4 间房子各有一人"；

(3) C："某指定的一间房中恰有 k 人"($k = 1,2,3,4$).

解 由于每人都可以进入 6 个不同的房间，且每个房间可容纳人数不限，故 4 个人进入 6 个房间总共有 6^4 种方法，即样本空间所含基本事件个数为 6^4.

(1) 因指定的 4 间房只能各进 1 人，因而第一人可以有 4 种选择，第二人只能选择剩下的 3 个房间，第三人有 2 种选择，第四人只有 1 种选择，故 A 包含的基本事件数为 $4!$. 所以

$$P(A) = \frac{4!}{6^4}.$$

(2) 与(1)不同的是 4 间房没有指定，可以从 6 间房任意选出 4 间，有 C_6^4 种方法，所以事件 B 包含有 $C_6^4 4!$ 个基本事件. 所以

$$P(B) = \frac{C_6^4 4!}{6^4}.$$

(3) 要使指定房间恰有 k 人，只需从 4 个人中先选 k 人进入此房间，共有 C_4^k 种方法，其余 $(4-k)$ 人任意进入其他 5 间房有 5^{4-k} 种进入法，故事件 C 包含的基本事件数为 $C_4^k 5^{4-k}$，所以

$$P(C) = \frac{C_4^k 5^{4-k}}{6^4}.$$

注：可归入"分房问题"来处理古典模型的实际问题非常多. 例如：

(1) 生日问题：n 个人生日的可能情形，这时 $N = 365 (n \leqslant 365)$.（只考虑非闰年情况）

(2) 乘客下车问题：一客车上有 n 名乘客，它在 N 个站都停，乘客下车的各种可能情形.

(3) 印刷错误问题：n 个印刷错误在一本有 N 页的书中的一切可能的分布(n 不超过每页的字符数).

(4) 放球问题：将 n 个球放入 N 个盒子中的可能情形.

值得注意的是，在处理这类问题时，要分清什么是"人"，什么是"房"，不能颠倒.

例 1.8 十个号码 $1,2,\cdots,10$ 装于一个袋中，从中任取 3 个，问大小在中间的号码恰为 5 的概率.

解 从十个号码中任取三个，共有 C_{10}^3 种取法，而三个数中，要想大小在中间的号码恰为 5，必须一个小于 5，一个等于 5，一个大于 5，这样的取样有 $C_4^1 C_1^1 C_5^1$ 种，所以所求的概率为

$$P = \frac{C_4^1 C_1^1 C_5^1}{C_{10}^3} = \frac{1}{6}.$$

上例更一般的提法是：一个袋中有 n 个球，其中 n_1 个标有号码"1"，n_2 个标有号码"2"，$\cdots$，n_k 个标有号码"k"，$n_1 + n_2 + \cdots + n_k = n$. 今从中任取 m 个球，求恰有 m_j 个标号为"j"的概率，$j = 1,2,\cdots,k$，且 $m_1 + m_2 + \cdots + m_k = m$. 同理可得所求概率为

$$P = \frac{C_{n_1}^{m_1} C_{n_2}^{m_2} \cdots C_{n_k}^{m_k}}{C_n^m}. \tag{1.1}$$

(1.1)式称为**超几何概率**,实际问题中的许多问题都可以利用这一模型.

例 1.9 100 台同型号的电视机中,有 40 台一等品,60 台二等品. 从中任取 3 台,在下列两种抽取方法中求事件 $A=\{3$ 台都是二等品$\}$ 和事件 $B=\{2$ 台一等品,1 台二等品$\}$ 的概率.

(1) 每次只抽取一台,检查后放回,然后再取下一台(这种抽取方法称为有放回抽样);

(2) 每次抽取一台,检查后不放回,在剩下的电视机中再取下一台(这种抽取方法称为无放回抽样).

解 (1) 有放回抽样情形

由于是有放回抽样,每次抽取都有 100 种选择,故从 100 台中抽取 3 台有 100^3 种可能方法,即样本空间总共含有 100^3 个基本事件,而 A 表示取得的 3 台都是二等品,它只能从 60 台二等品中取,共有 60^3 种取法,故

$$P(A) = \frac{60^3}{100^3} = 0.216.$$

B 表示 2 台一等品,1 台二等品,故有 2 台是从 40 台一等品中取,1 台从 60 台二等品中取,由于样本空间的建立考虑了顺序问题,所以 B 也应考虑 2 台一等品是在第一、二、三次抽取中的哪两次中取得,故 B 含有 $C_3^2 \times 40^2 \times 60$ 个基本事件,从而

$$P(B) = \frac{C_3^2 \times 40^2 \times 60}{100^3} = 0.288.$$

(2) 无放回抽样情形

由于是不放回抽取,当从 100 台中取走一台之后,第二次只能从剩下的 99 台中取,第三次只能从 98 台中取,所以基本事件总数 $n = 100 \times 99 \times 98 = P_{100}^3$,同理 A 所含基本事件数为 $k = 60 \times 59 \times 58 = P_{60}^3$,所以

$$P(A) = \frac{P_{60}^3}{P_{100}^3} \approx 0.212.$$

同样事件 B 包含的基本事件数为 $k = C_3^2 P_{60}^1 P_{40}^2$,所以

$$P(B) = \frac{C_3^2 P_{60}^1 P_{40}^2}{P_{100}^3} \approx 0.288.$$

一般地,有放回抽样与无放回抽样所得的概率不同,特别是在抽取的对象数目不大时更是如此. 但是,当抽取对象的数目较大时,有放回和无放回抽样所得的结果相差甚微,在实际应用中,人们经常利用这一点,把不放回抽样当作有放回抽样来处理,为解决实际问题带来许多方便.

1.3.2 几何概型

古典概型是在试验结果的出现是等可能的情形下研究事件发生的概率. 但是它要求试验的结果必须是有限个,对于试验结果是无穷多个的情形,古典概型就无能为力了. 为了克服这个局限性,我们仍然以基本事件等可能为基础,把研究的范围推广到试验结果有无穷多个的情形,这就是所谓的几何概型问题.

设某一随机试验的样本空间是欧氏空间的某一区域 Ω(Ω 可以是一维空间的一段线段,二维空间的一块平面区域,三维空间的某一立体区域甚至是 n 维空间的一区域),基本事件就是区域 Ω 内的一个点,且在区域 Ω 内等可能出现. 设 A 是 Ω 中的任一区域,基本事件落在区域 A 的概率为

$$P(A) = \frac{\mu(A)}{\mu(\Omega)}.$$

其中 $\mu(\cdot)$ 表示度量(一维空间中是长度,二维空间中是面积,三维空间中是体积,等等).

例 1.10 甲、乙两人约在下午 6 时到 7 时之间在某处会面,并约定先到者应等候另一个人 20 min,过时即可离去. 求两人能会面的概率.

解 以 x 和 y 分别表示甲、乙两人到达约会地点的时间(以分钟为单位).

在平面上建立直角坐标系(见图 1.2),由题意知 (x,y) 的所有可能取值构成的集合 Ω 对应图中边长为 60 的正方形,其面积

$$S_\Omega = 60^2.$$

而事件 A = "两人能够会面" 相当于 $|x-y| \leqslant 20$,即图中阴影部分,其面积为

$$S_A = 60^2 - 40^2.$$

由几何概率的定义知

$$P(A) = \frac{S_A}{S_\Omega} = \frac{60^2 - 40^2}{60^2} = \frac{5}{9}.$$

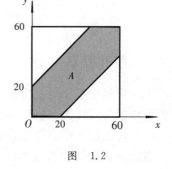

图 1.2

例 1.11 在区间 $(0,1)$ 中随机地取出两个数,求两数之和小于 1.2 的概率.

解 设 x,y 是从区间 $(0,1)$ 中随机取出的两个数,则试验的样本空间为

$$\Omega = \{(x,y) \mid 0 < x < 1, 0 < y < 1\}.$$

而所求的事件为

$$A = \{(x,y) \mid (x,y) \in \Omega, x+y < 1.2\}.$$

从而由几何概率的计算公式及图 1.3 知

$$P(A) = \frac{A \text{ 的面积}}{\Omega \text{ 的面积}} = \frac{1 - \frac{1}{2} \times 0.8^2}{1} = 0.68.$$

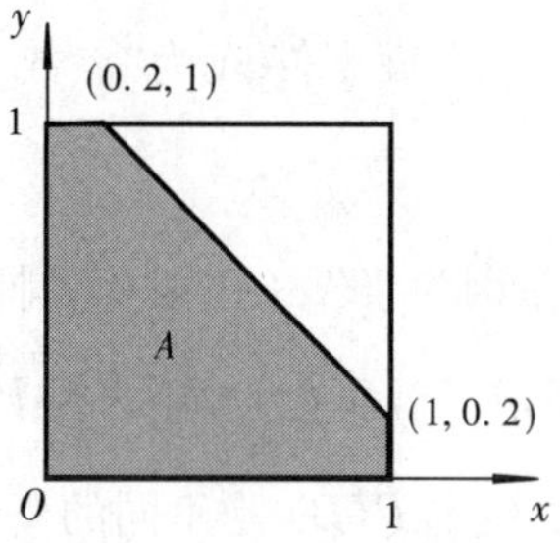

图 1.3

例 1.12 利用几何概型计算圆周率的近似值.

解 边长为 2 的正方形内部有一内切圆. 在正方形的内部均匀地取随机点,当点坐标满足不等式 $x^2 + y^2 < 1$ 时,表示点在圆的内部. 点在圆内部的概率 $p = \frac{\pi}{4}$,因此 $\pi = 4p$.

若共抽取了 n 次随机点,m 次落在圆的内部. 由概率的统计定义 $p = \frac{m}{n}$,进而 $\pi = \frac{4m}{n}$.

用 MATLAB 可以实现上述计算. 代码如下:

```
clear all
for i=1:n
    x=rand;
    y=rand;
    if(x^2+y^2)<1
        m=m+1;
    end
```

end
fprintf('圆周率的近似值是：%d',4*m/n)

运行结果：

圆周率的近似值是：3.1415

1.4 条件概率与全概率公式

1.4.1 条件概率

大千世界中事物是互相联系、互相影响的，随机事件也不例外，一个事件发生与否对其他事件发生的可能性大小也会有影响．在实际生活中，往往需要根据一些事件或前提去确定事件发生的可能性大小．这就需要概率论中的一个重要又实用的工具——条件概率．

在已知事件 A 已经发生的条件下，事件 B 发生的概率，称为 A 发生的条件下 B 的条件概率，记为 $P(B|A)$，它与 $P(B)$ 是不同的两类概率．下面用一个例子来说明．

例 1.13 考察试验 E：掷一颗骰子，观察出现的点数，其样本空间为 $\Omega=\{1,2,3,4,5,6\}$，下面讨论几个随机事件的概率．

(1) 设事件 B 为"点数为偶数"，则 B 发生的概率为 $P(B)=\dfrac{3}{6}$．

(2) 设事件 A 为"点数不超过 5"，则事件 A 发生的条件下事件 B 发生的概率为
$$P(B\mid A)=\frac{2}{5}.$$

这是因为事件 A 的发生，排除了点数"6"发生的可能性，这时样本空间 Ω 也随之改为 $\Omega_A=\{1,2,3,4,5\}$，而在 Ω_A 中事件 B 只含 2 个样本点，故 $P(B\mid A)=\dfrac{2}{5}$．这就是条件概率，它与（无条件）概率 $P(B)$ 是不同的概念．

(3) 也可基于样本空间 Ω（而不是缩减样本空间 Ω_A）来求条件概率 $P(B\mid A)$．如上问中，$P(B\mid A)=\dfrac{2}{5}$，其分母是事件 A 中样本点的个数 $N(A)$，而分子是积事件 AB 中的样本点的个数 $N(AB)$，将分子、分母同除以样本空间 Ω 中样本点个数 $N(\Omega)$，有
$$P(B\mid A)=\frac{N(AB)}{N(A)}=\frac{N(AB)/N(\Omega)}{N(A)/N(\Omega)}=\frac{P(AB)}{P(A)}.$$

即在此例中，条件概率 $P(B\mid A)$ 等于积事件 AB 的概率除以事件 A 的概率，这个结论虽然是从掷骰子试验中推出的，但它适用于一般情形，为此有如下定义：

定义 1.8 设 A、B 是随机试验 E 的两个事件，$P(A)>0$，则称
$$P(B\mid A)=\frac{P(AB)}{P(A)}$$

为事件 A 发生的条件下事件 B 的**条件概率**．

条件概率 $P(B\mid A)$ 也是概率，概率的所有性质均适用于条件概率，例如：

(1) $0\leqslant P(B\mid A)\leqslant 1$；

(2) $P(\Omega\mid A)=1$；

(3) 若 $B_1,B_2,\cdots$ 两两互斥，则 $P(\sum_{i=1}^{\infty} B_i \mid A) = \sum_{i=1}^{\infty} P(B_i \mid A)$；

(4) $P(\overline{B} \mid A) = 1 - P(B \mid A)$；

(5) 对任意事件 B_1,B_2，有 $P(B_1 \cup B_2 \mid A) = P(B_1 \mid A) + P(B_2 \mid A) - P(B_1 B_2 \mid A)$；

(6) 若 $B \subset A$，则 $P(B \mid A) = \dfrac{P(B)}{P(A)}$；

(7) 若 $A \subset B$，则 $P(B \mid A) = 1$.

计算条件概率 $P(B \mid A)$ 有两种方法：

(1) 在缩减的样本空间 Ω_A 中计算 A 的概率，从而得到 $P(B \mid A)$；

(2) 在样本空间 Ω 中先计算 $P(AB)$ 和 $P(A)$，再由 $P(B\mid A) = \dfrac{P(AB)}{P(A)}$ 得到 $P(B \mid A)$.

例 1.14 设袋中有 4 只白球和 2 只黑球，现做不放回抽取试验，设 A 为"第一次取得白球"，B 为"第二次取得白球"。

(1) 求两次取得球均为白球的概率；

(2) 在第一次取得白球的前提下，第二次取得白球的概率.

解 (1) 两次取得球均为白球是 A,B 的积事件，利用古典概型不难得到

$$P(AB) = \frac{P_4^2}{P_6^2} = \frac{2}{5}.$$

(2) 显然所求的是条件概率 $P(B \mid A)$，因为是不放回抽取，在第一次取得白球的前提下，只剩下 5 只球 (3 白 2 黑) 可供第二次抽取，因而 $P(B \mid A) = \dfrac{3}{5}$. 显然 $P(B \mid A) \neq P(AB)$，而 $B = AB + \overline{A}B$，故 $P(B) = P(AB) + P(\overline{A}B) = \dfrac{2}{5} + \dfrac{4}{15} = \dfrac{2}{3} \neq P(B \mid A)$. 这是因为 $P(B)$ 只考虑第二次取得白球的可能性大小，与第一次取得白球还是黑球无关.

注 1：条件概率是概率论中一个非常重要的概念，在学习过程中要特别注意区分 $P(B\mid A)$ 和 $P(AB)$ 含义的不同.

注 2：事件 B 的概率 $P(B)$ 可以看成是已知样本空间 Ω 发生的条件下 B 的条件概率 $P(B\mid \Omega)$. 显然有

$$P(B \mid \Omega) = \frac{P(B\Omega)}{P(\Omega)} = P(B).$$

例 1.15 甲乙两城市都位于长江下游，根据以往记录，甲市一年中雨天的比例为 20%，乙市为 18%，两市同时下雨的比例为 12%，求：

(1) 已知某天甲市下雨的条件下，乙市这天也下雨的概率；

(2) 已知乙市下雨的条件下，甲市也下雨的概率；

(3) 甲、乙两市至少有一市下雨的概率.

解 设 $A、B$ 分别表示甲、乙市某天下雨，则

$$P(A) = 0.2, \quad P(B) = 0.18, \quad P(AB) = 0.12.$$

于是

(1) $P(B\mid A) = \dfrac{P(AB)}{P(A)} = \dfrac{0.12}{0.2} = 0.6$；

(2) $P(A|B) = \dfrac{P(AB)}{P(B)} = \dfrac{0.12}{0.18} \approx 0.667$;

(3) $P(A \cup B) = P(A) + P(B) - P(AB) = 0.2 + 0.18 - 0.12 = 0.26$.

1.4.2 乘法公式

由条件概率的定义,可得:

当 $P(A) > 0$ 时, $P(AB) = P(A)P(B|A)$; (1.2)

当 $P(B) > 0$ 时, $P(AB) = P(B)P(A|B)$. (1.3)

式(1.2)、式(1.3)统称为**乘法公式**. 但是要注意的是它们必须在 $P(A)>0$, $P(B)>0$ 的条件下成立,若 $P(A) > 0$ 不成立,即 $P(A) = 0$,则 $P(B|A)$ 无意义.

上述乘法公式可以推广到 $n(n>2)$ 个事件的情形,例如,设 A, B, C 为事件,且 $P(AB) > 0$,则有

$$P(ABC) = P(C \mid AB)P(B \mid A)P(A).$$

在这里,注意到由假设 $P(AB) > 0$,可推得 $P(A) \geq P(AB) > 0$.

一般地,设 $A_1, A_2, \cdots, A_n$ 为 $n(n \geq 2)$ 个事件,且 $P(A_1 A_2 \cdots A_{n-1}) > 0$,则有

$$P(A_1 A_2 \cdots A_n) = P(A_n \mid A_1 A_2 \cdots A_{n-1}) P(A_{n-1} \mid A_1 A_2 \cdots A_{n-2}) \cdots P(A_2 \mid A_1) P(A_1).$$

例 1.16 设 100 件产品中有 5 件是不合格的,用下列两种方法抽取 2 件,求 2 件都是合格品的概率.

(1) 不放回抽取; (2) 有放回抽取.

解 令 A 表示"第一次抽得合格品",B 表示"第二次抽得合格品". 由题设知:

(1) 不放回抽取时, $P(A) = \dfrac{95}{100}$, $P(B|A) = \dfrac{94}{99}$,所以

$$P(AB) = P(A)P(B|A) = \dfrac{95}{100} \times \dfrac{94}{99} \approx 0.9.$$

(2) 有放回抽取时, $P(A) = \dfrac{95}{100}$, $P(B|A) = \dfrac{95}{100}$,所以

$$P(AB) = P(A)P(B|A) = 0.9025.$$

1.4.3 全概率公式和贝叶斯公式

在现实生活中,往往会遇到一些比较复杂的问题,解决起来很不容易,但可以将它分解成一些比较容易解决的小问题,这些小问题解决了,则复杂的问题随之也解决了. 在概率的计算中也是这样. 我们总希望从已知事件的概率去求所考虑事件的概率,或从简单事件的概率求复杂事件的概率. 在这方面,全概率公式和贝叶斯公式起着重要作用. 先分析下面的引例.

引例 某工厂有甲、乙、丙三台机器生产同种型号的产品,它们的产量分别占总产量的 0.25, 0.35, 0.40,而它们的产品中的废品率分别为 0.05, 0.04, 0.03. 今从总产品中随机取一件,求所取产品为废品的概率.

解 设 B 表示"取出的产品为废品". 如果知道产品是来自哪一台生产的,则产品为废品的概率由题意便知. 问题是不知道它来自哪一台,只知道它必来自三台中的一台,因此来自三台的可能性都要考虑. 设 A_1 表示"所取产品来自甲台",A_2 表示"所取产品来自乙台",A_3 表示

"所取产品来自丙台",则 $B = B\Omega = B(A_1 \cup A_2 \cup A_3) = BA_1 \cup BA_2 \cup BA_3$. 由于 A_1, A_2, A_3 互不相容,所以
$$P(B) = P(B\Omega) = P(BA_1) + P(BA_2) + P(BA_3).$$
而
$$P(BA_1) = P(A_1)P(B \mid A_1),$$
$$P(BA_2) = P(A_2)P(B \mid A_2),$$
$$P(BA_3) = P(A_3)P(B \mid A_3).$$
已知
$$P(A_1) = 0.25, \quad P(A_2) = 0.35, \quad P(A_3) = 0.40,$$
$$P(B \mid A_1) = 0.05, \quad P(B \mid A_2) = 0.04, \quad P(B \mid A_3) = 0.03.$$
所以,所求的概率为
$$P(B) = P(A_1)P(B \mid A_1) + P(A_2)P(B \mid A_2) + P(A_3)P(B \mid A_3)$$
$$= 0.0385.$$

此问题更一般的描述:对一个试验,某一结果的发生可能有多种原因,每一个原因对这个结果的发生都作出了一定的"贡献",当然这个结果发生的可能性与各种原因的"贡献"大小有关. 将此问题的解法一般化,便得到全概率公式.

首先我们介绍样本空间划分的定义.

定义 1.9　设有样本空间 Ω, $A_1, A_2, \cdots, A_n$ 是 Ω 的 n 个事件,它们满足:

(1) $A_i A_j = \varnothing, i \neq j, i, j = 1, 2, \cdots, n$;

(2) $A_1 \cup A_2 \cup \cdots \cup A_n = \Omega$.

则称 $A_1, A_2, \cdots, A_n$ 是 Ω 的一个**划分**(或**完备事件组**),且记 $\Omega = A_1 + A_2 + \cdots + A_n$.

注:一个样本空间可能有多种划分,每个 A_i 可能是基本事件,也可能不是基本事件,在一次试验中,划分 $A_1, A_2, \cdots, A_n$ 中有且只有一个事件发生.

定理 1.1(全概率公式)　设 $A_1, A_2, \cdots, A_n$ 是样本空间 Ω 的一个划分, $P(A_i) > 0$, $i = 1$, $2, \cdots, n$. 对任意事件 B,有

$$P(B) = \sum_{i=1}^{n} P(A_i) P(B \mid A_i). \tag{1.4}$$

证　如图 1.4 所示,因 $A_1, A_2, \cdots, A_n$ 是 Ω 的一个划分,所以 $\Omega = A_1 + A_2 + \cdots + A_n$,从而
$$P(B) = P(B\Omega) = P(BA_1 + BA_2 + \cdots + BA_n)$$
$$= P(BA_1) + P(BA_2) + \cdots + P(BA_n)$$
$$= P(A_1)P(B \mid A_1) + P(A_2)P(B \mid A_2) + \cdots + P(A_n)P(B \mid A_n).$$

全概率公式告诉我们怎样在已知各种原因 A_i 发生的概率 $P(A_i)$ 的情况下求复杂事件 B 的概率,而通常 $P(A_i)$ 的值是不知道的. 为解决这个问题,我们对以往的数据进行分析并根据经验来确定,这样得到的 $P(A_i)$ 称为**先验概率**. 现在假设这个试验导致了一个正概率事件 B,这个信息引起了对先验概率的重新估计,即需求 $P(A_i \mid B)$,我们称条件概率 $P(A_i \mid B)$ 为**后验概率**,它反映了试验之后对各种"原因"发生的可能性大小的重新认识. 下面我们引入求 $P(A_i \mid B)$ 的

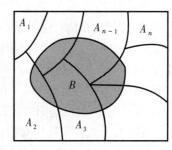

图 1.4

公式 —— 贝叶斯(Bayes)公式或逆概率公式.

定理 1.2(贝叶斯公式) 设 $A_1, A_2, \cdots, A_n$ 是样本空间 Ω 的一个划分,$P(A_i) > 0$,$i = 1, 2, \cdots, n$. 对任意正概率事件 B,有

$$P(A_i | B) = \frac{P(B|A_i)P(A_i)}{P(B)} = \frac{P(B|A_i)P(A_i)}{\sum_{j=1}^{n} P(B|A_j)P(A_j)}, \quad i = 1, 2, \cdots, n. \quad (1.5)$$

证 $P(A_i | B) = \dfrac{P(A_i B)}{P(B)} = \dfrac{P(B|A_i)P(A_i)}{P(B)} = \dfrac{P(B|A_i)P(A_i)}{\sum_{j=1}^{n} P(B|A_j)P(A_j)}, i = 1, 2, \cdots, n.$

例 1.17 某保险公司根据统计学认为,人可以分为两类,一类是容易出事故的人,其在一年内出事故的概率为 0.4,另一类是比较谨慎的人,他们在一年内出事故的概率为 0.2. 假定第一类人占 30%,那么:

(1) 一个新客户在他购买保险后一年内出事故的概率是多少?

(2) 如果一个新客户在他购买保险后一年内出了事故,问他是易出事故的人的概率是多少?

解 设 B 表示"客户在购买保险后一年内出事故",A 表示"易出事故的人",$\overline{A}$ 表示"比较谨慎的人",显然,A 和 $\overline{A}$ 构成了样本空间的一个划分.

(1) $P(B) = P(A)P(B|A) + P(\overline{A})P(B|\overline{A}) = 0.3 \times 0.4 + 0.7 \times 0.2$
$= 0.26.$

(2) $P(A|B) = \dfrac{P(A)P(B|A)}{P(A)P(B|A) + P(\overline{A})P(B|\overline{A})}$

$= \dfrac{0.3 \times 0.4}{0.3 \times 0.4 + 0.7 \times 0.2} = \dfrac{6}{13}.$

例 1.18 某地区居民的肝癌发病率为 0.000 4,现用甲胎蛋白法进行普查. 医学研究表明,化验结果是可能存在错误的. 已知患有肝癌的人其化验结果 99% 呈阳性(有病),而没患肝癌的人其化验结果 99.9% 呈阴性(无病). 现某人的检查结果呈阳性,问他真的患肝癌的概率是多少?

解 令 A 表示"被检查者患有肝癌";B 表示"检查结果呈阳性". 由题设知
$$P(A) = 0.000\ 4, P(\overline{A}) = 0.999\ 6, P(B|A) = 0.99,$$
$$P(B|\overline{A}) = 1 - P(\overline{B}|\overline{A}) = 1 - 0.999 = 0.001$$

由贝叶斯公式知

$$P(A|B) = \frac{P(A)P(B|A)}{P(A)P(B|A) + P(\overline{A})P(B|\overline{A})} = \frac{0.000\ 4 \times 0.99}{0.000\ 4 \times 0.99 + 0.999\ 6 \times 0.001} \approx 0.284.$$

从 $P(B|A) = 0.99, P(B|\overline{A}) = 0.001$ 来看,可以认为这个检查方法还是比较可靠的. 但计算结果表明,在检查结果呈阳性的人中,真患肝癌的概率不到 30%. 这个看起来似乎矛盾的结果怎么理解呢?实际上,由于该地区居民的肝癌发病率很低,在 10 000 个人中,约有 4 人患肝癌,约有 9 996 人不患肝癌. 对 10 000 个人用甲胎蛋白法进行检查,按其错检的概率可知,9 996 个不患肝癌者中约有 $9\ 996 \times 0.001 = 9.996$ 个呈阳性. 另外 4 个真患肝癌的检查报告约有 $4 \times 0.99 = 3.96$ 个呈阳性. 仅从 13.956 个呈阳性者中看,真患肝癌的 3.96 人约占 28.4%.

贝叶斯公式在实际中有很多应用,它可以帮助人们修正某结果(事件 B)发生的最可能原因.《伊索寓言》中"孩子与狼"讲的是一个小孩每天到山上放羊,山里经常有狼出没. 第一天,小孩在山上喊:"狼来了,狼来了!"山下的村民闻声上山来打狼,却发现狼根本就没有来;第二

天,小孩又说谎喊狼来了,结果村民又被骗;第三天,狼真的来了,可当小孩再喊"狼来了"时,已经没有人相信他了,也就没有人救他了. 接下来我们就利用贝叶斯公式来分析一下这个寓言中村民对这个小孩的可信程度是如何降低的.

首先设事件 A 为"小孩说谎",事件 B 为"小孩是可信的",不妨设村民过去对这个小孩的印象为 $P(B)=0.9$,则 $P(\bar{B})=0.1$. 因为在贝叶斯公式中我们要用到 $P(A|B)$ ("可信" (B) 的孩子"说谎" (A) 的概率) 和 $P(A|\bar{B})$ ("不可信" ($\bar{B}$) 的孩子"说谎" (A) 的概率) 这两个先验概率,所以不妨设 $P(A|B)=0.1, P(A|\bar{B})=0.6$.

第一天,村民发现小孩说谎后,根据这个信息,小孩的可信度改变为(贝叶斯公式)

$$P(B|A)=\frac{P(B)P(A|B)}{P(B)P(A|B)+P(\bar{B})P(A|\bar{B})}=\frac{0.9\times 0.1}{0.9\times 0.1+0.1\times 0.6}=0.6.$$

这表示,村民在上了一次当后,对这个小孩的信任度已由 0.9 降低为 0.6,即此时小孩的可信度已变为

$$P(B|A)=0.6, \qquad P(\bar{B})=0.4.$$

现在我们利用同样的方法来计算第二天小孩再次说谎后他的可信程度:

$$P(B|A)=\frac{0.6\times 0.1}{0.6\times 0.1+0.4\times 0.6}=0.2.$$

利用贝叶斯公式,我们很清楚地看到,每次说谎后小孩的可信度的降低情况,这也就不难解释为什么第三天无论小孩如何呼救也没有人再相信他上山打狼了. 该例子启发人们思考:若某人向银行贷款,连续两次未还,银行还会第三次贷款给他吗?

1.5 随机事件的独立性

1.5.1 事件的独立性

一般来说,无条件概率 $P(B)$ 和条件概率 $P(B|A)$ 是不相等的,这表明事件 A 的发生影响了事件 B 发生的可能性. 然而也有很多情况有 $P(B|A)=P(B)$,此时事件 A 的发生对事件 B 发生的概率是没有影响的.

看一个例子,设袋中有 a 个黑球和 b 个白球,进行有放回摸球,A 表示"第一次摸到黑球",B 表示"第二次摸到黑球",求 $P(B|A)$ 和 $P(B)$.

根据题意,易知

$$P(A)=\frac{a}{a+b}, \qquad P(AB)=\frac{a^2}{(a+b)^2}, \qquad P(\bar{A}B)=\frac{ba}{(a+b)^2},$$

故

$$P(B|A)=\frac{P(AB)}{P(A)}=\frac{a^2}{(a+b)^2}\cdot\frac{a+b}{a}=\frac{a}{a+b};$$

$$P(B)=P(AB)+P(\bar{A}B)=\frac{a^2}{(a+b)^2}+\frac{ba}{(a+b)^2}=\frac{a}{a+b}.$$

这里 $P(B)=P(B|A)$,即无论事件 A 发生与否对事件 B 的发生没有影响. 这在直观上是显然的,因为试验是有放回摸球,第二次摸球事件与第一次摸到什么球毫无关系. 因此我们有 $P(AB)=P(A)P(B|A)=P(A)P(B)$. 所以,我们定义:

定义 1.10 设事件 A 和事件 B 是同一样本空间的任意两个随机事件,若它们满足
$$P(AB) = P(A)P(B),$$
则称事件 A 和事件 B **相互独立**,简称**独立**.

性质 若 $P(A)>0$,则事件 A 和事件 B 相互独立 $\Leftrightarrow P(B|A)=P(B)$;
若 $P(B)>0$,则事件 A 和事件 B 相互独立 $\Leftrightarrow P(A|B)=P(A)$.

定理 1.3 若 (A,B)、$(\overline{A},B)$、$(A,\overline{B})$、$(\overline{A},\overline{B})$ 四对事件中有一对相互独立,则其余三对也相互独立.

证 不妨设 A,B 相互独立,我们只证 $A,\overline{B}$ 也相互独立. 事实上,
$$\begin{aligned}P(A\overline{B}) &= P(A-AB) = P(A) - P(A)P(B)\\ &= P(A)[1-P(B)]\\ &= P(A)P(\overline{B}),\end{aligned}$$
从而 A 与 $\overline{B}$ 也相互独立.

注: 若 $P(A)>0, P(B)>0, A$ 与 B 独立,则有 $P(AB)=P(A)P(B)>0$,所以它们必不互斥;反之,若 A 与 B 互斥,则它们必不独立.

定义 1.11 三个事件 A,B,C **相互独立**,当且仅当它们满足下面四条:
$$P(AB) = P(A)P(B);$$
$$P(AC) = P(A)P(C);$$
$$P(BC) = P(B)P(C);$$
$$P(ABC) = P(A)P(B)P(C).$$

一般地,设 $A_1, A_2, \cdots, A_n$ 是 $n(n\geqslant 2)$ 个事件,如果对于其中任意 2 个、任意 3 个、……、任意 n 个事件的积事件的概率都等于各事件概率之积,即
$$P(A_iA_j) = P(A_i)P(A_j),$$
$$P(A_iA_jA_k) = P(A_i)P(A_j)P(A_k),$$
$$\cdots\cdots$$
$$P(A_1A_2\cdots A_n) = P(A_1)P(A_2)\cdots P(A_n),$$
则称事件 $A_1, A_2, \cdots, A_n$ **相互独立**.

例 1.19 某零件用两种工艺加工,第一种工艺有三道工序,各道工序出现不合格品的概率分别为 $0.3, 0.2, 0.1$;第二种工艺有两道工序,各道工序出现不合格品的概率分别为 $0.3, 0.2$. 试问:

(1) 用哪种工艺加工得到合格品的概率较大些?

(2) 第二种工艺两道工序出现不合格品的概率都是 0.3 时,情况又如何?

解 以 A_i 表示事件"用第 i 种工艺加工得到合格品", $i=1,2$.

(1) 由于各道工序可看作独立工作的,所以
$$P(A_1) = 0.7 \times 0.8 \times 0.9 = 0.504,$$
$$P(A_2) = 0.7 \times 0.8 = 0.56.$$
即第二种工艺得到合格品的概率较大些,这个结果也是可以理解的. 因为第二种工艺前两道工序出现不合格品的概率与第一种工艺相同,但少了一道工序,所以减少了出现不合格品的机会.

(2) 当第二种工艺的两道工序出现不合格品的概率都是 0.3 时,则
$$P(A_2) = 0.7 \times 0.7 = 0.49.$$
即第一种工艺得到合格品的概率较大些.

例 1.20 假设某家庭中有 3 个小孩,设事件 A 为"家中有男孩,也有女孩",事件 B 为"家中至多有一个女孩",问事件 A,B 是否相互独立?

解 该家庭中有 3 个小孩,共有 8 种不同情况,即
$$\{bbb, bbg, bgb, gbb, bgg, gbg, ggb, ggg\},$$
其中 b 表示男孩,g 表示女孩,且这 8 种情况是等可能发生的. 故
$$P(A) = \frac{6}{8}, \quad P(B) = \frac{4}{8}.$$
而 AB 表示"家中恰有一个女孩",$P(AB) = \frac{3}{8}$,即
$$P(AB) = P(A)P(B).$$
故事件 A,B 独立.

1.5.2 独立性在可靠性理论中的应用

可靠性理论随着科学技术的发展而得到迅速发展,特别是第二次世界大战以来,航天、军事、机械、电子工程、农业等行业的高科技设备结构越来越复杂,出现问题或故障的可能性也越来越大;同时,人们对这些设备的可靠性要求也越来越高. 可靠性理论就是为了解决这一矛盾而发展起来的. 可靠性理论主要讨论以下几个方面的问题:

(1) 可靠性设计 —— 在产品的设计阶段,根据产品的可靠度要求进行设计.

(2) 可靠性寿命试验 —— 为检验产品寿命而进行可靠性试验. 为了节省试验时间、费用等,通常采用在高温、高电流、高电压等特殊条件下对产品进行加速寿命试验,然后将试验结果利用可靠性理论转换为产品在正常条件下的寿命数据.

(3) 系统可靠性分析 —— 通过对整个系统进行可靠性分析,以达到改良系统结构,提高系统可靠性的目的.

(4) 维修检测策略研究 —— 对设备在使用中的状况及时进行检测,对出现故障的设备如何进行维修和更换以使得损失费用最小或效益最大进行评定.

(5) 可靠性的评定 —— 对生产出来的产品的各项可靠性指标进行评定.

下面只介绍可靠性理论的最简单的内容,作为概率论应用的例子.

所谓产品或系统的可靠度是指产品或系统在某一时间区间内正常工作的概率. 一个系统由许多部件按照一定的连接方式连接而成,因此,系统的可靠度依赖部件的可靠度和部件之间的连接方式. 下面我们考虑几种常见的连接方式.

设系统由 n 个部件组成,令 A_i 表示"在时间区间 $[0,t]$ 内第 i 个部件正常工作"($i=1,2,\cdots,n$),A 表示"在时间 $[0,t]$ 内系统正常工作",并假定 A_i 之间相互独立.

(1) 串联系统(见图 1.5)

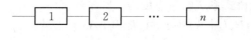

图 1.5

它的特点是当其中一个部件发生故障时系统就发生故障,亦即系统正常工作当且仅当 n 个部件同时正常工作,利用部件的相互独立性,有

$$P(A) = P(A_1 A_2 \cdots A_n) = P(A_1)P(A_2)\cdots P(A_n).$$

由 $0 \leqslant P(A_i) \leqslant 1$ 可知, n 越大,系统可靠度越小. 要提高系统的可靠度,必须要求系统的部件数量越少越好.

(2) 并联系统(见图 1.6)

它的特点是当且仅当 n 个部件全部发生故障时系统发生故障,即当 n 个中有一个以上的部件正常工作时系统就能正常工作,所以

$$P(A) = P(\bigcup_{i=1}^{n} A_i).$$

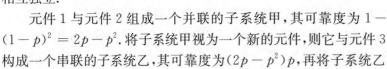

注意到部件的相互独立性,有

$$\begin{aligned}P(A) &= 1 - P(\overline{A}) = 1 - P(\bigcap_{i=1}^{n} \overline{A}_i) \\ &= 1 - P(\overline{A}_1)P(\overline{A}_2)\cdots P(\overline{A}_n) \\ &= 1 - \prod_{i=1}^{n}[1 - P(A_i)].\end{aligned}$$

图 1.6

同样,由于 $0 \leqslant P(A_i) \leqslant 1$,系统的可靠度因部件个数的增加而增大.

(3) 混联系统(见图 1.7)

设一个系统由四个元件组成,连接方式如图 1.7 所示,为了讨论方便,我们假设每个元件的可靠度都是 p,且彼此是否正常工作相互独立.

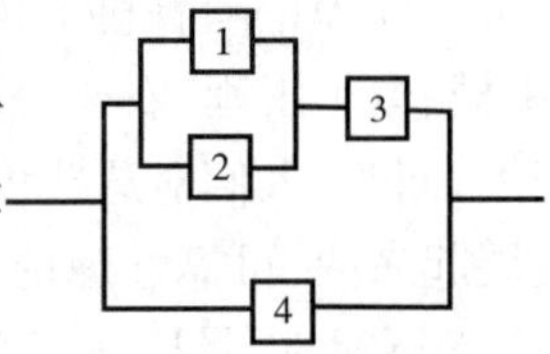

元件 1 与元件 2 组成一个并联的子系统甲,其可靠度为 $1-(1-p)^2 = 2p - p^2$. 将子系统甲视为一个新的元件,则它与元件 3 构成一个串联的子系统乙,其可靠度为 $(2p - p^2)p$,再将子系统乙视为一个元件,则整个系统由子系统乙与元件 4 并联而成,整个系统的可靠度为

$$1 - [1 - (2p - p^2)p](1 - p) = p + 2p^2 - 3p^3 + p^4.$$

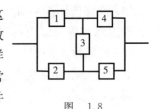

图 1.7

(4) 桥式系统(见图 1.8)

设每个元件的可靠度均为 p,且彼此是否正常工作相互独立. 这个系统不同于以上几种系统,关键在元件 3,它工作与否会直接导致系统的连接方式发生根本改变,于是考虑元件 3 工作与否,从而将样本空间划分,利用全概率公式来解决这个问题. 设 A 为"元件 3 正常工作",B 为"系统正常工作",当 A 发生时,可将该桥式系统视为先并联后串联的混联系统,如图 1.9 所示,这个系统的可靠度为

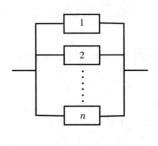

图 1.8

$$P(B \mid A) = [1 - (1 - p)^2]^2 = 4p^2 - 4p^3 + p^4.$$

当 A 不发生时,可将该桥式系统视为先串联后并联的混联系统,如图 1.10 所示,这个系统的可靠度为

$$P(B \mid \overline{A}) = 1 - (1 - p^2)^2 = 2p^2 - p^4.$$

于是,由全概率公式,整个桥式系统的可靠度为

$$P(B) = P(A)P(B \mid A) + P(\overline{A})P(B \mid \overline{A}) = 2p^2 + 2p^3 - 5p^4 + 2p^5.$$

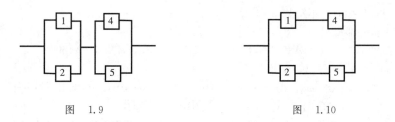

图 1.9　　　　　　　　　　图 1.10

1.5.3 伯努利(Bernoulli)概型

考虑一个简单的随机试验,它只可能出现两个结果,如抽样检查得合格品或不合格品;投篮中或不中;试验成功或失败;发报机发出的信号是 0 或是 1,等等. 有些随机试验的结果可能有很多,例如测试电视机的各项技术指标,测试结果不止两个,但是我们关心的是电视机是否符合规定标准要求,这样我们就可以把测试结果分为符合规定的合格品和不符合规定的不合格品两种. 一般地,任何一个随机试验的结果都可以分为我们所关心的事件 A 发生或不发生 $\overline{A}$ 两类,这种试验我们称为**伯努利试验**.

定义 1.12　把符合下列条件的 n 次试验称为 n **重伯努利概型**(又称 n **重独立试验**):

(1) 每次试验条件都一样,且可能的试验结果只有两个 A 和 $\overline{A}$, $P(A)=p$;

(2) 每次试验的结果互不影响,或称相互独立.

定理 1.4　在 n 重伯努利概型中事件 A 发生 k 次的概率为
$$P_n(k) = C_n^k p^k (1-p)^{n-k}, \quad k = 0, 1, \cdots, n.$$

证　由随机事件的独立性知某指定 k 次 A 发生的概率为 $p^k(1-p)^{n-k}$,而它可以有 C_n^k 种选择,故 A 发生 k 次的概率为 $C_n^k p^k (1-p)^{n-k}$.

例 1.21　在某一车间里有 12 台车床,每台车床由于工艺上的原因,时常需要停车,设各台车床的停车(或开车)是相互独立的. 若每台车床在任一时刻处于停车状态的概率均为 $\frac{1}{3}$. 计算在任一指定时刻有 2 台车床处于停车状态的概率.

解　把任一指定时刻对一台车床的观察看作一次试验,由于各车床停车或开车是相互独立的,故由伯努利概型的计算公式有
$$P_{12}(2) = C_{12}^2 \left(\frac{1}{3}\right)^2 \left(1-\frac{1}{3}\right)^{10} \approx 0.127\,2.$$

习　题　1A

1. 任意抛掷一颗骰子,观察出现的点数. 设事件 A 表示"出现偶数点",事件 B 表示"出现的点数能被 3 整除".

(1) 写出试验的样本点及样本空间;

(2) 把事件 A 及 B 分别表示为样本点的集合;

(3) $\overline{A}, \overline{B}, A \cup B, AB, \overline{A \cup B}$ 分别表示什么事件?并把它们表示为样本点的集合.

2. 写出下列随机试验的样本空间:

(1) 将一枚质地均匀的硬币抛两次;

(2) 在 1,2,3,4 四个数中可重复地取两个数.

3. 将下列事件用 A, B, C 表示出来:

(1) A 发生;

(2) 只有 A 发生；

(3) A 与 B 发生而 C 不发生；

(4) 三个事件都发生.

4. 设 $\Omega=\{1,2,\cdots,10\}$, $A=\{2,3,4\}$, $B=\{3,4,5\}$, $C=\{5,6,7\}$, 求下列事件：
(1) $\overline{A}B$；　　　　　　(2) $\overline{\overline{A}\overline{B}C}$.

5. 设 $\Omega=\{\omega_1,\omega_2,\cdots,\omega_{12}\}$, $A=\{\omega_1,\omega_2,\cdots,\omega_7\}$, $B=\{\omega_4,\omega_5,\cdots,\omega_9\}$, 试求下列事件所包含的基本事件：
(1) $A\cap\overline{B}$；　(2) $(A\cap B)\cup(\overline{A}\cap B)$；　(3) $\overline{A\cup B}$；　(4) $\overline{A}\cap\overline{B}$.

6. 随机抽检 3 件产品, 设 A 表示"三件中至少有一件是废品", B 表示"三件中至少有两件是废品", C 表示"三件都是合格品", 问 $\overline{A}$, $A\cup C$, $A\cap C$, $A-B$ 各表示什么事件？

7. 设 A、B 为两个事件, 且 $P(A)=p$, $P(AB)=P(\overline{A}\overline{B})$, 求 $P(B)$.

8. 设 A,B,C 是三个事件, 且 $P(A)=P(B)=P(C)=0.25$, $P(AB)=P(BC)=0$, $P(AC)=0.125$, 求 A, B,C 至少有一个发生的概率.

9. 已知事件 A, B, $A\cup B$ 的概率分别为 $0.4, 0.3, 0.6$, 求 $P(A\overline{B})$.

10. 已知 $P(A)=0.7$, $P(A-B)=0.3$, 试求 $P(\overline{AB})$.

11. 设 $P(A)=P(B)=0.5$, 试证 $P(AB)=P(\overline{A}\cap\overline{B})$.

12. 有 10 个人分别佩戴从 1 号至 10 号的纪念章, 从中任取 3 人记录其纪念章的号码, 求：
(1) 最小的号码为 5 的概率；
(2) 最大的号码为 5 的概率；
(3) 大小在中间的号码恰为 5 的概率.

13. 从 $0,1,2,\cdots,9$ 这 10 个数字中任意选 3 个不同的数字, 求下列事件的概率：
(1) $A_1=\{3\text{ 个数字中不含 }0\text{ 和 }5\}$；　(2) $A_2=\{3\text{ 个数字中不含 }0\text{ 或 }5\}$.

14. 一口袋中有五只黑球和两只白球, 从袋中任取一球, 看过颜色后放回, 然后再取一球. 设每只球被取到的可能性相同, 求：
(1) 第一次与第二次都取到黑球的概率；
(2) 第一次取得黑球, 第二次取得白球的概率；
(3) 第二次取得白球的概率.

15. 一批零件共有 100 个, 其中有 10 件不合格品. 无放回抽取两次, 求第二次才取得不合格品的概率.

16. 已知 $P(A)=0.3$, $P(B)=0.4$, $P(A|B)=0.32$, 求下面的概率：
$$P(AB), P(A\cup B), P(\overline{A\cup B}), P(A\cap\overline{B})$$

17. 设甲袋中有 3 个红球和 1 个白球, 乙袋中有 4 个红球和 2 个白球, 从甲袋中任取一球放到乙袋中, 再从乙袋中任取一球, 求最后取得红球的概率是多少？

18. 设某一工厂有甲、乙、丙三个车间, 它们生产同一种产品, 每个车间的产量分别占总产量的 25%、35%、40%, 每个车间的次品率分别是 5%、4%、2%, 如果从全厂产品中任取一件, 求取得次品的概率；若取得的是次品, 问此次品是甲车间生产的概率是多少？

19. 试卷中有一道选择题, 共有 4 个答案可供选择, 其中只有 1 个答案是正确的. 任一考生如果会解这道题, 则一定能选出正确答案；如果他不会解这道题, 则任选一个答案. 设考生会解这道题的概率是 0.8, 求：
(1) 考生选出正确答案的概率；
(2) 已知某考生所选答案是正确时, 他确实会解这道题的概率.

20. 有两个袋子, 一个袋里有 5 个白球 7 个红球, 另一个袋里有 4 个白球 2 个红球. 现从两个袋子中随机取一个袋子, 然后从所取袋子中随机取一个球, 求取得白球的概率.

21. 已知男人中有 5% 是色盲患者, 女人中有 0.25% 是色盲患者. 今从男女人数相等的人群中随机挑取一人, 发现恰好是色盲患者, 问此人是男性的概率是多少？

22. 设在 n 张彩票中有一张彩券. 求第二人摸到奖券的概率是多少？

23. 设敌机俯冲时被步枪击落的概率是 0.008, 求当 25 只步枪同时射击一次, 飞机被击落的概率.

24. 若三次射击中至少命中一次的概率为 0.875,求在一次射击中命中目标的概率.

25. 三人独立地破译一个密码,他们能够译出的概率分别为 $\frac{1}{5}, \frac{1}{4}, \frac{1}{3}$,问能将此密码译出的概率是多少?

26. 一个工人看管三台独立工作的车床,在 1 小时内车床不需要工人照管的概率分别是 0.9,0.8,0.7. 求在 1 小时内三台车床中最多有一台需要工人照管的概率.

27. 电灯泡使用时数在 1 000 小时以上的概率为 0.2,求三个独立工作的灯泡在使用 1 000 小时以后最多有一个坏了的概率.

28. 某工厂生产过程中出现次品的概率为 0.05,每 100 个产品为一批. 检查产品质量时,在每批中任取一半来检查,如果发现次品不多于一个,则这批产品可认为合格. 求一批产品被认为是合格的概率.

29. 一个系统由部件 a 与两个并联的部件 b 及 c 串联而成,设部件 a,b,c 是否正常工作是相互独立的,它们故障的概率分别是 0.3,0.2,0.2,求系统发生故障的概率.

习 题 1B

1. 袋中有 10 个球,分别写有号码 1~10,其中 1,2,3,4,5 号球为红球;6,7,8 号球为白球;9,10 号球为黑球. 设试验为
(1)从袋中任取一个球,观察其颜色;
(2)从袋中任取一个球,观察其号码.
分别写出试验的基本事件及样本空间,并指出样本空间中的基本事件是否是等可能的.

2. 请指明下列事件 A 与 B 的关系:
(1)检查两件产品,设 A 表示"至少有一件不合格品",B 表示"两次检查结果不同";
(2)设轴承寿命为 T(单位小时),记事件 $A=\{T>5\,000\}, B=\{T>8\,000\}$.

3. 设 X 表示轴承寿命,其样本空间为 $\Omega=\{0 \leqslant X \leqslant 2\}$,记事件 $A=\{0.5<X \leqslant 1\}, B=\{0.25 \leqslant X<1.5\}$,写出下列各事件:
(1)$\overline{AB}$, (2)$\overline{A} \cup B$, (3)$\overline{A}\overline{B}$, (4)$\overline{A \cup B}$.

4. 将 3 个球随机地投入 4 个盒子中,求下列事件的概率:
(1)任意 3 个盒子中各有 1 个球;
(2)任意 1 个盒子中有 3 个球;
(3)任意 1 个盒子中有 2 个球,其他任意 1 个盒子中有 1 个球.

5. 一批零件共有 100 个,其中有 10 件不合格品. 无放回抽取三次,求第三次才取得不合格品的概率.

6. 盒子里有 12 只乒乓球,其中 9 只是新的,第一次比赛时从中任取 3 只来用,比赛后仍然放回盒子;第二次比赛时再从中任取 3 只. 求第二次取出的 3 只球都是新球的概率. 若已知第二次取出的球都是新球,求第一次取出的球都是新球的概率.

7. 甲乙丙三人独立地向同一飞机射击,设击中的概率分别是 0.4,0.5,0.7. 如果只有一人击中,则飞机被击落的概率是 0.2;如果有两人击中,则飞机被击落的概率是 0.6;如果三人都击中,则飞机一定被击落. 求飞机被击落的概率.

8. 甲乙两人轮流向同一目标射击(甲先开始),设每次射击甲击中目标的概率是 $p_1(0<p_1<1)$,乙击中目标的概率为 $p_2(0<p_2<1)$,假设两人击中目标与否是相互独立的,求甲先击中目标的概率.

9. 甲乙两个乒乓球运动员进行乒乓球单打比赛,已知每一局甲胜的概率为 0.6,乙胜的概率 0.4. 比赛时可以采取三局二胜制或五局三胜制,问在哪一种比赛制度下,甲获胜的可能性较大?

10. 证明:如果 $P(A|B)=P(A|\overline{B})$,则事件 A 与 B 是独立的.

11. 如下图所示,设构成系统的每个电子元件的可靠性都等于 $p(0<p<1)$,并且各个元件能否正常工作是相互独立的. 求系统(1)和系统(2)的可靠性,并比较它们的大小.

12. 当发生危险情况时,自动报警器的电路将自动闭合而发出警报,我们可以用两个或更多个开关并联以改善其可靠性,即当发生危险情况时这些开关中的任一开关闭合就能发出警报. 已知发生危险情况时每个

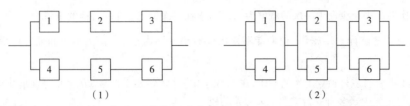

（1） （2）

开关自动闭合的概率是 0.95，并且每个开关的闭合与否是相互独立的．如果要使报警器的可靠性不低于 0.999 9，则需要用多少个开关并联？

13. 某彩票每周开奖一次，每次提供十万分之一的中奖机会，且各周开奖是相互独立的．若某人每周买一张彩票，坚持十年（每年以 52 周计）之久，那么他从未中奖的可能性是多少？

14. 已知某商场一天内来 k 个顾客的概率为 $\lambda^k e^{-\lambda}/k!, k=0,1,\cdots, \lambda>0$．又设每个到达商场的顾客购买商品是独立的，其概率为 p．试证：这个商城一天内有 r 个顾客购买商品的概率为：$(\lambda p)^r e^{-\lambda p}/r!$．

15. 在 AD 线段上任取两点 B, C，在 B, C 处折断而得三条线段，求这三条线段能够构成三角形的概率．

延展阅读

贝叶斯公式相关理论及应用

1. 贝叶斯公式

Thomas Bayes 是生活在 18 世纪的一位英国数学家．贝叶斯公式发表于 1763 年，它在历史上最著名的运用之一是在二战期间被用来破解恩尼格码密码．如今，这一原理更是广泛深入地被运用在科学、技术、医学等领域．

贝叶斯公式源于 Thomas Bayes 生前为解决一个"逆向概率"问题的思考．他本人并没有将它公开发表．在他去世后，他的家人委托朋友 Richard Price 研究贝叶斯的数学文章，其中有一篇关于概率论的论文引起了 Price 的注意．文章的题目是"论机会游戏中的一个问题"（An Essay towards Solving a Problem in the Doctrine of Chances）．Price 敏感地意识到贝叶斯这篇文章的结果很有价值，在贝叶斯去世两年后将其整理发表出来．

2. 贝叶斯公式应用举例

（1）邮件分类问题：某机构对前几年收到的大量电子邮件做了分类，提取了邮件中的一些关键词，并做了统计．假设三类邮件——工作邮件、一般邮件和垃圾邮件的比例（概率）分别为 $P_1, P_2, P_3 (P_1+P_2+P_3=1)$，第 i 类邮件每百封中含有关键词 j 的邮件数（出现关键词 j 的比例或概率）为 P_{ij}．试问，关键词 j 在电子邮件中出现的概率是多少？如果一封新邮件中出现了关键词 j，则该邮件属于垃圾邮件的概率是多少？

这是一个简化的问题，旨在研究如何自动识别垃圾邮件（如果某新邮件属于垃圾邮件的概率超过了预设的某个阈值，该邮件就被判定为垃圾邮件，自动放到垃圾信箱中，拒绝接收）．

下面给出用全概率公式和贝叶斯公式解决上述问题的图示方法．

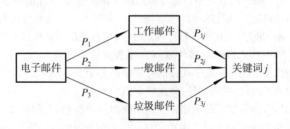

上述模型中,从"电子邮件"到"关键词 j"有三条路径,每条路径上有两段随机事件(第 2 段事件是在第 1 段事件发生条件下的随机事件).

在该例中,我们可以将全概率公式和贝叶斯公式按如下方式来理解:

任一封电子邮件中,出现关键词 j 的概率等于从"电子邮件"到"关键词 j"的所有路径的概率之和(全概率公式),而每条路径上的概率等于该路径上各段概率之积(条件概率公式).所以,电子邮件中出现关键词 j 的概率为

$$P_1 P_{1j} + P_2 P_{2j} + P_3 P_{3j}$$

如果一封新的电子邮件中出现关键词 j,则该电子邮件属于垃圾邮件的概率等于从电子邮件到关键词 j 的三条路径中走垃圾邮件路径的比例.所以,出现关键词 j 的邮件属于垃圾邮件的概率 $= P_3 P_{3j} / (P_1 P_{1j} + P_2 P_{2j} + P_3 P_{3j})$.

该模型只有两层:邮件类和关键词.对于更复杂的情况(层次更多,每层上的项数也更多,各层之间的关系更复杂时),这种模型就更显出其威力.

(2)投资博弈问题:挑战者 B 不知道原垄断者 A 是属于高阻挠成本类型还是低阻挠成本类型.但 B 知道,如果 A 属于高阻挠成本类型,B 进入市场时 A 进行阻挠的概率是 20%;如果 A 属于低阻挠成本类型,B 进入市场时 A 进行阻挠的概率是 100%.

博弈开始时,B 认为 A 属于高阻挠成本企业的概率为 70%,因此,B 估计自己在进入市场时,受到 A 阻挠的概率为:$0.7 \times 0.2 + 0.3 \times 1 = 0.44$. 0.44 是在 B 给定 A 所属类型的先验概率下,A 可能采取阻挠行为的概率.

当 B 进入市场时,A 确实进行阻挠.使用贝叶斯公式,根据阻挠这一可以观察到的行为,B 认为 A 属于高阻挠成本企业的概率为

$$0.7 \times 0.2 / 0.44 = 0.32.$$

根据这一新的概率,B 估计自己在进入市场时,受到 A 阻挠的概率为

$$0.32 \times 0.2 + 0.68 \times 1 = 0.744.$$

如果 B 再一次进入市场时,A 又进行了阻挠.使用贝叶斯法则,根据再次阻挠这一可观察到的行为,B 认为 A 属于高阻挠成本企业的概率变为

$$0.32 \times 0.2 / 0.744 = 0.086.$$

这样,根据 A 一次又一次的阻挠行为,B 对 A 所属类型的判断逐步发生变化,越来越倾向于将 A 判断为低阻挠成本企业了.

以上例子表明,在不完全信息动态博弈中,参与人所采取的行为具有传递信息的作用.尽管 A 企业有可能是高成本企业,但 A 企业连续进行的市场进入阻挠,给 B 企业以 A 企业是低阻挠成本企业的印象,从而使得 B 企业停止了进入市场的行动.

3. 贝叶斯统计及应用领域

贝叶斯统计是基于贝叶斯定理而发展起来用于系统地阐述和解决统计问题的方法.贝叶斯推断的基本方法是将关于未知参数的先验信息与样本信息结合,再根据贝叶斯定理得出后验信息,然后根据后验信息进行统计推断.

目前,贝叶斯统计几乎可以作为每一个学科的研究工具之一.当代许多杰出的经济学家都用贝叶斯计量经济学解决实际问题.贝叶斯统计在临床试验、基因与疾病的关系、职业病的防治、病毒学、环境性流行病研究等生物医学领域、可靠性评估、设计、优化及故障诊断中有广泛应用.

在大数据时代,贝叶斯统计的作用愈发突出.贝叶斯学习已经成为机器学习的重要内容.

垃圾邮件的识别、智能手机自动翻译、Siri 的语音识别等很多 AI 智能现象的关键算法核心都是贝叶斯统计. 贝叶斯统计已经成为 Google 计算的新力量. Google 和 Autonomy, 都使用贝叶斯定理为数据搜索提供近似的结果. 研究人员还使用贝叶斯模型判断症状和疾病之间的相互关系, 创建个人机器人, 开发能够根据数据和经验来决定行动的人工智能设备.

第 2 章 随机变量及其分布

随机变量是概率论中重要概念,其目的是把随机现象的结果数量化. 随机变量的引入使得我们能定量描述各种随机现象,并利用数学分析的方法对随机现象的规律进行深入广泛的研究和讨论. 本章我们将主要讨论一维随机变量及其分布.

2.1 随机变量和分布函数

2.1.1 一维随机变量的概念

在第 1 章描述一个随机试验的样本空间时,基本事件可以是数量性质的,如一批产品的废品数,被测物体的长度等;但有些基本事件是非数量性质的,如掷一枚硬币,出现的结果是正面和反面. 为了更深入、更全面地研究随机现象,认识随机现象的内在规律性,需要全面研究试验的结果,为此,我们需要把试验结果数量化,即在基本事件和数之间建立一种对应关系,我们称这种对应关系为**随机变量**.

定义 2.1 设 E 是随机试验,Ω 是其样本空间,如果对于每一个 $\omega \in \Omega$,有一个确定的实数 $X(\omega) = x$ 与之对应,则称 $X(\omega)$ 为**随机变量**(R.V.).

上述定义表明:随机变量是样本点的函数,这个函数的自变量是样本点,因变量是数. 其取值随试验的结果而定,在试验之前无法预知它取什么值,但取值可能性大小有确定的统计规律性.

本书中用大写字母 X, Y, Z 等表示随机变量,它们的取值用相应的小写字母 x, y, z 等表示. 随机变量的对应关系如图 2.1 所示.

例如,将一枚硬币连抛两次,用 H, T 分别表示正面、反面,其样本空间为
$$\Omega = \{HH, HT, TH, TT\}.$$
若用 X 表示 H 出现的次数,则
$$X(TT) = 0;$$
$$X(HT) = X(TH) = 1;$$
$$X(HH) = 2.$$

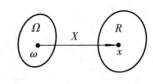

图 2.1

显然 X 是一个随机变量. 我们可以通过随机变量来描述 Ω 中的随机事件,如 $\{X=2\}$ 表示"出现两次正面"这一事件,易知
$$P\{X=2\} = \frac{1}{4}.$$
$\{X \leqslant 1\}$ 表示"出现了一次或没有出现正面"这一事件,即
$$\{X \leqslant 1\} = \{X=1\} + \{X=0\},$$

从而
$$P\{X \leqslant 1\} = P\{X=1\} + P\{X=0\} = \frac{3}{4};$$
$$\{X \leqslant -1\} \text{ 表示不可能事件}, P\{X \leqslant -1\} = 0;$$
$$\{X \leqslant 1.5\} = \{X=1\} + \{X=0\}, P\{X \leqslant 1.5\} = \frac{3}{4};$$
$$\{X \leqslant 2\} \text{ 是必然事件}, P\{X \leqslant 2\} = 1.$$

进一步，$\{X \in S\} = \{\omega | X(\omega) \in S\}$ 表示所有使得 $X(\omega) \in S$ 的 ω 所组成的随机事件，有相应的概率.

以随机变量为基础，概率论能从计算一些孤立事件的概率发展为可以全面研究随机现象统计规律的更高的理论体系.

常用的随机变量按其可能取值，可分为两种基本类型：离散型随机变量及连续型随机变量. 离散型随机变量的特征是只能取有限个值，或虽则在理论上讲能取无限个值，但这些值可以一个接一个排列出来（可列无限），如掷骰子的点数（6 个可能），一个月内某网站的点击次数，它理论上可以取 $0,1,2,\cdots$ 等任意非负整值. 连续型随机变量的可能取值不仅为无穷多个，并且不能无遗漏地逐一排列，而且是充满一个区间，如称量一物体质量的误差，计算机的寿命等. 除了离散和连续型随机变量之外，还有既非离散也非连续的随机变量. 无特殊声明，本书中的随机变量表示离散或连续型随机变量.

2.1.2 分布函数

由于随机变量 X 的所有可能取值不一定能一一列举出来，如用随机变量 X 表示电视机的寿命，则 X 的取值为全体正实数. 因此，为了研究随机变量取值的概率，需研究随机变量 X 的取值落在某个区间 $(x_1, x_2]$ 中的概率，即求 $P\{x_1 < X \leqslant x_2\}$.

由图 2.2 知事件 $\{x_1 < X \leqslant x_2\}$ 与事件 $\{X \leqslant x_1\}$ 互斥，且 $\{X \leqslant x_2\} = \{X \leqslant x_1\} + \{x_1 < X \leqslant x_2\}$，故
$$P\{X \leqslant x_2\} = P\{X \leqslant x_1\} + P\{x_1 < X \leqslant x_2\}.$$
即 $P\{x_1 < X \leqslant x_2\} = P\{X \leqslant x_2\} - P\{X \leqslant x_1\}.$

由此可见，若对任意给定的实数 x，事件 $\{X \leqslant x\}$ 的概率 $P\{X \leqslant x\}$ 确定的话，概率 $P\{x_1 < X \leqslant x_2\}$ 也就确定了，而概率 $P\{X \leqslant x\}$ 随着 x 的变化而变化，它是 x 的函数，我们称为随机变量 X 的**分布函数**.

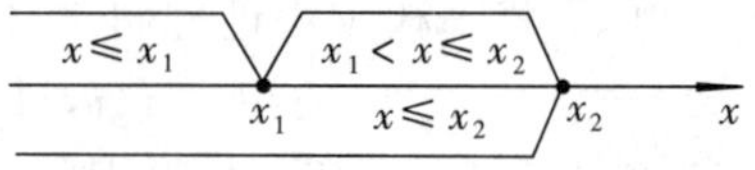

图 2.2

定义 2.2 设 X 是一个随机变量，对任意的 $x \in \mathbf{R}$，称函数
$$F(x) = P\{X \leqslant x\}$$
为随机变量 X 的**分布函数**.

分布函数是一个普通函数，它的定义域是整个数轴，如将 X 看成是数轴上随机点的坐标，那么 $F(x)$ 在 x 点处的函数值就表示随机点 X 落在区间 $(-\infty, x]$ 上的概率.

分布函数 $F(x)$ 有如下基本性质：

(1) $0 \leqslant F(x) \leqslant 1, -\infty < x < +\infty$；

(2) $F(x)$ 是 x 的单调不减函数，即：若 $x_1 < x_2$，则 $F(x_1) \leqslant F(x_2)$；

(3) $F(+\infty) = \lim_{x \to +\infty} F(x) = 1, F(-\infty) = \lim_{x \to -\infty} F(x) = 0$;

(4) $F(x)$ 关于 x 是右连续的.

有了随机变量 X 的分布函数,使得各种事件的概率都可以方便地用分布函数表示. 例如,对任意的实数 x_1 与 x_2,有

$$P\{x_1 < X \leqslant x_2\} = F(x_2) - F(x_1),$$
$$P\{X = x_1\} = F(x_1) - F(x_1 - 0),$$
$$P\{X \geqslant x_2\} = 1 - F(x_2 - 0),$$
$$P\{X > x_2\} = 1 - F(x_2),$$
$$P\{x_1 < X < x_2\} = F(x_2 - 0) - F(x_1),$$
$$P\{x_1 \leqslant X \leqslant x_2\} = F(x_2) - F(x_1 - 0),$$
$$P\{x_1 \leqslant X < x_2\} = F(x_2 - 0) - F(x_1 - 0).$$

特别地,当 $F(x)$ 在 x_1 与 x_2 处连续时,有 $F(x_1 - 0) = F(x_1), F(x_2 - 0) = F(x_2)$.

注 有的书将随机变量的分布函数定义为 $F(x) = P\{X < x\}$. 这两个定义都是可以的. 它们的性质除了 $F(x) = P\{X \leqslant x\}$ 是右连续与 $F(x) = P\{X < x\}$ 是左连续外,其他三条都是一样的. 在后面的学习中我们会知道,对于连续型随机变量二者是完全一样的,但是对于离散型随机变量而言,它们有着很大的区别.

2.2 离散型随机变量

2.2.1 离散型随机变量及其分布律

定义 2.3 若随机变量 X 可能取值的数目是有限的或可列无限的,则称 X 是**离散型随机变量**. X 的可能值可写成 $x_1, x_2, \cdots, x_k, \cdots$,在有限的情形,这个序列至某一项结束.

对于离散型随机变量 X,我们感兴趣的是它的可能取值是什么和 X 以多大的概率取每个值. 为此,我们常用分布律来表示其分布.

定义 2.4 若离散型随机变量 X 取值为 $x_k(k=1,2,\cdots)$ 的概率为

$$P\{X = x_k\} = p_k, \quad k = 1, 2, \cdots,$$

则称 $\{p_k, k = 1, 2, \cdots\}$ 为随机变量 X 的**概率分布**或**分布律**. 分布律也可以写成表格形式:

X	x_1	x_2	$\cdots$	x_k	$\cdots$
P	p_1	p_2	$\cdots$	p_k	$\cdots$

由概率的定义,$\{p_k, k = 1, 2, \cdots\}$ 具有如下基本性质:

(1) $p_k \geqslant 0, k = 1, 2, \cdots$;

(2) $\sum_{k=1}^{\infty} p_k = 1$.

反之,满足性质(1)、(2) 的 $\{p_k, k = 1, 2, \cdots\}$ 均可作为某个离散型随机变量的分布律.

例 2.1 设随机变量 X 所有可能取值为 $1, 2, \cdots, n$,且已知概率 $P\{X = k\}$ 与 k 成正比,即 $P\{X = k\} = ak, k = 1, 2, \cdots, n$. 求常数 a 的值.

解 由概率分布的性质有

$$1 = \sum_{k=1}^{n} P\{x = k\} = \sum_{k=1}^{n} ak = a \cdot \frac{n(n+1)}{2},$$

所以
$$a = \frac{2}{n(n+1)}.$$

例 2.2 设某射手的命中率为 $p(0 < p < 1)$,现令其对目标进行射击,直到射中目标为止,求射击次数 X 的分布律.

解 要求随机变量 X 的分布律,首先要确定随机变量可能取哪些值,然后再确定它取这些值的概率是多少.

由于射手可能第一次就击中目标,也可能第二次才击中目标,也可能第 k 次才击中目标,故 X 的可能取值为 $1, 2, \cdots, k, \cdots$. 而 $\{X = k\}$ 表示前 $(k-1)$ 次均没有击中,第 k 次才击中,故

$$P\{X = k\} = (1-p)^{k-1} p, \quad k = 1, 2, \cdots,$$

且
$$\sum_{k=1}^{\infty} P\{X = k\} = p \sum_{k=1}^{\infty} (1-p)^{k-1} = \frac{p}{1-(1-p)} = 1.$$

故 X 的分布律为

X	1	2	$\cdots$	k	$\cdots$
P	p	$(1-p)p$	$\cdots$	$(1-p)^{k-1}p$	$\cdots$

由概率的可加性知 X 的分布函数为

$$F(x) = P\{X \leqslant x\} = \sum_{x_k \leqslant x} P\{X = x_k\} = \sum_{x_k \leqslant x} p_k.$$

这里和式是对所有满足 $x_k \leqslant x$ 的 k 求和,分布函数 $F(x)$ 在 $x = x_k (k = 1, 2, \cdots)$ 处具有跳跃点,其跳跃值为 $p_k = P\{X = x_k\}$,$F(x)$ 为右连续单调不减的阶梯函数. 此时 X 落在区间 $[a, b]$ 与 (a, b) 的概率分别为

$$P\{a \leqslant x \leqslant b\} = P\{X = a\} + P\{a < X \leqslant b\}$$
$$= P\{X = a\} + F(b) - F(a);$$
$$P\{a < X < b\} = P\{a < X \leqslant b\} - P\{X = b\}$$
$$= F(b) - F(a) - P\{X = b\}.$$

例 2.3 设一个口袋中装有标号为 $1, 2, 2, 3, 3, 3$ 数字的六个球,从这个口袋中任取一球,用随机变量 X 表示取得的球上标有的数字. 求:

(1) X 的分布律和分布函数; (2) 求 $P\{1 \leqslant X < 2.5\}$.

解 (1) 随机变量 X 的可能取值为 $1, 2, 3$, 由古典概率知识可得

$$P\{X = 1\} = \frac{1}{6}, \quad P\{X = 2\} = \frac{2}{6}, \quad P\{X = 3\} = \frac{3}{6}.$$

所以 X 的分布律为

X	1	2	3
P	$\frac{1}{6}$	$\frac{2}{6}$	$\frac{3}{6}$

当 $x < 1$ 时,$\{X \leqslant x\}$ 为不可能事件,所以 $F(x) = 0$;

当 $1 \leqslant x < 2$ 时,$\{X \leqslant x\}$ 等价于 $\{X = 1\}$,所以 $F(x) = \frac{1}{6}$;

当 $2\leqslant x<3$ 时，$\{X\leqslant x\}=\{X=1\}+\{X=2\}$，$F(x)=\dfrac{1}{6}+\dfrac{2}{6}=\dfrac{3}{6}$；

当 $x\geqslant 3$ 时，$\{X\leqslant x\}$ 是必然事件，$F(x)=1$.

综上

$$F(x)=\begin{cases}0 & \text{当 } x<1\\ \dfrac{1}{6} & \text{当 } 1\leqslant x<2\\ \dfrac{3}{6} & \text{当 } 2\leqslant x<3\\ 1 & \text{当 } x\geqslant 3\end{cases}.$$

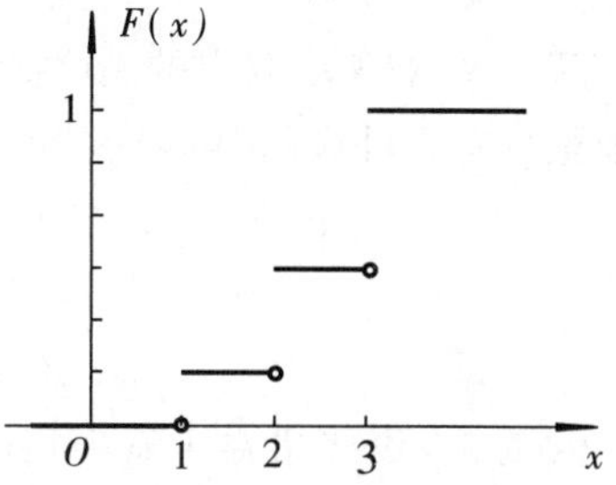

分布函数 $F(x)$ 的图像如图 2.3 所示.

图 2.3

(2) $P\{1\leqslant X<2.5\}=\sum\limits_{1\leqslant x_k<2.5}p_k$

$=P\{X=1\}+P\{X=2\}$

$=\dfrac{1}{6}+\dfrac{2}{6}=\dfrac{1}{2}.$

若用分布函数计算，有

$P\{1\leqslant X<2.5\}=P\{X=1\}+P\{1<X\leqslant 2.5\}-P\{X=2.5\}$

$=\dfrac{1}{6}+F(2.5)-F(1)-0=\dfrac{1}{6}+\dfrac{3}{6}-\dfrac{1}{6}$

$=\dfrac{1}{2}.$

2.2.2 几种常见的离散型随机变量的概率分布

1. 两点分布或(0-1) 分布

若在一次随机试验中随机变量 X 只可能取 0 或 1 两个值，且它的分布律为 $P\{X=1\}=p$，$P\{X=0\}=1-p=q$，则称随机变量 X 服从**两点分布**或**(0-1) 分布**.

两点分布可以作为描述试验只有两个基本事件的数学模型. 例如：在打靶中的"命中"与"不中"；产品抽查中的"正品"与"次品"；投篮中的"中"与"不中"；机器的"正常工作"与"发生故障"；一批种子的"发芽"与"不发芽"；等等. 总之，一个随机试验中如果我们只关心某事件 A 发生或其对立事件 $\bar{A}$ 发生的情况，都可用一个服从(0-1) 分布的随机变量来描述.

2. 二项分布

在 n 重伯努利试验中，若事件 A 在每次试验中发生的概率均为 p，即 $P(A)=p$，则 A 恰好发生 k 次 $(k=0,1,\cdots,n)$ 的概率为 $C_n^k p^k(1-p)^{n-k}$. 令 X 表示 n 重伯努利试验中 A 发生的次数，X 是一个随机变量，它的可能取值为 $0,1,\cdots,n$，其分布律为

$$P\{X=k\}=C_n^k p^k(1-p)^{n-k},\quad k=0,1,\cdots,n. \tag{2.1}$$

我们称此随机变量 X 服从参数为 n,p 的**二项分布**，记为 $X\sim B(n,p)$.

容易看出，当 $n=1$ 时，二项分布 $B(1,p)$ 就是(0-1)分布，因而(0-1)分布是二项分布的特殊情形.

二项分布是一类非常重要的分布，它用于描述"n 重伯努利试验中 A 恰好发生 k 次的概率"

这种数学模型.n 次投篮试验中投中的次数,n 次射击试验中击中目标的次数,n 台机器中运转正常的机器的台数,从一批足够多的产品中取 n 件产品所得次品的件数等都服从二项分布.

例 2.4 已知一大批产品的次品率为 0.01,今从产品中任取 10 件,求取得的产品中至少有 2 件次品的概率.

解 令 X 表示取出的 10 件产品中的次品数,据题意知 $X \sim B(10, 0.01)$ 且事件"取得的产品中至少有 2 件次品"可表示为 $\{X \geqslant 2\}$,而

$$\begin{aligned} P\{X \geqslant 2\} &= 1 - P\{X = 0\} - P\{X = 1\} \\ &= 1 - C_{10}^0 (0.01)^0 (0.99)^{10} - C_{10}^1 (0.01)^1 (0.99)^9 \\ &\approx 0.005. \end{aligned}$$

例 2.5 设飞机在飞行中每个引擎出故障的概率为 $1-p$,且各引擎是否发生故障是相互独立的,当 50% 及 50% 以上的引擎在正常工作时飞机可以正常飞行,问对多大的 p 而言,四引擎飞机比二引擎飞机更可靠.

解 令 X 表示四引擎飞机上正常运行的引擎的个数,依题意,事件"四引擎飞机正常飞行"可表示为 $\{X \geqslant 2\}$,且

$$\begin{aligned} P\{X \geqslant 2\} &= 1 - P\{X < 2\} \\ &= 1 - P\{X = 0\} - P\{X = 1\} \\ &= 1 - C_4^0 p^0 (1-p)^4 - C_4^1 p (1-p)^3 = 1 - (1-p)^4 - 4p(1-p)^3 \end{aligned}$$

再令 Y 表示二引擎飞机上正常工作引擎的个数,依题意,事件"二引擎飞机正常飞行"可表示为 $\{Y \geqslant 1\}$,且

$$P\{Y \geqslant 1\} = 1 - p\{Y = 0\} = 1 - (1-p)^2.$$

要使四引擎飞机比二引擎飞机更为可靠,则需 $P\{X \geqslant 2\} > P\{Y \geqslant 1\}$,即

$$1 - (1-p)^4 - 4p(1-p)^3 > 1 - (1-p)^2.$$

解之得 $p > \dfrac{2}{3}$. 所以当每个引擎正常工作的概率大于 $\dfrac{2}{3}$ 时,四引擎飞机更为可靠.

例 2.6 已知在一大批同型产品中,不合格率为 0.2,现从中分别任取 9 件、20 件、25 件,问其中恰有 k 件不合格的概率各是多少?

解 将抽查一件产品视为一次试验,则每次试验的结果只有两个:合格品或不合格品. 由于产品数量很大,抽查数与总数相对来说又很小,所以不放回抽样可以按有放回抽样处理,这样做误差不会很大. 因此,抽查 9 件,20 件和 25 件产品就分别相当于作 9 重、20 重和 25 重伯努利试验. 以 X 表示不合格品的数量,则 $P\{X = k\} = C_n^k (0.2)^k (0.8)^{n-k}$,$n$ 分别取 9、20 和 25 时,其结果见表 2.1.

表 2.1

	$n = 9$	$n = 20$	$n = 25$
$P\{X = 0\}$	0.134 2	0.012	0.003 8
$P\{X = 1\}$	0.302 0	0.058	0.023 6
$P\{X = 2\}$	0.302 0	0.137	0.070 8
$P\{X = 3\}$	0.176 2	0.205	0.135 8
$P\{X = 4\}$	0.061 1	0.218	0.186 7
$P\{X = 5\}$	0.016 5	0.175	0.196 2

续表

	$n=9$	$n=20$	$n=25$
$P\{X=6\}$	0.002 8	0.109	0.163 3
$P\{X=7\}$	0.000 3	0.055	0.110 8
$P\{X=8\}$	0.000 0	0.022	0.062 3
$P\{X=9\}$	0.000 0	0.007	0.029 4
$P\{X=10\}$	0.000 0	0.002	0.011 8
$P\{X=11\}$	…	0.001	0.004 0
$P\{X=12\}$	…	…	0.001 2
$P\{X=13\}$	…	…	0.000 3
$P\{X=14\}$	…	…	0.000 1

表 2.1 的图形如图 2.4 所示.

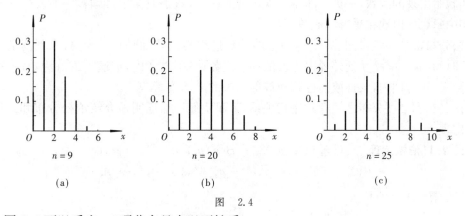

图 2.4

从图 2.4 可以看出,二项分布具有以下性质:

(1) 对于固定的 n 和 p,X 取 k 的概率随着 k 的增大而增大,直至达到最大值,然后再下降.

(2) 对于固定的 p,随着 n 的增大,$B(n,p)$ 的图形趋于对称.

(3) 对任意 k,有

$$\frac{P\{X=k\}}{P\{X=k-1\}} = \frac{C_n^k p^k (1-p)^{n-k}}{C_n^{k-1} p^{k-1} (1-p)^{n-k+1}}$$

$$= 1 + \frac{(n+1)p-k}{k(1-p)} \begin{cases} >1 & \text{当 } k<(n+1)p \\ =1 & \text{当 } k=(n+1)p. \\ <1 & \text{当 } k>(n+1)p \end{cases}$$

由上式可知,当 $k<(n+1)p$ 时,$P\{X=k\}>P\{X=k-1\}$,即 $P\{X=k\}$ 随 k 的增大而增大;当 $k>(n+1)p$ 时,$P\{X=k\}$ 随着 k 的增大而减小. 同时可看出:若 $(n+1)p$ 为整数,则当 $k=(n+1)p$ 或 $k=(n+1)p-1$ 时 $P\{X=k\}$ 取得最大值;若 $(n+1)p$ 不是整数,则当 $k=[(n+1)p]$(此处方括号代表取整)时 $P\{X=k\}$ 取得最大值. 称使得概率 $P\{X=k\}$ 达到最大值的 k 叫作二项分布 $B(n,p)$ 的**最可能值**,它是 n 重伯努利试验中事件 A 成功的最可能次数.

例 2.7 随机数字序列要有多长才能使 0 至少出现 1 次的概率不小于 0.9?

解 随机数字序列就是每次有放回地从0到9这十个数字中取一个数字所作成的序列. 显然,每次取到0的概率为0.1.设随机数字序列要有n个数字才能使0至少出现1次的概率不小于0.9.因此,需要有放回地取n次数字,这相当于n重伯努利试验,取到0的次数$X \sim B(n, 0.1)$.依题意应有$P\{X \geqslant 1\} = 1 - P\{X = 0\} = 1 - (0.9)^n \geqslant 0.9$,解得$n \geqslant 22$,即序列长度不能小于22.

3. 泊松(Poisson)分布

若随机变量X的所有可能取值为一切非负整数,其概率分布为

$$P\{X = k\} = \frac{\lambda^k e^{-\lambda}}{k!}, \quad k = 0, 1, 2, \cdots. \tag{2.2}$$

其中$\lambda > 0$为参数.则称X服从参数为λ的**泊松分布**,记为$X \sim P(\lambda)$.

泊松分布是1837年由法国数学家泊松(Poisson S. D. 1781—1840)首次提出的. 泊松分布的应用相当广泛,它可以作为描绘大量试验中稀有事件出现的次数的概率分布情况的一个数学模型. 例如,飞机被击中的子弹数,纱锭的纱线被扯断的次数,大量螺钉中不合格品出现的次数,四胞胎出现的次数,一页中印刷错误出现的次数,数字通信中传输数字时发生误码的次数,一年中暴风雨出现在夏季的次数,等等.

泊松分布常与一定时间、一定空间上的计数过程相联系,例如,一天内,来到商场的顾客数;单位时间内,一电路受到外界电磁波的冲击次数;一平方米内,玻璃上的气泡数;一铸件上的沙眼数;一定时期内,某种放射性物质放射出来的离子数,等等.

泊松分布和二项分布之间存在密切关系,下面我们不加证明地介绍泊松分布和二项分布的关系定理.

定理2.1(泊松定理) 设随机变量$X_n \sim B(n, p_n), n = 1, 2, \cdots$,即

$$P\{X_n = k\} = C_n^k p_n^k (1 - p_n)^{n-k}, k = 0, 1, \cdots, n.$$

若$\lim_{n \to \infty} np_n = \lambda > 0$,则有

$$\lim_{n \to \infty} P\{X_n = k\} = \frac{\lambda^k}{k!} e^{-\lambda}, \quad k = 0, 1, \cdots. \tag{2.3}$$

例2.8 设书中的某一页上印刷错误的个数服从参数为$\lambda = 0.5$的泊松分布,求在这一页书上至少有一处印刷错误的概率.

解 令X表示在这一页上印刷错误的个数,则$X \sim P(0.5)$,故

$$P\{X \geqslant 1\} = 1 - P\{X = 0\} = 1 - e^{-0.5}$$
$$\approx 0.385.$$

例2.9 设随机变量$X \sim B(5\,000, 0.001)$,求$P\{X > 1\}$.

解 因$n = 5\,000$很大,而$p = 0.001$很小,$\lambda = np = 5$,由泊松定理有

$$P\{X > 1\} = 1 - P\{X = 0\} - P\{X = 1\}$$
$$= 1 - C_{5\,000}^0 (0.001)^0 (0.999)^{5\,000} - C_{5\,000}^1 (0.001)^1 (0.999)^{4\,999}$$
$$\approx 1 - e^{-5} - 5e^{-5}$$
$$\approx 0.959\,57.$$

上述运算可以用MATLAB实现,代码如下:

```
clear all
N=5000;
```

p=0.001;
P1=1−binocdf(1,N,p);
P2=1−poisscdf(1,N*p);

运行结果：

P1=0.9596
P2=0.9596

P1 用二项分布计算得到，P2 用泊松定理近似计算得到．保留 4 位小数时，数值相同．

4. 几何分布

设在一次试验中我们关心事件 A 发生或不发生，并假定这试验可独立地重复进行，在每次重复试验中，事件 A 发生的概率 $P(A)=p$ 保持不变，则直到事件 A 首次发生需要的试验次数 X 是一个随机变量，它的可能取值为 $1,2,\cdots$，且

$$P\{X=k\}=(1-p)^{k-1}p, \qquad k=1,2,\cdots. \tag{2.4}$$

我们称上述随机变量 X 服从参数为 p 的**几何分布**．

例 2.10 某人投篮命中率为 0.4，问首次投中前，未投中次数小于 5 的概率是多少？

解 设 X 为首次投中时已投篮的次数，显然 X 服从参数为 0.4 的几何分布，即

$$P\{X=k\} = 0.6^{k-1}\times 0.4, \qquad k=1,2,\cdots.$$

而事件"首次投中前，未投中次数小于 5 次"可表示为 $\{X\leqslant 5\}$，它们的概率为

$$P\{X\leqslant 5\} = \sum_{k=1}^{5} 0.6^{k-1}\times 0.4 = 0.92.$$

5. 超几何分布

设一批产品共 N 件，其中 M 件次品，现从中任取 n 件 $(n<N)$，则此 n 件产品中的次品数 X 是一个随机变量，它的可能取值为 $0,1,2,\cdots,\min\{n,M\}$，其概率分布为

$$P\{X=k\} = \frac{C_M^k C_{N-M}^{n-k}}{C_N^n}, \quad k=0,1,2,\cdots,\min\{n,M\}. \tag{2.5}$$

称 X 服从参数为 N,M,n 的**超几何分布**．

超几何分布产生于 n 次不放回抽样，在计数抽样检验中是一个重要分布，在质量管理中经常运用．

2.3 连续型随机变量

离散型随机变量不能描述所有的随机试验，如加工零件的长度与规定长度的偏差，某种电器的使用寿命等，这类随机变量可能取的值不能一个一个地列出来，因而就不能像离散型随机变量那样用分布律来描述它．在实际问题中，对于这类随机变量，如某种电器的使用寿命 T，我们不会对电器的寿命 $T=10\,000$ h 还是 $T=10\,000.1$ h 的概率感兴趣，而是关心其寿命 T 在某个区间内的概率．因此，只有知道随机变量在任一区间上取值的概率，才能掌握它取值的概率分布．对于这种取值非离散型的随机变量中有一类很重要也很常见的类型，就是所谓的连续型随机变量．

分布函数刻画了随机变量的概率分布．但是在理论和使用上更方便的是所谓的"概率密度函数"或称密度函数．

定义 2.5 设随机变量 X 的分布函数为 $F(x)$,若存在非负函数 $f(x)$,使得对于任意实数 x 有

$$F(x) = \int_{-\infty}^{x} f(t)dt,$$

则称 X 具有**连续型分布**或称为**连续型随机变量**,称 $f(x)$ 为 X 的**分布密度**或**密度函数**或**概率密度**.

由高等数学的知识易知,$F(x)$ 是一种积分上限函数. 当 $f(x)$ 连续时,$F'(x) = f(x)$. 从微分的角度看,对比较小的 h,$P\{x < X \leqslant x+h\} = F(x+h) - F(x)(h > 0)$ 可以用 $f(x)h$ 近似. 所以 $f(x)$ 反映了概率在 x 点处的"密集程度",这就是为什么称 $f(x)$ 为概率密度函数的缘故.

密度函数具有如下性质:

(1) $f(x) \geqslant 0$.

(2) $\int_{-\infty}^{+\infty} f(x)dx = 1$.

反之,可以证明,对于定义在实数集 **R** 上的任一函数,若满足上面两条性质,则它一定是某个连续型随机变量的密度函数.

(3) $P\{a < X \leqslant b\} = F(b) - F(a) = \int_a^b f(x)dx$.

(4) 若 $f(x)$ 在点 x 处连续,则 $F'(x) = f(x)$.

(5) 对于任意实数 a,有 $P\{X = a\} = 0$.

证 由于 $\{X = a\} \subset \{a - \Delta x < X \leqslant a\}$,故

$$0 \leqslant P\{X = a\} \leqslant P\{a - \Delta x < X \leqslant a\}$$
$$= F(a) - F(a - \Delta x).$$

令 $\Delta x \to 0^+$,注意到 $F(x)$ 的连续性得

$$P\{X = a\} = 0.$$

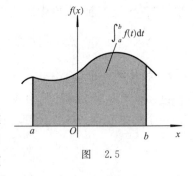

图 2.5

注 1 上述性质(1) 表示密度函数曲线在 x 轴上方;性质(2) 表示密度函数曲线与横轴之间的面积等于 1;性质(3) 表示事件 $\{a < X \leqslant b\}$ 的概率等于区间 $(a,b]$ 上密度函数 $f(x)$ 之下、横轴之上的曲边梯形的面积,如图 2.5 所示.

注 2 性质(5) 表明对于连续型随机变量 X,由 $P\{X = a\} = 0$ 并不能推出 $\{X = a\}$ 是不可能事件. 即对于任一事件 A,若 A 是不可能事件,则有 $P(A) = 0$;反之,若 $P(A) = 0$,则不能推出 A 是不可能事件. 同理,若 A 是必然事件,则有 $P(A) = 1$;反之,若 $P(A) = 1$,则不能推出 A 是必然事件.

注 3 在计算连续型随机变量落在某一区间内的概率时,我们有

$$P\{a < X < b\} = P\{a < X \leqslant b\} = P\{a \leqslant X < b\} = P\{a \leqslant X \leqslant b\}$$
$$= \int_a^b f(x)dx.$$

例 2.11 设连续型随机变量 X 的概率密度为

$$f(x) = \begin{cases} k e^{-3x} & \text{当 } x > 0 \\ 0 & \text{当 } x \leqslant 0 \end{cases},$$

求:(1) 常数 k; (2) 分布函数 $F(x)$; (3) $P\{X > 1\}$.

解 (1) 由 $\int_{-\infty}^{+\infty} f(x)\mathrm{d}x = 1$ 可知 $\int_{0}^{+\infty} k\mathrm{e}^{-3x}\mathrm{d}x = 1$，解得 $k = 3$，从而

$$f(x) = \begin{cases} 3\mathrm{e}^{-3x} & \text{当 } x > 0 \\ 0 & \text{当 } x \leqslant 0 \end{cases}.$$

(2) 当 $x \leqslant 0$ 时，

$$F(x) = P\{X \leqslant x\} = \int_{-\infty}^{x} f(x)\mathrm{d}x = \int_{-\infty}^{x} 0\mathrm{d}x = 0;$$

当 $x > 0$ 时，

$$F(x) = P\{X \leqslant x\} = \int_{-\infty}^{x} f(x)\mathrm{d}x = \int_{-\infty}^{0} 0\mathrm{d}x + \int_{0}^{x} 3\mathrm{e}^{-3x}\mathrm{d}x = 1 - \mathrm{e}^{-3x}.$$

从而分布函数为

$$F(x) = \begin{cases} 1 - \mathrm{e}^{-3x} & \text{当 } x > 0 \\ 0 & \text{当 } x \leqslant 0 \end{cases}.$$

(3) 利用分布函数计算得到

$$P\{X > 1\} = 1 - P\{X \leqslant 1\} = 1 - F(1) = 1 - (1 - \mathrm{e}^{-3})$$
$$= \mathrm{e}^{-3}.$$

例 2.12 设连续型随机变量 X 的分布函数为

$$F(x) = \begin{cases} A + B\mathrm{e}^{-\frac{x^2}{2}} & \text{当 } x > 0 \\ 0 & \text{当 } x \leqslant 0 \end{cases}.$$

求：(1) 系数 A, B；　(2) 密度函数 $f(x)$；　(3) X 落在区间 $(1, 2)$ 内的概率.

解 (1) 由 $F(+\infty) = 1$ 可得 $\lim\limits_{x \to +\infty}(A + B\mathrm{e}^{-\frac{x^2}{2}}) = 1$，即 $A = 1$.
又因 $F(x)$ 在 $x = 0$ 处连续，故

$$0 = F(0) = \lim_{x \to 0^+} F(x) = \lim_{x \to 0^+}(A + B\mathrm{e}^{-\frac{x^2}{2}}) = A + B.$$

从而 $B = -A = -1$，所以

$$F(x) = \begin{cases} 1 - \mathrm{e}^{-\frac{x^2}{2}} & \text{当 } x > 0 \\ 0 & \text{当 } x \leqslant 0 \end{cases}.$$

(2) 对 $F(x)$ 求导，得 X 的概率密度为

$$f(x) = F'(x) = \begin{cases} x\mathrm{e}^{-\frac{x^2}{2}} & \text{当 } x > 0 \\ 0 & \text{当 } x \leqslant 0 \end{cases}.$$

(3) X 落在区间 $(1, 2)$ 内的概率为

$$P\{1 < X < 2\} = F(2) - F(1) = \mathrm{e}^{-0.5} - \mathrm{e}^{-2}$$
$$\approx 0.4712.$$

下面我们介绍两种常见的连续型随机变量的分布，即均匀分布和指数分布. 至于正态分布，由于其特殊的重要性，我们将在以后专门讨论.

2.3.1 均匀分布

设连续型随机变量 X 在有限区间 (a,b) 内均匀取值，且其密度函数为

$$f(x)=\begin{cases} \dfrac{1}{b-a} & \text{当 } a<x<b \\ 0 & \text{其他} \end{cases}.$$

则称 X 在 (a,b) 上服从**均匀分布**，记为 $X \sim U(a,b)$. 容易求得其分布函数为

$$F(x)=\begin{cases} 0 & \text{当 } x \leqslant a \\ \dfrac{x-a}{b-a} & \text{当 } a<x<b \\ 1 & \text{当 } x \geqslant b \end{cases}.$$

其密度函数和分布函数图形如图 2.6 所示.

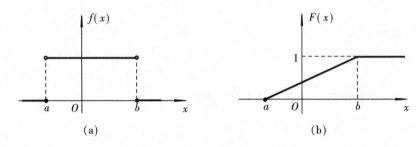

图 2.6

显然，若随机变量 X 在 (a,b) 上服从均匀分布，则有 $P\{X \geqslant b\} = P\{X \leqslant a\} = 0$；且对于 $a < c < d < b$，有 $P\{c<X<d\} = \dfrac{d-c}{b-a}$，即 X 的值落在 (a,b) 的任一子区间 (c,d) 内的概率只依赖其长度，而与其位置无关.

例 2.13 某公共汽车站从上午 7 时起，每 15 min 来一辆车，即 7:00, 7:15, 7:30, 7:45 等时刻有汽车到站，如果某乘客到达此站的时间是 7:00 到 7:30 之间的服从均匀分布的随机变量，试求乘客等候时间少于 5 min 就能乘车的概率.（设汽车一来，乘客必能上车）

解 设乘客于 7 时过 X 分钟到达此站，由题意知，X 在 $(0,30)$ 上服从均匀分布，密度函数

$$f(x)=\begin{cases} \dfrac{1}{30} & \text{当 } 0<x<30 \\ 0 & \text{其他} \end{cases}.$$

为使等候时间少于 5 min，此乘客必须且只需在 7:10 到 7:15 之间或在 7:25 到 7:30 之间到达车站. 因此，所求概率为

$$P\{10<X<15\}+P\{25<X<30\}=\int_{10}^{15}\frac{1}{30}\mathrm{d}x+\int_{25}^{30}\frac{1}{30}\mathrm{d}x=\frac{1}{3}.$$

2.3.2 指数分布

若连续型随机变量 X 的密度函数为

$$f(x)=\begin{cases} \lambda \mathrm{e}^{-\lambda x} & \text{当 } x \geqslant 0 \\ 0 & \text{当 } x < 0 \end{cases} \quad (\lambda > 0 \text{ 为参数}). \tag{2.6}$$

则称 X 服从参数为 λ 的**指数分布**. 容易求得其分布函数为

$$F(x) = \begin{cases} 1 - e^{-\lambda x} & \text{当 } x \geqslant 0 \\ 0 & \text{当 } x < 0 \end{cases}.$$

它们的函数图像如图 2.7 所示.

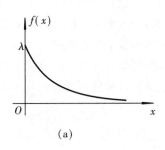
(a)

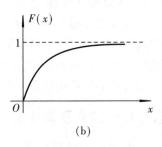
(b)

图　2.7

指数分布有一个重要性质——"无记忆性". 设产品的寿命 T 服从参数为 λ 的指数分布, 则对任意的两个正数 s 和 t, 有

$$P\{T > t+s \mid T > s\} = \frac{P\{T > t+s, T > s\}}{P\{T > s\}} = \frac{P\{T > t+s\}}{P\{T > s\}} = \frac{\int_{s+t}^{+\infty} \lambda e^{-\lambda x} dx}{\int_{s}^{+\infty} \lambda e^{-\lambda x} dx}$$

$$= \frac{e^{-\lambda(s+t)}}{e^{-\lambda s}} = e^{-\lambda t} = P\{T > t\}.$$

这表明,如果已知产品工作了 s 小时,则它再工作 t 小时的概率与已工作过的时间长短无关,好像一个新产品开始工作那样. 所以有人风趣地称指数分布是"永远年轻"的.

指数分布有着重要的应用,经常用于刻画各种"寿命". 在实际中有这样一类元件,如保险丝、宝石轴承、电子元件、玻璃制品等,它们的共同特点是不存在"磨损"而变旧的问题. 这种元件损坏与否与过去的使用历史无关,如果在时刻 t 元件没有损坏,那么,在 t 以后继续使用就应看成和使用新的一样,这类元件的寿命就是服从指数分布的随机变量. 此外,指数分布也可用来刻画某种服务需要的时间,如通话时长,到银行取款需要等待的时间等. 指数分布在排队和可靠性理论等领域也有广泛应用.

例 2.14 已知连续型随机变量 X 的密度函数为

$$f(x) = \begin{cases} 0.015 e^{-0.015x} & \text{当 } x \geqslant 0 \\ 0 & \text{当 } x < 0 \end{cases},$$

求：(1) $P\{X > 100\}$；　　(2) x 取何值时,才能使 $P\{X > x\} < 0.1$.

解　(1) $P\{X > 100\} = \int_{100}^{+\infty} f(x) dx = \int_{100}^{+\infty} 0.015 e^{-0.015x} dx = -e^{-0.015x} \Big|_{100}^{+\infty} = e^{-1.5}$.

(2) 要使 $P\{X > x\} = \int_{x}^{+\infty} 0.015 e^{-0.015x} dx = e^{-0.015x} < 0.1$, 只需 $-0.015x < \ln 0.1$, 即

$$x > \frac{-\ln 0.1}{0.015} \approx 153.5.$$

2.4 正态分布

正态分布是概率论中一个重要分布,高斯(Gauss,1777—1855)在研究误差理论时首先用正态分布刻画误差的分布,所以正态分布又称高斯分布. 在许多实际问题中,有很多这样的随机变量,它们是由许多相互独立的因素叠加而成的,而每个因素所起的作用是微小的,这种随机变量具有"中间大、两头小、呈对称"的特点,例如人的身高,特别高的人很少,特别矮的人也很少,不高不矮的人很多. 类似的还有农作物的亩产,海洋波浪的高度,测量中的误差,学生的成绩,等等. 一般地,我们用所谓的正态分布来近似地描述这种随机现象.

2.4.1 正态分布的定义及其性质

定义 2.6 如果连续型随机变量 X 的密度函数为

$$f(x) = \frac{1}{\sqrt{2\pi}\sigma} e^{-\frac{(x-\mu)^2}{2\sigma^2}}, -\infty < x < +\infty.$$

其中 μ,σ 均为常数且 $\sigma > 0$,则称 X 服从参数为 μ,σ 的**正态分布**或**高斯**(Gauss)**分布**,记为 $X \sim N(\mu,\sigma^2)$.

正态分布的密度函数 $f(x)$ 的性质:

(1) $f(x)$ 的图形关于直线 $x = \mu$ 是对称的,即
$$f(\mu + x) = f(\mu - x).$$

(2) $f(x)$ 在 $(-\infty,\mu)$ 内单调递增,在 $(\mu,+\infty)$ 内单调减少,在 $x = \mu$ 处取得最大值 $\frac{1}{\sqrt{2\pi}\sigma}$,且当 $x \to \pm\infty$ 时, $f(x) \to 0$. 这表明对于同样长度的区间,当区间离 μ 越远,X 落在该区间上的概率越小,如图 2.8 所示.

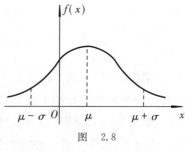

图 2.8

(3) $f(x)$ 在 $x = \mu \pm \sigma$ 处有拐点,以 x 轴为渐近线.

(4) $f(x)$ 的图形依赖两个参数 μ 和 σ. 若固定 σ,改变 μ 的值,则 $f(x)$ 的图形沿 x 轴平行移动而不改变形状;若固定 μ 而改变 σ 的值,由于最大值为 $f(\mu) = \frac{1}{\sqrt{2\pi}\sigma}$,可知当 σ 越小时,$f(\mu)$ 越大,$f(x)$ 图形越陡峭,当 σ 越大时,$f(\mu)$ 越小,$f(x)$ 图形越扁平,X 落在 μ 附近的概率与 σ 成反比. 我们称 μ,σ 为正态分布的**位置参数**和**形状参数**,如图2.9 所示.

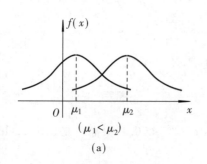
(a)

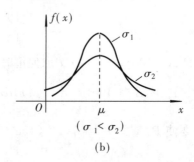
(b)

图 2.9

(5) X 的分布函数为
$$F(x) = \frac{1}{\sqrt{2\pi}\sigma} \int_{-\infty}^{x} e^{-\frac{(t-\mu)^2}{2\sigma^2}} dt.$$

2.4.2 标准正态分布及其计算

我们称 $\mu=0, \sigma=1$ 的正态分布为**标准正态分布**,记为 $X \sim N(0,1)$. 显然其密度函数为 $\varphi(x) = \frac{1}{\sqrt{2\pi}} e^{-\frac{x^2}{2}}$,分布函数 $\Phi(x) = \frac{1}{\sqrt{2\pi}} \int_{-\infty}^{x} e^{-\frac{t^2}{2}} dt$,由标准正态分布的密度函数 $\varphi(x)$ 关于直线 $x=0$ 对称,即
$$\varphi(-x) = \varphi(x).$$

参照图 2.10,有
$$\Phi(-x) = 1 - \Phi(x).$$

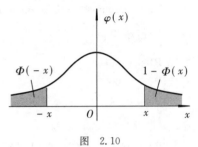

图 2.10

事实上,
$$\begin{aligned}\Phi(-x) &= \int_{-\infty}^{-x} \varphi(t) dt = \int_{x}^{+\infty} \varphi(t) dt \\ &= \int_{-\infty}^{+\infty} \varphi(t) dt - \int_{-\infty}^{x} \varphi(t) dt \\ &= 1 - \Phi(x).\end{aligned}$$

标准正态分布的分布函数 $\Phi(x)$ 可以通过查标准正态分布表及利用公式 $\Phi(-x) = 1 - \Phi(x)$ 求得,而一般的正态分布的分布函数 $F(x)$ 同标准正态分布的分布函数存在如下关系:
$$F(x) = \Phi\left(\frac{x-\mu}{\sigma}\right).$$

于是 $\qquad P\{a < X \leqslant b\} = F(b) - F(a) = \Phi\left(\frac{b-\mu}{\sigma}\right) - \Phi\left(\frac{a-\mu}{\sigma}\right).$

事实上,
$$F(x) = \frac{1}{\sqrt{2\pi}\sigma} \int_{-\infty}^{x} e^{-\frac{(t-\mu)^2}{2\sigma^2}} dt \xrightarrow{\diamondsuit \frac{t-\mu}{\sigma} = v} \frac{1}{\sqrt{2\pi}} \int_{-\infty}^{\frac{x-\mu}{\sigma}} e^{-\frac{v^2}{2}} dv$$
$$= \Phi\left(\frac{x-\mu}{\sigma}\right).$$

例 2.15 设 $X \sim N(0,1)$,利用标准正态分布表计算:
(1) $P\{X < -2.34\}$; (2) $P\{X > 2.34\}$; (3) $P\{|X| < 1.14\}$;
(4) 求常数 u_α,使 $P\{X > u_\alpha\} = \alpha$,其中 $\alpha = 0.025$.

解 (1) $P\{X < -2.34\} = \Phi(-2.34) = 1 - \Phi(2.34)$
$\qquad\qquad\qquad\qquad = 1 - 0.9904 = 0.0096.$

(2) $P\{X > 2.34\} = 1 - P\{X \leqslant 2.34\} = 1 - \Phi(2.34)$
$\qquad\qquad\quad = 0.0096.$

(3) $P\{|X| < 1.14\} = P\{-1.14 < X < 1.14\} = \Phi(1.14) - \Phi(-1.14)$
$\qquad\qquad\qquad = 2\Phi(1.14) - 1 = 2 \times 0.8729 - 1 = 0.7458.$

(4) $P\{X \leqslant u_\alpha\} = 1 - P\{X > u_\alpha\} = 1 - \alpha = 0.975.$
查标准正态分布表得 $u_\alpha = 1.96$.

上述运算可以用 MATLAB 实现,代码如下:

clear all
mu = 0;
sigma = 1;
alpha = 0.025;
P1 = normcdf(−2.34,mu,sigma)
P2 = 1 − normcdf(2.34,mu,sigma)
P3 = normcdf(1.14,mu,sigma) − normcdf(−1.14,mu,sigma)
Ua = norminv(1 − alpha,mu,sigma)

运行结果:

P1 = 0.0096
P2 = 0.0096
P3 = 0.7458
Ua = 1.96

例 2.16 设 $X \sim N(1,4)$,求:
(1) $P\{0 < X < 1.6\}$; (2) $P\{X > 2.3\}$;
(3) 求常数 C,使得 $P\{X > C\} = 2P\{X < C\}$.

解 (1) $P\{0 < X < 1.6\} = \Phi\left(\dfrac{1.6-1}{2}\right) - \Phi\left(\dfrac{0-1}{2}\right) = \Phi(0.3) - \Phi(-0.5)$
$= \Phi(0.3) + \Phi(0.5) - 1 = 0.6179 + 0.6915 - 1$
$= 0.3094.$

(2) $P\{X > 2.3\} = 1 - P\{X \leqslant 2.3\} = 1 - \Phi\left(\dfrac{2.3-1}{2}\right) = 1 - \Phi(0.65)$
$= 1 - 0.7422 = 0.2578.$

(3) $P\{X > C\} = 1 - F(C) = 1 - \Phi\left(\dfrac{C-1}{2}\right).$

由题意知
$$1 - \Phi\left(\dfrac{C-1}{2}\right) = 2\Phi\left(\dfrac{C-1}{2}\right),$$

即
$$\Phi\left(\dfrac{C-1}{2}\right) = \dfrac{1}{3}.$$

查表得 $\dfrac{C-1}{2} = -0.43$,即 $C = 0.14$.

例 2.17 设 $X \sim N(\mu,\sigma^2)$,求:$P\{|X-\mu| < 3\sigma\}$.

解 $P\{|X-\mu| < 3\sigma\} = P\left\{\left|\dfrac{X-\mu}{\sigma}\right| < 3\right\} = \Phi(3) - \Phi(-3)$
$= 2\Phi(3) - 1 = 99.7\%.$

正态分布 $N(\mu,\sigma^2)$ 落在 $(\mu-\sigma,\mu+\sigma)$,$(\mu-2\sigma,\mu+2\sigma)$,$(\mu-3\sigma,\mu+3\sigma)$ 内的概率通过如下 MATLAB 代码实现.

clear all

```
X = linspace(-5,5,100);
Y = normpdf(X,0,1);
yy = normpdf([-3,-2,-1,0,1,2,3],0,1);
plot([-3,-3],[0,yy(1)],'k-.')
holdon
plot([3,3],[0,yy(1)],'k-.',[-2,-2],[0,yy(2)],'k-.',[2,2],[0,yy(2)],'k-.');
holdon
plot([-1,-1],[0,yy(3)],'k-.',[1,1],[0,yy(3)],'k-.')
holdon
plot(X,Y,'k-',[0,0],[0,yy(4)],'c-.')
holdon
plot([-2,-2],[0,yy(2)],'m:',[2,2],[0,yy(6)],'m:',[-2,-0.5],...,[yy(6),yy(6)],'m:',[0.5,2],[yy(6),yy(6)],'m:')
plot([-1,-1],[0,yy(3)],'g:',[1,1],[0,yy(5)],'g:',[-1,-0.5],...,[yy(5),yy(5)],'g:',[0.5,1],[yy(5),yy(5)],'g:')
plot([-3,-3],[0,yy(1)],'b:',[3,3],[0,yy(7)],'b:',[-3,-0.5],...,[yy(7),yy(7)],'b:',[0.5,3],[yy(7),yy(7)],'b:')
holdoff
text(-0.5,yy(6)+0.005,'\fontsize{14}95.44%')
text(-0.5,yy(5)+0.005,'\fontsize{14}68.26%')
text(-0.5,yy(7)+0.005,'\fontsize{14}99.74%')
text(-3.2,-0.03,'{{\mu-3\sigma}\fontsize{10}}')
text(-2.2,-0.03,'{{\mu-2\sigma}\fontsize{10}}')
text(-1.2,-0.03,'{{\mu-\sigma}\fontsize{10}}')
text(-0.05,-0.03,'{\mu\fontsize{10}}')
text(0.8,-0.03,'{{\mu+\sigma}\fontsize{10}}')
text(1.8,-0.03,'{{\mu+2\sigma}\fontsize{10}}')
text(2.8,-0.03,'{{\mu+3\sigma}\fontsize{10}}')
```

运行程序,结果如图 2.11 所示.

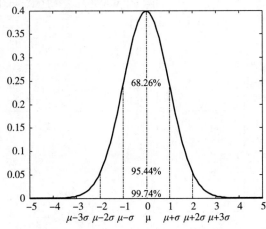

图 2.11

从上图可以看出：尽管正态分布随机变量的取值范围是 $(-\infty, +\infty)$，但它的 99.7% 的值落在 $(\mu-3\sigma, \mu+3\sigma)$ 内，这称为正态分布的"3σ 原则"，它在实际生产中很有用.

2.5 随机变量函数的分布

设 X 是定义在样本空间 Ω 上的随机变量，$y=g(x)$ 是 x 的一个实值连续函数，可以证明，$Y=g(X)$ 也是一个随机变量. 在实际生活中，我们也经常遇到这样的问题，所研究的随机变量 Y 正好是另一个随机变量 X 的函数，即 $Y=g(X)$. 于是，自然要问：能否根据已知随机变量 X 的分布求随机变量函数 $Y=g(X)$ 的分布？

2.5.1 离散型随机变量函数的分布

我们先看一个例题.

例 2.18 设随机变量 X 的分布律为

X	-2	-1	0	1	3
P	0.1	0.2	0.3	0.1	0.3

求：(1) $2X+1$； (2) X^2+1 的分布律.

解 由 X 的分布律可列出下表：

P	0.1	0.2	0.3	0.1	0.3
X	-2	-1	0	1	3
$2X+1$	-3	-1	1	3	7
X^2+1	5	2	1	2	10

也就是说，
$$P\{2X+1=-3\}=P\{X=-2\}=0.1;$$
$$P\{X^2+1=2\}=P\{X^2=1\}=P\{X=-1\}+P\{X=1\}$$
$$=0.2+0.1=0.3;$$

等等. 由上表可得出：

(1) $2X+1$ 的分布律为

$2X+1$	-3	-1	1	3	7
P	0.1	0.2	0.3	0.1	0.3

(2) X^2+1 的分布律为

X^2+1	1	2	5	10
P	0.3	0.3	0.1	0.3

一般地，可用下表由 X 的分布律求出 $Y=g(X)$ 的分布律：

X	x_1	x_2	x_3	⋯	x_i	⋯
P	p_1	p_2	p_3	⋯	p_i	⋯
$Y=g(X)$	$g(x_1)$	$g(x_2)$	$g(x_3)$	⋯	$g(x_i)$	⋯

把 $g(x_1),g(x_2),g(x_3),\cdots,g(x_i),\cdots$ 适当整理排列. 若 $g(x_i)$ 中有相同的取值,则把对应的概率值加起来,可得到 Y 的分布律.

2.5.2 连续型随机变量函数的分布

设 X 是连续型随机变量,其密度函数为 $f_X(x)$,则 $Y=g(X)$ 也是连续型随机变量,它的分布函数为

$$F_Y(y) = P\{Y \leqslant y\} = P\{g(X) \leqslant y\} = \int_{\{x \mid g(x) \leqslant y\}} f(x)\mathrm{d}x.$$

Y 的密度函数为

$$f_Y(y) = F_Y'(y).$$

例 2.19 设随机变量 X 的概率密度为 $f_X(x)$,求:

(1) $Y=aX+b, a>0$; (2) $Z=X^2$ 的概率密度.

解 (1) $F_Y(y)=P\{aX+b \leqslant y\}=P\left\{X \leqslant \dfrac{y-b}{a}\right\}=F_X\left(\dfrac{y-b}{a}\right)$,

于是 $f_Y(y)=\dfrac{\mathrm{d}}{\mathrm{d}y}F_X\left(\dfrac{y-b}{a}\right)=\dfrac{1}{a}f_X\left(\dfrac{y-b}{a}\right)$;

(2) $F_Z(z)=P\{X^2 \leqslant z\}=\begin{cases} P\{-\sqrt{z} \leqslant X \leqslant \sqrt{z}\} & \text{当 } z>0 \\ 0 & \text{当 } z \leqslant 0 \end{cases}$

$=\begin{cases} F_X(\sqrt{z})-F_X(-\sqrt{z}) & \text{当 } z>0 \\ 0 & \text{当 } z \leqslant 0 \end{cases}.$

于是

$$f_Z(z)=\dfrac{\mathrm{d}}{\mathrm{d}z}F_Z(z)=\begin{cases} \dfrac{1}{2\sqrt{z}}[f_X(\sqrt{z})+f_X(-\sqrt{z})] & \text{当 } z>0 \\ 0 & \text{当 } z \leqslant 0 \end{cases}.$$

例 2.20 设电压 $V \sim N(0,\sigma^2)$,试求功率 $P=\dfrac{V^2}{R}$ 的分布函数(R 是常数).

解 由 V 的密度函数为

$$f_V(x) = \dfrac{1}{\sqrt{2\pi}\sigma}\mathrm{e}^{-\frac{x^2}{2\sigma^2}}, \quad -\infty<x<+\infty.$$

及例 2.19 可知 V^2 的密度函数为

$$f_{V^2}(z) = \begin{cases} \dfrac{1}{\sqrt{2\pi z}\sigma}\mathrm{e}^{-\frac{z}{2\sigma^2}} & \text{当 } z>0 \\ 0 & \text{当 } z \leqslant 0 \end{cases}.$$

从而 $P=\dfrac{V^2}{R}$ 的密度函数为

$$f_P(y) = Rf_{V^2}(Ry) = \begin{cases} \dfrac{R}{\sqrt{2\pi Ry}\sigma} e^{-\frac{Ry}{2\sigma^2}} & \text{当 } y > 0 \\ 0 & \text{当 } y \leqslant 0 \end{cases}.$$

由上例可以看出,我们不能直接给出随机变量函数 $Y = g(X)$ 的密度函数的计算公式,只能根据具体情况求出 $F_Y(y) = \int_{\{x \mid g(x) \leqslant y\}} f(x) dx$,然后再求 $f_Y(y)$. 其原因在于我们不能直接从 $\{x \mid g(x) \leqslant y\}$ 中解出 x 关于 y 的一般表达式. 但对于 $g(\cdot)$ 是严格单调的情形我们有下面一般性的结果.

定理 2.2 设随机变量 X 具有概率密度 $f_X(x), -\infty < x < +\infty$,函数 $g(x)$ 处处可导且恒有 $g'(x) > 0$(或恒有 $g'(x) < 0$),则 $Y = g(X)$ 是连续型随机变量,其概率密度为

$$f_Y(y) = \begin{cases} f_X(h(y)) \cdot |h'(y)| & \text{当 } \alpha < y < \beta \\ 0 & \text{其他} \end{cases}.$$

其中 $\alpha = \min\{g(-\infty), g(+\infty)\}$,$\beta = \max\{g(-\infty), g(+\infty)\}$,$h(y)$ 是 $g(x)$ 的反函数.

证 不妨设 $g'(x) > 0$,由反函数存在定理知,$y = g(x)$ 的反函数 $h(y)$ 存在,并在 (α, β) 上严格单调增加、可导,且 $h'(y) > 0$. 因 $Y = g(X)$ 在 (α, β) 内取值,故

当 $y \leqslant \alpha$ 时,
$$F_Y(y) = P\{Y \leqslant y\} = 0;$$

当 $y \geqslant \beta$ 时,
$$F_Y(y) = P\{Y \leqslant y\} = 1;$$

当 $\alpha < y < \beta$ 时,
$$F_Y(y) = P\{Y \leqslant y\} = P\{g(X) \leqslant y\}$$
$$= P\{X \leqslant h(y)\} = \int_{-\infty}^{h(y)} f_X(x) dx.$$

所以 Y 的密度函数为
$$f_Y(y) = \begin{cases} f_X(h(y)) \cdot h'(y) & \text{当 } \alpha < y < \beta \\ 0 & \text{其他} \end{cases}.$$

同理,当 $g'(x) < 0$ 时,有
$$f_Y(y) = \begin{cases} f_X(h(y)) \cdot [-h'(y)] & \text{当 } \alpha < y < \beta \\ 0 & \text{其他} \end{cases}.$$

注意到 $h'(y) < 0$,将两式合并即得结论.

例 2.21 设随机变量 $X \sim N(\mu, \sigma^2)$,证明 X 的线性函数 $Y = aX + b (a \neq 0)$ 服从正态分布.

证 X 的密度函数为
$$f_X(x) = \frac{1}{\sqrt{2\pi}\sigma} e^{-\frac{(x-\mu)^2}{2\sigma^2}}, \quad -\infty < x < -\infty.$$

令 $y = g(x) = ax + b$,其反函数为 $x = h(y) = \dfrac{y-b}{a}$,$h'(y) = \dfrac{1}{a}$,它满足定理 2.2 的条件,故 $Y = aX + b$ 的密度函数为

$$f_Y(y) = \frac{1}{|a|} f_X\left(\frac{y-b}{a}\right) = \frac{1}{|a|} \frac{1}{\sqrt{2\pi}\sigma} e^{-\frac{\left(\frac{y-b}{a} - \mu\right)^2}{2\sigma^2}}$$

$$= \frac{1}{\sqrt{2\pi}\sigma|a|} e^{-\frac{[y-(b+a\mu)]^2}{2(a\sigma)^2}} \quad (-\infty < y < +\infty).$$

故 Y 服从正态分布且 $Y \sim N(a\mu+b,(a\sigma)^2)$.

特别地,取 $a=\dfrac{1}{\sigma}$, $b=-\dfrac{\mu}{\sigma}$,有 $Y=\dfrac{X-\mu}{\sigma} \sim N(0,1)$,我们称之为**正态分布的标准化**.

最后,我们强调一下,应用定理 2.2 时必须检验条件:"$y=g(x)$ 处处可导且 $g'(x)>0$(或 $g'(x)<0$)",这是较强的条件. 许多函数不满足此条件,此时应按(2.1)式分布函数的定义求出随机变量函数的分布函数及密度函数.

习 题 2A

1. 将一枚骰子连掷两次,以 X 表示两次所得点数之和,试写出随机变量 X 的分布律.

2. 设在 15 件同类产品中有 2 件次品,不放回抽取 3 次,以 X 表示取出的次品数. 求:

(1) X 的分布律;

(2) $P\left\{X \leqslant \dfrac{1}{2}\right\}$, $P\left\{1 < X \leqslant \dfrac{3}{2}\right\}$, $P\left\{1 \leqslant X \leqslant \dfrac{3}{2}\right\}$;

(3) X 的分布函数并作图.

3. 某人独立地投篮三次,每次投中的概率为 0.8,求三次投篮中投中次数的分布律,并求至少投中 2 次的概率.

4. 设 $X \sim B(2,p)$,$Y \sim B(3,p)$. 若 $P\{X \geqslant 1\} = \dfrac{5}{9}$,求 $P\{Y \geqslant 1\}$.

5. 某人射击直到射中为止,设其每次的命中率为 $p(0<p<1)$,求其所需子弹数的分布律.

6. 已知 n 只电容器中有一只已被击穿,为把这只被击穿了的电容器挑出,我们逐只检验,以 X 表示需检验的次数,求 X 的分布律.

7. 设离散随机变量 X 的分布函数为

$$F(x) = \begin{cases} 0 & x<0 \\ 1/4 & 0 \leqslant x < 1 \\ 1/3 & 1 \leqslant x < 3, \\ 1/2 & 3 \leqslant x < 6 \\ 1 & x \geqslant 6 \end{cases}$$

(1) 作 $F(x)$ 的图像; (2) 求 X 的分布律; (3) 求 $P\{X<3\}$, $P\{X \leqslant 3\}$, $P\{2<X \leqslant 3\}$.

8. 口袋中有 5 只球,编号为 1,2,3,4,5. 从中任取 3 只,用 X 表示取出的 3 只球中的最大号码.

(1) 求 X 的分布律;

(2) 写出 X 的分布函数,并作图.

9. 袋中有 2 个白球和 3 个黑球,每次从其中任取 1 个球,再放回去,直至取到白球为止.

(1) 写出取球次数的分布律; (2) 求 $P\{X<2\}$, $P\{X \leqslant 2\}$.

10. 设 X 的分布律为

$$P\{X=j\} = \dfrac{c}{2^j}, \quad j=1,2,\cdots,$$

求常数 c.

11. 设 X 的分布律为

$$P\{X=j\} = \dfrac{c}{2+j}, \quad j=0,1,2,3,$$

求(1) 常数 c; (2) $P\{X=3\}$, $P\{X<3\}$, $P(\{X=2\} \cup \{X=3\})$.

12. 在某指定周期内,从一个放射源放射出的粒子数 X 服从泊松分布,如果没有放射出粒子的概率为 $\frac{1}{3}$,试求:

(1) X 的分布律;

(2) 放射出一个以上粒子的概率.

13. 有一繁忙的汽车站,每天有大量汽车通过,设每辆汽车在一天的某段时间内出事故的概率为 0.000 1,在某天的该段时间内有 1 000 辆汽车通过,问发生事故的次数不小于 2 的概率是多少?(利用泊松定理计算)

14. 设 X 服从泊松分布,已知 $P\{X=0\}=0.4$,求 $P\{X>2\}$.

15. 一铸件的砂眼数服从参数为 $\lambda=0.5$ 的泊松分布,求此铸件上至多有 1 个砂眼的概率和至少有 2 个砂眼的概率.

16. 某商店出售某种商品,由历史销售记录分析表明,月销售量(件)服从参数 5 的泊松分布,问:在月初需要进货多少,才能有 85% 的把握可以满足顾客的需求?

17. (柯西分布)随机变量 X 的分布函数为
$$F(x)=A+B\arctan x,\quad -\infty<x<+\infty.$$
试求:(1) 系数 A 和 B; (2) X 落在区间 $(-1,1)$ 的概率; (3) X 的概率密度.

18. 设随机变量 X 的概率密度为
$$f(x)=\begin{cases}\frac{1}{2}e^x & \text{当 } x\leqslant 0\\ \frac{1}{4} & \text{当 } 0<x\leqslant 2,\\ 0 & \text{当 } x>2\end{cases}$$

写出 X 的分布函数.

19. 从一批子弹中任意抽取 5 发试射,如果没有一发子弹落在靶心 2 m 以外,则整批子弹将被接受,设弹着点与靶心的距离 $X(m)$ 的概率密度为
$$f(x)=\begin{cases}Axe^{-x^2} & \text{当 } 0<x<3\\ 0 & \text{其他}\end{cases},$$
试求:(1) 系数 A; (2) 该批子弹被接受的概率.

20. 随机变量 X 的分布密度为
$$f(x)=\begin{cases}\dfrac{A}{\sqrt{1-x^2}} & \text{当 }|x|<1\\ 0 & \text{其他}\end{cases},$$
试求:(1) 系数 A; (2) X 落在 $\left(-\frac{1}{2},\frac{1}{2}\right)$ 内的概率; (3) X 的分布函数.

21. 设 $X\sim N(3,2^2)$,求 $P\{2<X\leqslant 5\}$,$P\{-4<X\leqslant 10\}$,$P\{X>3\}$ 及确定 C,使 $P\{X<C\}=P\{X\geqslant C\}$.

22. 设 X 的密度函数为
$$f(x)=\begin{cases}x & 0\leqslant x<1\\ a-x & 1\leqslant x<2,\\ 0 & \text{其他}\end{cases}$$
试求:(1) 常数 a; (2) $P\{X\leqslant 1.5\}$.

23. 设随机变量 X 的密度函数为
$$f(x)=\begin{cases}A\cos x & |x|\leqslant \frac{\pi}{2}\\ 0 & |x|>\frac{\pi}{2}\end{cases},$$
试求:(1) 常数 A; (2) X 落在区间 $(0,\pi/4)$ 内的概率.

24. 设连续随机变量 X 的分布函数为
$$F(x)=\begin{cases} 0 & x<0 \\ Ax^2 & 0\leqslant x<1, \\ 1 & x\geqslant 1 \end{cases}$$
试求：(1)系数 A； (2)X 落在区间 $(0.3,0.7)$ 内的概率； (3)X 的密度函数.

25. 学生完成一道作业的时间 X 是一个随机变量,单位为小时.它的密度函数为
$$f(x)=\begin{cases} cx^2+x & 0\leqslant x\leqslant 0.5 \\ 0 & \text{其他} \end{cases},$$
试求：

(1)常数 c；

(2)20 min 内完成一道作业的概率.

26. 公共汽车站每隔 5 min 有一辆汽车通过,假设乘客到达汽车站的任一时刻是等可能的,求乘客候车时间不超过 3 min 的概率.

27. 设随机变量 X 的分布律为

X	-2	-1	0	1	3
P	$\frac{1}{5}$	$\frac{1}{6}$	$\frac{1}{5}$	$\frac{1}{15}$	$\frac{11}{30}$

分别求 $Y=2X+5$ 和 $Z=X^2$ 的分布律.

28. 已知离散型随机变量 X 的分布律为

X	0	$\frac{\pi}{2}$	π
P	$\frac{1}{4}$	$\frac{1}{2}$	$\frac{1}{4}$

分别求 $Y=\frac{2}{3}X+2$ 和 $Z=\cos X$ 的分布律.

29. 设随机变量 X 在 $(0,1)$ 上服从均匀分布,求下列随机变量函数的概率密度：
(1) $Y=e^X$； (2) $Y=-2\ln X$.

30. 设随机变量 $X\sim N(0,1)$,求下列随机变量函数的概率密度：(1) $Y=e^X$； (2) $Y=|X|$； (3) $Y=2X^2+1$.

31. 设随机变量 X 的概率密度为
$$f(x)=\begin{cases} 2x & 0\leqslant x\leqslant 1 \\ 0 & \text{其他} \end{cases},$$
求下列随机变量函数的概率密度：
(1)$Y_1=2X$; (2)$Y_2=1-X$; (3)$Y_3=X^2$.

32. 设随机变量 X 服从 $(-1,2)$ 上的均匀分布,令
$$Y=\begin{cases} 1 & X\geqslant 0 \\ -1 & X<0 \end{cases},$$
求 Y 的分布律.

习 题 2B

1. 设 X 服从泊松分布,其分布律为
$$P\{X=k\}=\frac{\lambda^k e^{-\lambda}}{k!}, \quad k=0,1,2,\cdots,$$
问当 k 取何值时,$P\{X=k\}$ 为最大?

2. 一颗骰子抛两次,以 X 表示两次中所得的最小点数.

(1)试求 X 的分布律；
(2)写出 X 的分布函数.

3. 已知每天到达某炼油厂的油船数 X 服从参数为 $\lambda=2$ 的泊松分布,港口一天只能服务三只油船,如果一天中到达的油船超过三只,则超过三只的油船必须转向另一港口.
(1)求在一天中必须有油船转走的概率；
(2)求港口一天服务多少只油船,才能使到港船只以 0.9 的概率被服务完；
(3)求每天油船到达的最大可能数.

4. 为保证设备正常工作,需要配备一些维修工,如果各台设备发生故障是相互独立的,且每台设备发生故障的概率都是 0.01,试在以下各种情况下,求设备发生故障而不能及时维修的概率.
(1)一名维修工负责 20 台设备；
(2)3 名维修工负责 90 台设备；
(3)10 名维修工负责 500 台设备.

5. 设连续随机变量 X 的概率密度为

$$f(x)=\begin{cases}c+x & -1\leqslant x<0\\ c-x & 0\leqslant x\leqslant 1\\ 0 & |x|>1\end{cases},$$

试求：(1)常数 c； (2)$P\{|X|\leqslant 0.5\}$； (3)X 的分布函数 $F(x)$.

6. 设随机变量 X 与 Y 服从相同的概率分布,X 的概率密度为

$$f(x)=\begin{cases}\dfrac{3}{8}x^2 & 0<x<2\\ 0 & 其他\end{cases},$$

记 $A=\{X>a\}$,$B=\{Y>a\}$,已知事件 A 与 B 相互独立且 $P(A\cup B)=\dfrac{3}{4}$,求常数 a.

7. 设连续随机变量 X 的分布函数为 $F(x)$,证明：对任意非负实数 s 及 t,$P\{X\geqslant s+t\mid X\geqslant s\}=\dfrac{1-F(s+t)}{1-F(s)}$.

8. 设随机变量 X 的概率密度为

$$f(x)=\begin{cases}\dfrac{2x}{\pi^2} & 当 0<x<\pi\\ 0 & 其他\end{cases},$$

求 $Y=\sin X$ 的概率密度.

9. 设随机变量 X 的概率密度为

$$f(x)=\begin{cases}\dfrac{2}{\pi(x^2+1)} & x>0\\ 0 & x\leqslant 0\end{cases},$$

求 $Y=\ln X$ 的概率密度.

10. 设随机变量 X 在区间 $[0,\pi]$ 上服从均匀分布,其概率密度

$$f_X(x)=\begin{cases}\dfrac{1}{\pi} & 0\leqslant x\leqslant\pi\\ 0 & 其他\end{cases},$$

求 $Y=\sin X$ 的概率密度.

延展阅读

泊松分布、指数分布与泊松过程

我们知道,在单位时间内某网站的点击次数、来到公共汽车站的乘客人数、来到机场降落

的飞机数等都可以用泊松分布来描述. 参数 λ 为单位时间内点击次数、来到乘客人数、飞机数等的平均值. 如果考查的不是单位内,而是 $(0,t]$,那么这个平均值应该与 t 成正比,也就是 λt,所以 $(0,t]$ 这段时间内点击次数、来到乘客人数、飞机数等应服从

$$P\{X=n\}=e^{-\lambda t}\frac{(\lambda t)^n}{n!}, \quad n=0,1,\cdots.$$

这是一个参数为 λt 的泊松分布. 点击次数、来到乘客人数、飞机数虽然来源于不同的实际问题,却有相同的数量规律——都可以用泊松分布来描述,在数学(排队论)中称它们是"泊松流"或泊松过程.

泊松过程是由法国著名数学家泊松(1781—1840)证明的. 1943 年帕尔姆在电话业务问题的研究中应用了这一过程. 20 世纪 50 年代,苏联数学家辛钦在服务系统的研究中又对其进行了进一步的发展. 泊松过程是一类累计随机事件发生次数的独立增量过程. 如随着时间增长累计某网站的点击次数,某服务场所提供服务的次数,某保险公司被索赔的次数,某系统故障的次数等,都构成一个泊松过程.

令 $N(t)$ 表示 $[0,t]$ 内发生的事件个数. $\{N(t), t\geq 0\}$ 称为具有速率 $\lambda(\lambda>0)$ 的齐次泊松过程,如果(Ⅰ)$N(0)=0$;(Ⅱ)在两个互斥(不重叠)的区间内所发生的事件的数目是互相独立的随机变量;(Ⅲ)在长度为 t 的任意时间区间内的事件个数服从均值为 λt 的泊松分布,即对所有的 $s,t\geq 0$,有

$$P\{N(t+s)-N(s)=n\}=e^{-\lambda t}\frac{(\lambda t)^n}{n!}, \; n=0,1,\cdots.$$

由条件(Ⅲ),长度为 t 的区间内的平均事件个数 $E(N(t))=\lambda t$,所以 λ 的直观解释是单位时间内到达的平均事件个数,即事件到达的速率.

设某事件到达服从速率 $\lambda(\lambda>0)$ 的齐次泊松过程,T 表示相继两次事件之间的间隔. 对 $t\geq 0$,$\{T\geq t\}$ 说明 $(0,t]$ 内没有事件到达,由条件(Ⅱ)、(Ⅲ),T 的分布函数在 t 的值

$$F_T(t)=1-P\{T>t\}=1-P\{N(t)=0\}=1-e^{-\lambda t},$$

所以 T 服从参数为 $\lambda(\lambda>0)$ 的指数分布. 相继两次事件的间隔时间分布规律对公共事业(医院、公共汽车、飞机场等)的设计与规划有重要指导意义.

泊松过程已推广至非齐次泊松过程、复合泊松过程及条件(混合)泊松过程等. 目前,泊松过程被广泛应用排队论、可靠性优化、期权定价等领域.

第 3 章 二维随机变量及其分布

在第 2 章我们研究了一个随机变量的情形,但在实际问题中,我们常常需要同时用几个随机变量才能较好地描述某一随机试验结果. 例如,我们要研究钢轨的硬度 H 和抗张强度 T 而用 (H,T) 来描述一次试验结果;又如我们对某一地区的成年男子的身高 H 和体重 W 感兴趣,则可用 (H,W) 来描述这两个指标. 这样,不仅比单独研究它们方便,而且还可研究它们之间的关系即硬度与抗张强度之间的关系,身高与体重之间的关系. 本章主要讨论二维随机变量及其分布.

3.1 二维随机变量的概念及其分布函数

3.1.1 二维随机变量

定义 3.1 设 Ω 是随机试验 E 的样本空间, $X(\omega), Y(\omega)$ 是定义在 Ω 上的随机变量,则称有序组 (X,Y) 为**二维随机变量**或**二维随机向量**. 类似地,我们可以定义 Ω 上的 n 个随机变量 $X_1, X_2, \cdots, X_n$ 组成的有序组 $(X_1, X_2, \cdots, X_n)$ 为 n **维随机变量**或 n **维随机向量**.

10 件产品(8 件合格品,2 件不合格品),从中不放回抽取两次. 令 X 表示取到的合格品数,Y 表示取到的不合格品数,则 (X,Y) 是一二维随机变量. 再如,在研究每个家庭的支出情况时,我们感兴趣于每个家庭(样本点)的衣食住行四个方面,若用 $X_1(\omega), X_2(\omega), X_3(\omega), X_4(\omega)$ 分别表示衣食住行的花费占其家庭总收入的百分比,则 (X_1, X_2, X_3, X_4) 就是一个四维随机变量.

3.1.2 联合分布函数及其性质

定义 3.2 设 (X,Y) 是二维随机变量,对于任意实数 x,y,我们称二元函数
$$F(x,y) = P\{X \leqslant x, Y \leqslant y\}$$
为 (X,Y) 的**分布函数**,或称为 X 与 Y 的**联合分布函数**. 其中事件 $\{X \leqslant x, Y \leqslant y\}$ 是事件 $\{X \leqslant x\}$ 与事件 $\{Y \leqslant y\}$ 的交,即
$$\{X \leqslant x, Y \leqslant y\} = \{X \leqslant x\} \cap \{Y \leqslant y\}.$$

如果将 (X,Y) 看成是平面上随机点的坐标,则分布函数 $F(x,y)$ 在 (x,y) 处的函数值就是 (X,Y) 落在图 3.1 中的区域 D 内的概率.

类似地,可定义 n 维随机变量 $(X_1, X_2, \cdots, X_n)$ 的分布函数为
$$F(x_1, x_2, \cdots, x_n) = P\{X_1 \leqslant x_1, X_2 \leqslant x_2, \cdots, X_n \leqslant x_n\}.$$

二维随机变量 (X,Y) 的分布函数 $F(x,y)$ 具有如下四条基本性质:

(1) $F(x,y)$ 关于 x 和 y 单调不减,即当 $x_1 < x_2$ 时,有 $F(x_1,y) \leqslant F(x_2,y)$;当 $y_1 < y_2$ 时,有 $F(x,y_1) \leqslant F(x,y_2)$.

(2) $F(+\infty, +\infty) = \lim\limits_{\substack{x \to +\infty \\ y \to +\infty}} F(x,y) = 1$, $F(-\infty, y) = F(x, -\infty) = 0$.

(3) 对任意实数 $x_1 < x_2, y_1 < y_2$,有

$$P\{x_1 < X \leqslant x_2, y_1 < Y \leqslant y_2\} = F(x_2, y_2) - F(x_1, y_2) - F(x_2, y_1) + F(x_1, y_1) \geqslant 0.$$

上式左边是 (X,Y) 落在图 3.2 中区域 G 内的概率.

(4) $F(x,y)$ 分别关于 x 或 y 右连续.

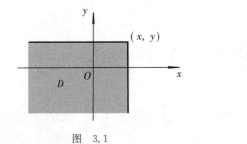

图 3.1

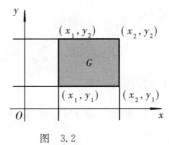

图 3.2

3.1.3 边缘分布函数

虽然知道了 (X,Y) 的联合分布函数,我们仍然希望能够从中求出 X 和 Y 各自的分布函数,这就是所谓的边缘分布函数.

因 $\{X \leqslant x\} = \{X \leqslant x, Y < +\infty\}$,故
$$F_X(x) = P\{X \leqslant x\} = P\{X \leqslant x, Y < +\infty\} = F(x, +\infty).$$

同理,有
$$F_Y(y) = P\{Y \leqslant y\} = P\{X < +\infty, Y \leqslant y\} = F(+\infty, y).$$

称 $F_X(x), F_Y(y)$ 分别为 (X,Y) 关于 X 和 Y 的**边缘分布函数**,简称为 X 与 Y 的**边缘分布函数**. 实际上,它们就是 X 和 Y 的分布函数.

对于 n 维随机变量,若 n 维随机变量 $(X_1, X_2, \cdots, X_n)$ 的分布函数为 $F(x_1, x_2, \cdots, x_n)$,则对于任意随机变量 $X_i (i=1,2,\cdots)$,其边缘分布函数
$$F_{X_i}(x_i) = P\{X_i \leqslant x_i\} = F(+\infty, \cdots, +\infty, x_i, +\infty, \cdots, +\infty).$$

3.1.4 随机变量的独立性

定义 3.3 设 $F(x,y)$ 为二维随机变量 (X,Y) 的联合分布函数
$$F(x,y) = F_X(x) F_Y(y),$$
则称随机变量 X 与 Y **相互独立**.

类似地,若对于所有实数 $x_1, x_2, \cdots, x_n$,有
$$F(x_1, x_2, \cdots, x_n) = F_{X_1}(x_1) F_{X_2}(x_2) \cdots F_{X_n}(x_n),$$
则称 $X_1, X_2, \cdots, X_n$ 相互独立.

3.2 二维离散型随机变量

3.2.1 二维离散型随机变量的分布律

定义 3.4 二维随机变量 (X,Y) 的所有可能取值为有限对或可列对,则称 (X,Y) 为二维离散型随机变量. 设 (X,Y) 的可能取值为 $(x_i, y_j), i,j = 1, 2, \cdots$.

令
$$p_{ij} = P\{X = x_i, Y = y_j\}, i,j = 1, 2, \cdots,$$
则称 $p_{ij} (i,j = 1, 2, \cdots)$ 为二维离散型随机变量 (X,Y) 的**概率分布**或**分布律**,或称为 X 和 Y 的

联合分布律.

联合分布律具有如下基本性质：

(1) $p_{ij} \geqslant 0, i,j = 1,2,\cdots$.

(2) $\sum\limits_{i=1}^{\infty} \sum\limits_{j=1}^{\infty} p_{ij} = 1$, 且有

$$F(x,y) = \sum_{x_i \leqslant x} \sum_{y_j \leqslant y} P\{X = x_i, Y = y_j\} = \sum_{x_i \leqslant x} \sum_{y_j \leqslant y} p_{ij}.$$

显然 X 的分布律为

$$P\{X = x_i\} = P\{X = x_i, Y < +\infty\} = \sum_{j=1}^{\infty} P\{X = x_i, Y = y_j\}$$

$$= \sum_{j=1}^{\infty} p_{ij} \triangleq p_{i\cdot}, \quad i = 1,2,\cdots.$$

同理

$$P\{Y = y_j\} = P\{X < +\infty, y = y_j\} = \sum_{i=1}^{\infty} p_{ij} \triangleq p_{\cdot j}, \quad j = 1,2,\cdots.$$

我们称 $p_{i\cdot}$ 和 $p_{\cdot j}(i,j = 1,2,\cdots)$ 为 (X,Y) 关于 X 和 Y 的**边缘分布律**. 关于分布律及边缘分布律我们有如下的表格形式.

X \ Y	y_1	y_2	$\cdots$	y_j	$\cdots$	$P\{X = x_i\}$
x_1	p_{11}	p_{12}	$\cdots$	p_{1j}	$\cdots$	$p_{1\cdot}$
x_2	p_{21}	p_{22}	$\cdots$	p_{2j}	$\cdots$	$p_{2\cdot}$
$\vdots$	$\vdots$	$\vdots$		$\vdots$		$\vdots$
x_i	p_{i1}	p_{i2}	$\cdots$	p_{ij}	$\cdots$	$p_{i\cdot}$
$\vdots$	$\vdots$	$\vdots$		$\vdots$		
$p\{Y = y_j\}$	$p_{\cdot 1}$	$p_{\cdot 2}$	$\cdots$	$p_{\cdot j}$	$\cdots$	$\sum\limits_{i=1}^{\infty} p_{i\cdot} = \sum\limits_{j=1}^{\infty} p_{\cdot j} = \sum\limits_{i=1}^{\infty}\sum\limits_{j=1}^{\infty} p_{ij} = 1$

例 3.1 一整数 X 随机地在 $1,2,3,4$ 四个数中取一个值，另一整数 Y 随机地在 $1 \sim X$ 中取一个值，求 (X,Y) 的分布律及其边缘分布律.

解 由于

$$P\{X = i, Y = j\} = \begin{cases} \dfrac{1}{4} \cdot \dfrac{1}{i} & \text{当 } j \leqslant i \\ 0 & \text{当 } j > i \end{cases} \quad i,j = 1,2,3,4.$$

故其分布律及其边缘分布律可列成下表.

X \ Y	1	2	3	4	$P\{X=x_i\}$
1	$\dfrac{1}{4}$	0	0	0	$\dfrac{1}{4}$
2	$\dfrac{1}{4} \times \dfrac{1}{2}$	$\dfrac{1}{4} \times \dfrac{1}{2}$	0	0	$\dfrac{1}{4}$
3	$\dfrac{1}{4} \times \dfrac{1}{3}$	$\dfrac{1}{4} \times \dfrac{1}{3}$	$\dfrac{1}{4} \times \dfrac{1}{3}$	0	$\dfrac{1}{4}$
4	$\dfrac{1}{4} \times \dfrac{1}{4}$	$\dfrac{1}{4} \times \dfrac{1}{4}$	$\dfrac{1}{4} \times \dfrac{1}{4}$	$\dfrac{1}{4} \times \dfrac{1}{4}$	$\dfrac{1}{4}$
$P\{Y=y_j\}$	$\dfrac{25}{48}$	$\dfrac{13}{48}$	$\dfrac{7}{48}$	$\dfrac{3}{48}$	1

3.2.2 二维离散型随机变量的条件分布

设二维离散型随机变量 (X,Y) 的分布律为
$$P\{X=x_i, Y=y_j\} = p_{ij}, \quad i,j=1,2,\cdots.$$
若 $P\{Y=y_j\}>0$,则在已知事件 $\{Y=y_j\}$ 发生的条件下,事件 $\{X=x_i\}$ 发生的条件概率为
$$P\{X=x_i | Y=y_j\} = \frac{P\{X=x_i, Y=y_j\}}{P\{Y=y_j\}}$$
$$= \frac{p_{ij}}{p_{\cdot j}}, \quad i=1,2,\cdots. \tag{3.1}$$

上述条件概率具有下列性质:

(1) $P\{X=x_i | Y=y_j\} \geqslant 0, \quad i=1,2,\cdots;$

(2) $\sum\limits_{i=1}^{\infty} P\{X=x_i | Y=y_j\} = \sum\limits_{i=1}^{\infty} \frac{p_{ij}}{p_{\cdot j}} = 1.$

它满足分布律的两条性质,于是我们称(3.1)为在条件 $Y=y_j$ 下随机变量 X 的**条件分布律**.

同理,若 $P\{X=x_i\}>0$,则称
$$P\{Y=y_j | X=x_i\} = \frac{P\{X=x_i, Y=y_j\}}{P\{X=x_i\}} = \frac{p_{ij}}{p_{i\cdot}}, \quad j=1,2,\cdots,$$
为在条件 $X=x_i$ 下随机变量 Y 的条件分布律.

例 3.2 一射手进行射击,击中目标的概率为 $p(0<p<1)$,射击进行到击中目标两次为止.设 X 表示第一次击中目标时所进行的射击次数,Y 表示总共进行的射击次数.试求 X 和 Y 的联合分布律及条件分布律.

解 依题意"$Y=n$"表示在第 n 次射击时击中目标而前 $(n-1)$ 次中恰有一次击中目标,由于射击是相互独立的,于是不管 $m(m<n)$ 是多少,都有 X 和 Y 的联合分布律为
$$P\{X=m, Y=n\} = p^2 q^{n-2} \quad q=1-p; n=2,3,\cdots; m=1,2,\cdots,n-1.$$

又
$$P\{X=m\} = \sum_{n=m+1}^{\infty} P\{X=m, Y=n\} = \sum_{n=m+1}^{\infty} p^2 q^{n-2}$$
$$= \frac{p^2 q^{m-1}}{1-q} = pq^{m-1}, \quad m=1,2,\cdots;$$
$$P\{Y=n\} = \sum_{m=1}^{n-1} P\{X=m, Y=n\} = \sum_{m=1}^{n-1} p^2 q^{n-2}$$
$$= (n-1)p^2 q^{n-2}, \quad n=2,3,\cdots.$$

于是,所求的条件分布律为:

当 $n=2,3,\cdots$ 时
$$P\{X=m | Y=n\} = \frac{p^2 q^{n-2}}{(n-1)p^2 q^{n-2}} = \frac{1}{n-1}, \ m=1,2,\cdots,n-1;$$

当 $m=1,2,\cdots$ 时
$$P\{Y=n | X=m\} = \frac{p^2 q^{n-2}}{pq^{m-1}} = pq^{n-m-1}, \ n=m+1, m+2,\cdots.$$

3.2.3 离散型随机变量的相互独立性

定义 3.5 若对离散型随机变量 (X,Y) 的所有可能取值 (x_i, y_j),有
$$P\{X=x_i, Y=y_j\} = P\{X=x_i\}P\{Y=y_j\}, \quad i,j=1,2,\cdots,$$
即
$$p_{ij} = p_i. \cdot p_{.j}, \quad i,j=1,2,\cdots,$$
则称随机变量 X 和 Y 相互独立.

例 3.3 将一枚硬币连抛两次,令
$$X = \begin{cases} 1 & \text{当第一次出现正面} \\ 0 & \text{当第一次出现反面} \end{cases}; \quad Y = \begin{cases} 1 & \text{当第二次出现正面} \\ 0 & \text{当第二次出现反面} \end{cases}.$$
验证 X 与 Y 相互独立.

证 (X,Y) 的所有可能取值为 $(0,0),(1,0),(0,1),(1,1)$,且取每一对数值的概率相等,即
$$P\{X=i, Y=j\} = \frac{1}{4}, \quad i=0,1; j=0,1.$$
而
$$P\{X=i\} = \frac{1}{2}, \quad i=0,1. \quad P\{Y=j\} = \frac{1}{2}, \quad j=0,1.$$
因此
$$P\{X=i, Y=j\} = \frac{1}{4} = P\{X=i\}P\{Y=j\}, \quad i,j=0,1.$$
即 X 与 Y 独立.

3.2.4 二维离散型随机变量的函数的分布

设 (X,Y) 是二维离散型随机变量,$g(x,y)$ 是二元连续函数,则 $Z=g(X,Y)$ 称为二维离散型随机变量函数. 它仍然是一个离散随机变量. 设 Z,X,Y 的可能取值分别为 $z_i, x_j, y_k(i,j,k=1,2,\cdots)$. 令
$$C_i = \{(x_j, y_k) | g(x_j, y_k) = z_i\},$$
则有
$$P\{Z=z_i\} = P\{g(X,Y)=z_i\} = P\{(X,Y) \in C_i\}$$
$$= \sum_{(x_j, y_k) \in C_i} P\{X=x_j, Y=y_k\}.$$

例 3.4 设 (X,Y) 的分布律为

X \ Y	-1	1	2
-1	$\frac{5}{20}$	$\frac{2}{20}$	$\frac{6}{20}$
2	$\frac{3}{20}$	$\frac{3}{20}$	$\frac{1}{20}$

求:(1) $X+Y$ 的分布律; (2) $X-Y$ 的分布律.

解 由 (X,Y) 的分布律可得下表.

P	$\frac{5}{20}$	$\frac{2}{20}$	$\frac{6}{20}$	$\frac{3}{20}$	$\frac{3}{20}$	$\frac{1}{20}$
(X,Y)	$(-1,-1)$	$(-1,1)$	$(-1,2)$	$(2,-1)$	$(2,1)$	$(2,2)$
$X+Y$	-2	0	1	1	3	4
$X-Y$	0	-2	-3	3	1	0

从而得

(1) $X+Y$ 的分布律为

$X+Y$	-2	0	1	3	4
P	$\frac{5}{20}$	$\frac{2}{20}$	$\frac{9}{20}$	$\frac{3}{20}$	$\frac{1}{20}$

(2) $X-Y$ 的分布律为

$X-Y$	-3	-2	0	1	3
P	$\frac{6}{20}$	$\frac{2}{20}$	$\frac{6}{20}$	$\frac{3}{20}$	$\frac{3}{20}$

例 3.5 设随机变量 X 与 Y 相互独立,且 $X \sim P(\lambda_1), Y \sim P(\lambda_2)$,求 $X+Y$ 的分布律.

解 $X+Y$ 的可能取值为 $0,1,2,\cdots$.

$$
\begin{aligned}
P\{X+Y=i\} &= \sum_{k=0}^{i} P\{X=k, Y=i-k\} \\
&= \sum_{k=0}^{i} P\{X=k\} P\{Y=i-k\} \\
&= \sum_{k=0}^{i} \left[\frac{\lambda_1^k}{k!} e^{-\lambda_1} \cdot \frac{\lambda_2^{i-k}}{(i-k)!} e^{-\lambda_2} \right] \\
&= \frac{e^{-(\lambda_1+\lambda_2)}}{i!} \sum_{k=0}^{i} \frac{i!}{k!(i-k)!} \lambda_1^k \lambda_2^{i-k} \\
&= \frac{(\lambda_1+\lambda_2)^i}{i!} e^{-(\lambda_1+\lambda_2)}, \quad i=0,1,2,\cdots.
\end{aligned}
$$

即 $$X+Y \sim P(\lambda_1+\lambda_2).$$

进一步,我们可以把上述结论推广到 n 个的情形,即 n 个相互独立的泊松分布之和仍服从泊松分布,且参数为相应的随机变量的参数之和. 我们称之为**泊松分布的可加性**.

类似地,**二项分布也具有可加性**,即若 $X \sim B(n_1, p), Y \sim B(n_2, p)$ 且相互独立,则
$$X+Y \sim B(n_1+n_2, p).$$

若 $X_1, X_2, \cdots, X_n$ 相互独立,$X_i \sim B(1,p), i=1,2,\cdots,n$,则有
$$X_1+X_2+\cdots+X_n \sim B(n,p)$$

即二项分布可表示为有限个相互独立的 (0-1) 分布之和.

3.3 二维连续型随机变量

3.3.1 二维连续型随机变量的概念

定义 3.6 设 $F(x,y)$ 是二维随机变量 (X,Y) 的联合分布函数,如果存在非负函数 $f(x,y)$,使对任意实数 x,y,有

$$F(x,y) = \int_{-\infty}^{y} \int_{-\infty}^{x} f(u,v) \mathrm{d}u \mathrm{d}v$$

则称 (X,Y) 是**二维连续型随机变量**,称 $f(x,y)$ 为 (X,Y) 的**联合概率密度**或简称**密度函数**.

显然,密度函数具有下列性质:

(1) $f(x,y) \geqslant 0$ 对任意 x,y 成立 (非负性);

(2) $\int_{-\infty}^{+\infty} \int_{-\infty}^{+\infty} f(x,y) \mathrm{d}x \mathrm{d}y = F(+\infty, +\infty) = 1$ (归一性);

(3) 设 G 是 xOy 平面内的任一区域,则 (X,Y) 落在该区域的概率为

$$P\{(X,Y) \in G\} = \iint_G f(x,y) \mathrm{d}x \mathrm{d}y;$$

(4) 若 $f(x,y)$ 在点 (x,y) 处连续,则有

$$\frac{\partial^2 F(x,y)}{\partial x \partial y} = f(x,y).$$

例 3.6 设 G 是平面上一有界区域,其面积为 S,若 (X,Y) 的联合密度函数为

$$f(x,y) = \begin{cases} \dfrac{1}{S} & \text{当}(x,y) \in G \\ 0 & \text{其他} \end{cases},$$

则称二维随机变量 (X,Y) 在 G 上服从**二维均匀分布**. 今有一平面区域 $G: 0 \leqslant x \leqslant 10, 0 \leqslant y \leqslant 10$,又设 (X,Y) 在 G 上服从均匀分布,求 $P\{X+Y \leqslant 5\}$ 和 $P\{X+Y \leqslant 15\}$.

解 容易求得 G 的面积为 100,故 (X,Y) 的密度函数为

$$f(x,y) = \begin{cases} \dfrac{1}{100} & \text{当 } 0 \leqslant x \leqslant 10, 0 \leqslant y \leqslant 10 \\ 0 & \text{其他} \end{cases}.$$

如图 3.3 所示,设 A 为直线 $x+y=5$ 与 x 轴、y 轴所围成的区域,B 为直线 $x+y=15$ 及直线 $x=10, y=10$ 和 x 轴,y 轴所围成的区域,则

$$P\{X+Y \leqslant 5\} = P\{(X,Y) \in A\} = \iint_A \frac{1}{100} \mathrm{d}x \mathrm{d}y$$

$$= \int_0^5 \mathrm{d}x \int_0^{5-x} \frac{1}{100} \mathrm{d}y = \frac{1}{8};$$

$$P\{X+Y \leqslant 15\} = P\{(X,Y) \in B\} = \iint_B \frac{1}{100} \mathrm{d}x \mathrm{d}y$$

$$= \int_0^5 \mathrm{d}x \int_0^{10} \frac{1}{100} \mathrm{d}y + \int_5^{10} \mathrm{d}x \int_0^{15-x} \frac{1}{100} \mathrm{d}y = \frac{7}{8}.$$

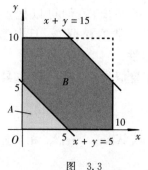

图 3.3

因为是均匀分布，被积函数是常数，我们可以直接由积分的几何意义知

$$\iint_A \frac{1}{100}\mathrm{d}x\mathrm{d}y = \frac{1}{100} \times A \text{ 的面积} = \frac{1}{8};$$

$$\iint_B \frac{1}{100}\mathrm{d}x\mathrm{d}y = \frac{1}{100} \times B \text{ 的面积} = \frac{7}{8}.$$

例 3.7 设二维随机变量 (X,Y) 的密度函数为

$$f(x,y) = \begin{cases} \frac{1}{8}(6-x-y) & \text{当 } 0<x<2, 2<y<4 \\ 0 & \text{其他} \end{cases}.$$

若 D 为 xOy 平面内由不等式 $x<1, y<3$ 所确定的区域，E 为 xOy 平面内由 $x+y<3$ 所确定的区域，求 $P\{(X,Y)\in D\}$ 和 $P\{(X,Y)\in E\}$。

解 如图 3.4.

$$P\{(X,Y)\in D\} = \iint_D f(x,y)\mathrm{d}x\mathrm{d}y = \iint_{D_1} \frac{1}{8}(6-x-y)\mathrm{d}x\mathrm{d}y$$

$$= \int_0^1 \mathrm{d}x \int_2^3 \frac{1}{8}(6-x-y)\mathrm{d}y = \frac{3}{8};$$

$$P\{(X,Y)\in E\} = \iint_E f(x,y)\mathrm{d}x\mathrm{d}y = \iint_{E_1} \frac{1}{8}(6-x-y)\mathrm{d}x\mathrm{d}y$$

$$= \int_0^1 \mathrm{d}x \int_2^{3-x} \frac{1}{8}(6-x-y)\mathrm{d}y = \frac{5}{24}.$$

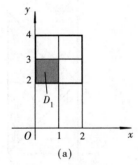
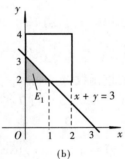

图 3.4

上述运算可以通过 MATLAB 实现，代码如下：

```
clear all;
f=@(x,y)1/8*(6-x-y);
Q1=dblquad(f,0,1,2,3,1.0e-4);
ymax=@(x)3-x;
Q2=integral2(f,0,1,2,ymax);
```

运行结果：

Q1=0.3750

Q2=0.2083

3.3.2 二维连续型随机变量的边缘分布

设 $f(x,y)$ 为二维连续型随机变量 (X,Y) 的密度函数,由边缘分布函数的定义知,

$$F_X(x) = F(x, +\infty) = \int_{-\infty}^{x} \int_{-\infty}^{+\infty} f(u,v) \mathrm{d}u \mathrm{d}v = \int_{-\infty}^{x} \left[\int_{-\infty}^{+\infty} f(u,v) \mathrm{d}v \right] \mathrm{d}u.$$

由密度函数的定义,得 (X,Y) 关于 X 的边缘密度函数为

$$f_X(x) = \int_{-\infty}^{+\infty} f(x,y) \mathrm{d}y;$$

同理可得 (X,Y) 关于 Y 的边缘密度函数为

$$f_Y(y) = \int_{-\infty}^{+\infty} f(x,y) \mathrm{d}x.$$

显然,$f_X(x), f_Y(y)$ 分别是 X,Y 的密度函数.

由连续型随机变量 (X,Y) 的密度函数,求关于 X,Y 的边缘密度函数时,要注意积分区域的确定.

例 3.8 设二维随机变量 (X,Y) 的密度函数为

$$f(x,y) = \begin{cases} 1 & \text{当 } 0 < x < 1, |y| < x \\ 0 & \text{其他} \end{cases}.$$

(1) 求关于 X,Y 的边缘密度函数 $f_X(x)$ 和 $f_Y(y)$; (2) 求 $P\left\{X < \dfrac{1}{2}\right\}$.

解 首先识别 $f(x,y)$ 的非零区域,如图 3.5 所示.

(1) 求 $f_X(x)$: $f_X(x) = \int_{-\infty}^{+\infty} f(x,y) \mathrm{d}y.$

当 $x \leqslant 0$ 或 $x \geqslant 1$ 时,$f(x,y) = 0$,此时 $f_X(x) = 0$;

当 $0 < x < 1$ 时,$f_X(x) = \int_{-\infty}^{+\infty} f(x,y) \mathrm{d}y = \int_{-x}^{x} 1 \mathrm{d}y = 2x.$

所以,X 的边缘密度函数为

$$f_X(x) = \begin{cases} 2x & \text{当 } 0 < x < 1 \\ 0 & \text{其他} \end{cases}.$$

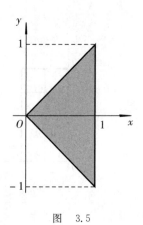

图 3.5

再求 $f_Y(y)$: $f_Y(y) = \int_{-\infty}^{+\infty} f(x,y) \mathrm{d}x.$

当 $y \geqslant 1$ 或 $y \leqslant -1$ 时,$f(x,y) = 0$,此时 $f_Y(y) = 0$;

当 $-1 < y < 0$ 时,$f_Y(y) = \int_{-\infty}^{+\infty} f(x,y) \mathrm{d}x = \int_{-y}^{1} 1 \mathrm{d}x = 1 + y;$

当 $0 \leqslant y < 1$ 时,$f_Y(y) = \int_{-\infty}^{+\infty} f(x,y) \mathrm{d}x = \int_{y}^{1} 1 \mathrm{d}x = 1 - y.$

所以,Y 的边缘密度函数为

$$f_Y(y) = \begin{cases} 1 + y & \text{当 } -1 < y < 0 \\ 1 - y & \text{当 } 0 \leqslant y < 1 \\ 0 & \text{其他} \end{cases}.$$

(2) $P\left\{X < \dfrac{1}{2}\right\} = \int_{-\infty}^{\frac{1}{2}} f_X(x) \mathrm{d}x = \int_{0}^{\frac{1}{2}} 2x \mathrm{d}x = \dfrac{1}{4}.$

或用联合密度函数计算,记 $D = \left\{(x,y) \mid x < \dfrac{1}{2}, -\infty < y < +\infty\right\}$,有

$$P\left\{X < \dfrac{1}{2}\right\} = \iint\limits_{D} f(x,y)\mathrm{d}x\mathrm{d}y = \int_{0}^{\frac{1}{2}}\mathrm{d}x\int_{-x}^{x}1\mathrm{d}y$$

$$= \int_{0}^{\frac{1}{2}} 2x\mathrm{d}x = \dfrac{1}{4}.$$

例 3.9 设二维连续型随机变量 (X,Y) 的密度函数为

$$f(x,y) = \begin{cases} k\mathrm{e}^{-(3x+4y)} & \text{当 } x > 0, y > 0 \\ 0 & \text{其他} \end{cases}.$$

求:(1) 常系数 k;   (2) (X,Y) 的联合分布函数 $F(x,y)$;
  (3) 关于 X 的边缘密度函数 $f_X(x)$; (4) $P\{0 < X < 1, 0 < Y < 2\}$.

解 (1) 由密度函数的性质 $\int_{-\infty}^{+\infty}\int_{-\infty}^{+\infty} f(x,y)\mathrm{d}x\mathrm{d}y = 1$ 知

$$\int_{0}^{+\infty}\int_{0}^{+\infty} k\mathrm{e}^{-(3x+4y)}\mathrm{d}x\mathrm{d}y = 1,$$

即

$$k\int_{0}^{+\infty}\mathrm{e}^{-3x}\mathrm{d}x \cdot \int_{0}^{+\infty}\mathrm{e}^{-4y}\mathrm{d}y = \dfrac{k}{12} = 1.$$

于是 $k = 12$.

(2) 当 $x \leqslant 0$ 或 $y \leqslant 0$ 时,因为 $f(x,y) = 0$,所以 $F(x,y) = 0$;

当 $x > 0$ 且 $y > 0$ 时,有

$$F(x,y) = \iint\limits_{D: \{(u,v) \mid u \leqslant x, v \leqslant y\}} f(u,v)\mathrm{d}u\mathrm{d}v = \int_{0}^{x}\mathrm{d}u\int_{0}^{y} 12\mathrm{e}^{-(3u+4v)}\mathrm{d}v$$

$$= 12\int_{0}^{x}\mathrm{e}^{-3u}\mathrm{d}u \cdot \int_{0}^{y}\mathrm{e}^{-4v}\mathrm{d}v = (1-\mathrm{e}^{-3x})(1-\mathrm{e}^{-4y}).$$

综上所述,有

$$F(x,y) = \begin{cases} (1-\mathrm{e}^{-3x})(1-\mathrm{e}^{-4y}) & \text{当 } x > 0, y > 0 \\ 0 & \text{其他} \end{cases}.$$

(3) 由 $f_X(x)$ 的定义知:

当 $x \leqslant 0$ 时,因为 $f(x,y) = 0$,所以 $f_X(x) = 0$;

当 $x > 0$ 时,有

$$f_X(x) = \int_{-\infty}^{+\infty} f(x,y)\mathrm{d}y = \int_{0}^{+\infty} 12\mathrm{e}^{-(3x+4y)}\mathrm{d}y = 3\mathrm{e}^{-3x}.$$

综上所述,有

$$f_X(x) = \begin{cases} 3\mathrm{e}^{-3x} & \text{当 } x > 0 \\ 0 & \text{当 } x \leqslant 0 \end{cases}.$$

(4) $P\{0 < X < 1, 0 < Y < 2\} = F(1,2) - F(1,0) - F(0,2) + F(0,0)$

$$= (1 - e^{-3})(1 - e^{-8}) \approx 0.9499.$$

或利用联合密度函数计算:

$$P\{0 < X < 1, 0 < Y < 2\} = \iint\limits_{D: \{(x,y) \mid 0 < x < 1, 0 < y < 2\}} f(x,y)\mathrm{d}x\mathrm{d}y$$

$$= \int_0^1 \mathrm{d}x \int_0^2 12\mathrm{e}^{-(3x+4y)} \mathrm{d}y = 12 \int_0^1 \mathrm{e}^{-3x} \mathrm{d}x \cdot \int_0^2 \mathrm{e}^{-4y} \mathrm{d}y$$
$$= (1-\mathrm{e}^{-3})(1-\mathrm{e}^{-8}) \approx 0.9499.$$

例 3.10 若二维随机变量 (X,Y) 的密度函数为

$$f(x,y) = \frac{1}{2\pi\sigma_1\sigma_2\sqrt{1-\rho^2}} \mathrm{e}^{-\frac{1}{2(1-\rho^2)} \left[\frac{(x-\mu_1)^2}{\sigma_1^2} - 2\rho\frac{(x-\mu_1)(y-\mu_2)}{\sigma_1\sigma_2} + \frac{(y-\mu_2)^2}{\sigma_2^2} \right]}.$$

其中 $\mu_1,\mu_2,\sigma_1,\sigma_2$ 均为常数且 $\sigma_1>0,\sigma_2>0,|\rho|<1$,则称 (X,Y) 服从参数为 $\mu_1,\mu_2,\sigma_1,\sigma_2,\rho$ 的**二维正态分布**,记为 $(X,Y) \sim N(\mu_1,\mu_2;\sigma_1^2,\sigma_2^2;\rho)$. 试求其边缘密度函数.

解 注意到

$$\left(\frac{x-\mu_1}{\sigma_1}\right)^2 - 2\rho\frac{(x-\mu_1)(y-\mu_2)}{\sigma_1\sigma_2} + \left(\frac{y-\mu_2}{\sigma_2}\right)^2$$
$$= (1-\rho^2)\left(\frac{x-\mu_1}{\sigma_1}\right)^2 + \left[\frac{y-\mu_2}{\sigma_2} - \rho\frac{(x-\mu_1)}{\sigma_1}\right]^2,$$

故

$$f_X(x) = \int_{-\infty}^{+\infty} f(x,y) \mathrm{d}y$$
$$= \frac{1}{2\pi\sigma_1\sigma_2\sqrt{1-\rho^2}} \mathrm{e}^{-\frac{(x-\mu_1)^2}{2\sigma_1^2}} \cdot \int_{-\infty}^{+\infty} \mathrm{e}^{-\frac{1}{2(1-\rho^2)}\left[\frac{y-\mu_2}{\sigma_2} - \rho\frac{(X-\mu_1)}{\sigma_1}\right]^2} \mathrm{d}y.$$

令 $t = \frac{1}{\sqrt{1-\rho^2}}\left(\frac{y-\mu_2}{\sigma_2} - \rho\frac{(x-\mu_1)}{\sigma_1}\right)$,则 $\mathrm{d}t = \frac{1}{\sigma_2\sqrt{1-\rho^2}}\mathrm{d}y$,从而

$$f_X(x) = \frac{1}{2\pi\sigma_1} \mathrm{e}^{-\frac{(x-\mu_1)^2}{2\sigma_1^2}} \cdot \int_{-\infty}^{+\infty} \mathrm{e}^{-\frac{t^2}{2}} \mathrm{d}t = \frac{1}{\sqrt{2\pi}\sigma_1} \mathrm{e}^{-\frac{(x-\mu_1)^2}{2\sigma_1^2}}.$$

即 $$X \sim N(\mu_1, \sigma_1^2).$$

同理 $$Y \sim N(\mu_2, \sigma_2^2).$$

由上例可以看出:二维正态分布的边缘分布仍是正态分布,虽然联合分布函数或联合密度函数决定了边缘分布函数或边缘密度函数,但若已知 X,Y 各自的密度函数,却不能决定 (X,Y) 的联合密度函数. 如例 3.10 中的 (X,Y) 的联合密度函数还与 ρ 有关.

二维正态分布 $N(0,0;1,1;0.5)$ 及 $N(0,0;1,1;0)$ 的概率密度函数如图 3.6 和图 3.7 所示.

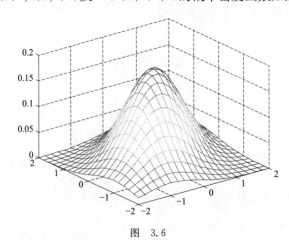

图 3.6

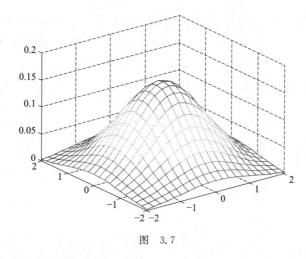

图 3.7

3.3.3 二维连续型随机变量的条件分布

设二维连续型随机变量 (X,Y) 的联合概率密度函数为 $f(x,y)$,边缘密度函数分别为 $f_X(x), f_Y(y)$. 条件密度函数可定义如下.

定义 3.7 对一切使 $f_Y(y)>0$ 的 y,在条件 $Y=y$ 下 X 的条件概率密度

$$f_{X|Y}(x|y) = \frac{f(x,y)}{f_Y(y)}.$$

类似地,对一切 $f_X(x)>0$ 的 x,在条件 $X=x$ 下 Y 的条件概率密度函数

$$f_{Y|X}(y|x) = \frac{f(x,y)}{f_X(x)}.$$

例 3.11 设 (X,Y) 在圆域 $\{(x,y) \mid x^2+y^2 \leqslant 4\}$ 上服从均匀分布,求 $f_{Y|X}(y|x)$、$P\{0 \leqslant Y \leqslant 1 \mid X=1\}$ 及 $P\{0 \leqslant Y \leqslant 1 \mid x=0\}$.

解
$$f(x,y) = \begin{cases} \dfrac{1}{4\pi} & \text{当 } x^2+y^2 \leqslant 4 \\ 0 & \text{其他} \end{cases}.$$

$$f_X(x) = \int_{-\infty}^{+\infty} f(x,y) \mathrm{d}y = \begin{cases} \displaystyle\int_{-\sqrt{4-x^2}}^{\sqrt{4-x^2}} \dfrac{1}{4\pi} \mathrm{d}y & \text{当 } |x|<2 \\ 0 & \text{其他} \end{cases}$$

$$= \begin{cases} \dfrac{1}{2\pi}\sqrt{4-x^2} & \text{当 } |x|<2 \\ 0 & \text{其他} \end{cases}.$$

于是当 $|x|<2$ 时,有

$$f_{Y|X}(y|x) = \frac{f(x,y)}{f_X(x)} = \begin{cases} \dfrac{1}{2\sqrt{4-x^2}} & \text{当} -\sqrt{4-x^2} \leqslant y \leqslant \sqrt{4-x^2} \\ 0 & \text{其他} \end{cases}.$$

$$P\{0 \leqslant Y \leqslant 1 \mid X=1\} = \int_0^1 f_{Y|X}(y|1)\mathrm{d}y = \int_0^1 \frac{1}{2\sqrt{3}}\mathrm{d}x = \frac{1}{2\sqrt{3}}.$$

$$P\{0 \leqslant Y \leqslant 1 \mid x=0\} = \int_0^1 f_{Y|X}(y \mid 0)\mathrm{d}y = \int_0^1 \frac{1}{4}\mathrm{d}y = \frac{1}{4}.$$

注意，条件密度函数 $f_{X|Y}(x|y)$ 不仅是 x 的函数，它还是 y 的函数，不同的条件下（如 $y=y_1$ 和 $y=y_2$）下，条件密度函数 $f_{X|Y}(x|y_1)$ 和 $f_{X|Y}(x|y_2)$ 不同．由此可见 $f_{X|Y}(x|y)$ 表示一族密度函数．对 $f_{X|Y}(x|y)$ 也可做出类似的认识．

例 3.12 已知条件概率密度
$$f_{X|Y}(x|y) = \begin{cases} \dfrac{3x^2}{y^3} & \text{当 } 0 < x < y \\ 0 & \text{其他} \end{cases}$$

和边缘密度函数
$$f_Y(y) = \begin{cases} 5y^4 & \text{当 } 0 < y < 1 \\ 0 & \text{其他} \end{cases}.$$

试求概率 $P\left\{X > \dfrac{1}{2}\right\}$．

解 $f(x,y) = f_Y(y) f_{X|Y}(x|y) = \begin{cases} 15x^2 y & \text{当 } 0 < x < y < 1 \\ 0 & \text{其他} \end{cases}$．

$$f_X(x) = \int_{-\infty}^{+\infty} f(x,y) \mathrm{d}y = \begin{cases} \displaystyle\int_x^1 15x^2 y \mathrm{d}y & \text{当 } 0 \leqslant x \leqslant 1 \\ 0 & \text{其他} \end{cases}$$

$$= \begin{cases} \dfrac{15}{2}(x^2 - x^4) & \text{当 } 0 \leqslant x \leqslant 1 \\ 0 & \text{其他} \end{cases}.$$

故 $P\left\{X > \dfrac{1}{2}\right\} = \displaystyle\int_{\frac{1}{2}}^{+\infty} f_X(x) \mathrm{d}x = \int_{\frac{1}{2}}^{1} \dfrac{15}{2}(x^2 - x^4) \mathrm{d}x = \dfrac{47}{64}$．

3.3.4 二维连续型随机变量的相互独立性

由第 3.1 节知道，随机变量 X 和 Y 相互独立的充分必要条件为
$$F(x,y) = F_X(x) F_Y(y).$$
显然，当 (X,Y) 是连续型随机变量时，它等价于
$$f(x,y) = f_X(x) f_Y(y).$$
于是我们有如下定义．

定义 3.8 若二维连续型随机变量 (X,Y) 的联合密度函数和边缘密度函数满足
$$f(x,y) = f_X(x) f_Y(y),$$
则称 X 与 Y 相互独立．

设随机变量 X 和 Y 相互独立，则
$$f_{X|Y}(x|y) = \dfrac{f(x,y)}{f_Y(y)} = \dfrac{f_X(x) f_Y(y)}{f_Y(y)} = f_X(x).$$

同理，$$f_{Y|X}(y|x) = f_Y(y),$$
即条件密度函数等于它的边缘密度函数．

定义 3.8 可以推广到 n 维的情形．

定义 3.8′ 若 $(X_1, X_2, \cdots, X_n)$ 是 n 维连续型随机变量，其联合密度函数 $f(x_1, x_2, \cdots, x_n)$ 与边缘密度函数 $f_{X_1}(x_1), f_{X_2}(x_2), \cdots, f_{X_n}(x_n)$ 满足
$$f(x_1, x_2, \cdots, x_n) = f_{X_1}(x_1) f_{X_2}(x_2) \cdots f_{X_n}(x_n),$$

则称 $X_1, X_2, \cdots, X_n$ **相互独立**.

例 3.13 一负责人到达办公室的时间均匀分布在 8:00~12:00, 他的秘书到达办公室的时间均匀分布在 7:00~9:00. 设他们两人到达的时间是相互独立的, 求他们到达办公室的时间差不超过 $\dfrac{1}{12}$ h 的概率.

解 设 X, Y 分别表示负责人和他的秘书到达办公室的时间, 则 X 和 Y 的密度函数分别为

$$f_X(x) = \begin{cases} \dfrac{1}{4} & \text{当 } 8 < x < 12 \\ 0 & \text{其他} \end{cases};$$

$$f_Y(y) = \begin{cases} \dfrac{1}{2} & \text{当 } 7 < y < 9 \\ 0 & \text{其他} \end{cases}.$$

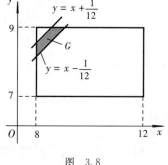

图 3.8

因 X 与 Y 相互独立, 故 (X,Y) 的概率密度为

$$f(x,y) = f_X(x)f_Y(y) = \begin{cases} \dfrac{1}{8} & \text{当 } 8 < x < 12, 7 < y < 9 \\ 0 & \text{其他} \end{cases}.$$

按题意, 由图 3.8 可知所求的概率为

$$P\left\{|X-Y| \leqslant \dfrac{1}{12}\right\} = \iint_G f(x,y)\,\mathrm{d}x\mathrm{d}y = \dfrac{1}{8} \times G \text{ 的面积}$$

$$= \dfrac{1}{8}\left[\dfrac{1}{2}\left(\dfrac{13}{12}\right)^2 - \dfrac{1}{2}\left(\dfrac{11}{12}\right)^2\right]$$

$$= \dfrac{1}{6}.$$

3.3.5 二维连续型随机变量的函数的分布

很多实际问题需要研究多维随机变量的函数的分布. 例如已知矩形的长和宽的测量误差分别是 X 和 Y, X 和 Y 相互独立, 且知道它们的密度函数, 需要研究矩形面积的误差 $Z = XY$ 的概率密度; 再如某一设备有两个同类的电器元件构成, 元件工作相互独立, 工作时间均服从指数分布, 分别研究当这两个电器元件是串联、并联或备用的状态时, 这一设备正常工作的时间 T 的概率分布.

设 (X,Y) 是二维连续型随机变量, 其联合密度函数为 $f(x,y)$, 则随机变量函数 $Z = G(X,Y)$ ($G(x,y)$ 是二元连续函数) 是一维连续型随机变量, 其分布函数为

$$F_Z(z) = P\{G(X,Y) \leqslant z\} = \iint_{\{(x,y) \mid G(x,y) \leqslant z\}} f(x,y)\,\mathrm{d}x\mathrm{d}y;$$

Z 的密度函数为

$$f_Z(z) = F_Z'(z).$$

例 3.14 设 $X \sim N(0,1), Y \sim N(0,1)$, 且 X 与 Y 相互独立, 求 $Z = \sqrt{X^2 + Y^2}$ 的密度函数.

解 当 $z \leqslant 0$ 时,

$$F_Z(z) = P\{\sqrt{X^2 + Y^2} \leqslant z\} = 0;$$

当 $z > 0$ 时,
$$F_Z(z) = P\{\sqrt{X^2+Y^2} \leqslant z\} = \iint_{\sqrt{x^2+y^2}\leqslant z} \frac{1}{2\pi} e^{-\frac{x^2+y^2}{2}} dxdy$$
$$= \frac{1}{2\pi}\int_0^{2\pi} d\theta \int_0^z re^{-\frac{r^2}{2}} dr = 1 - e^{-\frac{z^2}{2}}.$$

故
$$F_Z(z) = \begin{cases} 1 - e^{-\frac{z^2}{2}} & \text{当 } z > 0, \\ 0 & \text{当 } z \leqslant 0 \end{cases}$$

从而
$$f_Z(z) = F_Z'(z) = \begin{cases} ze^{-\frac{z^2}{2}} & \text{当 } z > 0. \\ 0 & \text{当 } z \leqslant 0 \end{cases}$$

根据上述方法,求连续型随机变量函数的分布问题原则上算是解决了,但具体计算时,往往很复杂.下面我们就几种特殊情况加以讨论.

1. $Z = X + Y$ 的分布

设 (X,Y) 的密度函数为 $f(x,y)$,则 $Z = X + Y$ 的分布函数为
$$F_Z(z) = P\{Z \leqslant z\} = P\{X + Y \leqslant z\}$$
$$= \iint_{x+y\leqslant z} f(x,y)dxdy = \int_{-\infty}^{+\infty}\left[\int_{-\infty}^{z-y} f(x,y)dx\right]dy$$
$$\xrightarrow{\text{令 } x = u - y} \int_{-\infty}^{+\infty}\left[\int_{-\infty}^{z} f(u-y,y)du\right]dy$$
$$= \int_{-\infty}^{z}\left[\int_{-\infty}^{+\infty} f(u-y,y)dy\right]du.$$

于是 Z 的概率密度为
$$f_Z(z) = F_Z'(z) = \int_{-\infty}^{+\infty} f(z-y,y)dy.$$

由 X 与 Y 的对称性又得
$$f_Z(z) = \int_{-\infty}^{+\infty} f(x,z-x)dx.$$

特别地,当 X 与 Y 相互独立时,有
$$f_Z(z) = \int_{-\infty}^{+\infty} f_X(x)f_Y(z-x)dx$$

或
$$f_Z(z) = \int_{-\infty}^{+\infty} f_X(z-y)f_Y(y)dy.$$

例 3.15 设随机变量 X 与 Y 相互独立,且 $X \sim N(0,1), Y \sim N(0,1)$,求 $Z = X + Y$ 的密度函数.

解 由 X 与 Y 相互独立,有
$$f_Z(z) = \int_{-\infty}^{+\infty} f(x,z-x)dx = \int_{-\infty}^{+\infty} f_X(x)f_Y(z-x)dx$$
$$= \frac{1}{2\pi}\int_{-\infty}^{+\infty} e^{-\frac{x^2}{2}} \cdot e^{-\frac{(z-x)^2}{2}} dx = \frac{1}{2\pi} e^{-\frac{z^2}{4}} \int_{-\infty}^{+\infty} e^{-(x-\frac{z}{2})^2} dx$$
$$\xrightarrow{\text{令 } t = x - \frac{z}{2}} \frac{1}{2\pi} e^{-\frac{z^2}{4}} \int_{-\infty}^{+\infty} e^{-t^2} dt$$
$$= \frac{1}{\sqrt{2\pi} \cdot \sqrt{2}} e^{-\frac{z^2}{4}}.$$

即 $Z \sim N(0,2)$.

一般地，若 X 与 Y 相互独立且 $X \sim N(\mu_1,\sigma_1^2)$，$Y \sim N(\mu_2,\sigma_2^2)$，则

$$X+Y \sim N(\mu_1+\mu_2,\sigma_1^2+\sigma_2^2),$$

即正态分布具有可加性，进而，可以证明有限个相互独立的正态分布的线性函数仍服从正态分布，即：若相互独立的 $X_i \sim N(\mu_i,\sigma_i^2)$ $(i=1,2,\cdots,n)$，则

$$a_1X_1+a_2X_2+\cdots+a_nX_n \sim N\left(\sum_{i=1}^{n}a_i\mu_i,\ \sum_{i=1}^{n}a_i^2\sigma_i^2\right).$$

例如，设 $X \sim N(-3,1)$，$Y \sim N(2,1)$，X 与 Y 相互独立，则

$$Z = X-2Y+7 \sim N(0,5).$$

2. $Z=\dfrac{X}{Y}$ 的分布

设 (X,Y) 的联合密度函数为 $f(x,y)$，如图 3.9 所示，则 $Z=X/Y$ 的分布函数为

$$\begin{aligned}F_Z(z) &= P\left\{\frac{X}{Y}\leqslant z\right\}=\iint_{\frac{x}{y}\leqslant z} f(x,y)\mathrm{d}x\mathrm{d}y \\ &= \int_{-\infty}^{0}\left[\int_{yz}^{+\infty} f(x,y)\mathrm{d}x\right]\mathrm{d}y+\int_{0}^{+\infty}\left[\int_{-\infty}^{yz} f(x,y)\mathrm{d}x\right]\mathrm{d}y \\ &\xlongequal{令 u=\frac{x}{y}} \int_{-\infty}^{0}\left[\int_{z}^{-\infty} yf(uy,y)\mathrm{d}u\right]\mathrm{d}y+\int_{0}^{+\infty}\left[\int_{-\infty}^{z} yf(uy,y)\mathrm{d}u\right]\mathrm{d}y \\ &= \int_{-\infty}^{z}\left[\int_{0}^{+\infty} yf(uy,y)\mathrm{d}y-\int_{-\infty}^{0} yf(uy,y)\mathrm{d}y\right]\mathrm{d}u.\end{aligned}$$

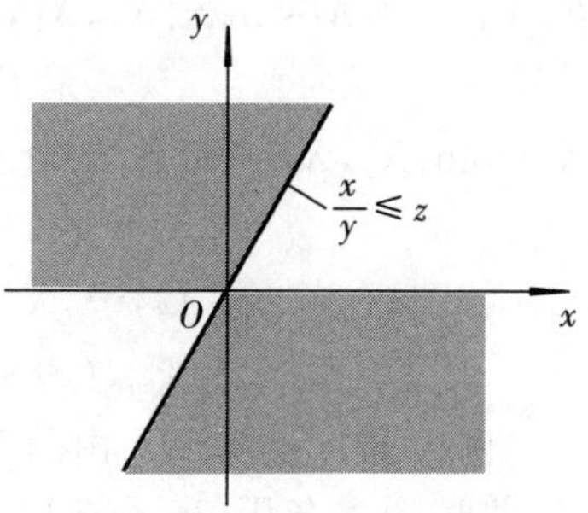

图　3.9

于是

$$\begin{aligned}f_Z(z) &= \int_{0}^{+\infty} yf(zy,y)\mathrm{d}y-\int_{-\infty}^{0} yf(zy,y)\mathrm{d}y \\ &= \int_{-\infty}^{+\infty} |y| f(zy,y)\mathrm{d}y.\end{aligned}$$

例 3.16　设 (X,Y) 的联合概率密度为

$$f(x,y)=\begin{cases}\sin y & 当\ 0\leqslant x\leqslant \dfrac{1}{2},0\leqslant y\leqslant \pi \\ 0 & 其他\end{cases}.$$

求 $Z=\dfrac{X}{Y}$ 的概率密度.

解

$$\begin{aligned}f_Z(z) &= \int_{0}^{+\infty} yf(zy,y)\mathrm{d}y-\int_{-\infty}^{0} yf(zy,y)\mathrm{d}y=\int_{0}^{+\infty} yf(zy,y)\mathrm{d}y \\ &= \begin{cases}\displaystyle\int_{0}^{\pi} y\sin y\mathrm{d}y & 当\ 0\leqslant z\leqslant \dfrac{1}{2\pi} \\ \displaystyle\int_{0}^{\frac{1}{2z}} y\sin y\mathrm{d}y & 当\ z>\dfrac{1}{2\pi} \\ 0 & 当\ z<0\end{cases}\end{aligned}$$

$$= \begin{cases} \pi & \text{当 } 0 \leqslant z \leqslant \dfrac{1}{2\pi} \\ \sin\dfrac{1}{2z} - \dfrac{1}{2z}\cos\dfrac{1}{2z} & \text{当 } z > \dfrac{1}{2\pi} \\ 0 & \text{当 } z < 0 \end{cases}.$$

3. $M = \max(X,Y)$ 和 $N = \min(X,Y)$ 的分布

设 X,Y 是两个相互独立的随机变量，它们的分布函数分别为 $F_X(x)$ 和 $F_Y(y)$，$M = \max(X,Y)$ 和 $N = \min(X,Y)$ 的分布函数为 $F_{\max}(z)$ 和 $F_{\min}(z)$. 因

$$P\{M \leqslant z\} = P\{\max(X,Y) \leqslant z\} = P\{X \leqslant z, Y \leqslant z\}$$
$$= P\{X \leqslant z\} \cdot P\{Y \leqslant z\},$$

故
$$F_{\max}(z) = F_X(z) \cdot F_Y(z).$$

类似地，有
$$P\{N \leqslant z\} = 1 - P\{N > z\} = 1 - P\{X > z, Y > z\}$$
$$= 1 - P\{X > z\} \cdot P\{Y > z\}$$

即
$$F_{\min}(z) = 1 - [1 - F_X(z)][1 - F_Y(z)].$$

上述结果不难推广到 n 个相互独立的随机变量的情形.

设 $X_1, X_2, \cdots, X_n$ 是 n 个相互独立的随机变量，其分布函数分别为 $F_{X_1}(x_1), F_{X_2}(x_2), \cdots, F_{X_n}(x_n)$，则 $M = \max\{X_1, X_2, \cdots, X_n\}$ 的分布函数为

$$F_{\max}(z) = F_{X_1}(z) F_{X_2}(z) \cdots F_{X_n}(z);$$

$N = \min\{X_1, X_2, \cdots, X_n\}$ 的分布函数为

$$F_{\min}(z) = 1 - [1 - F_{X_1}(z)][1 - F_{X_2}(z)] \cdots [1 - F_{X_n}(z)].$$

特别地，当 $X_1, X_2, \cdots, X_n$ 相互独立且有相同的分布函数 $F(x)$ 时，有

$$F_{\max}(z) = [F(z)]^n, \quad F_{\min}(z) = 1 - [1 - F(z)]^n.$$

例 3.17 设系统 L 由两个相互独立的子系统 L_1, L_2 连接而成，连接方式分为：(1)串联；(2)并联；(3)备用(当系统 L_1 损坏时，系统 L_2 开始工作). 设 L_1, L_2 的寿命 X, Y 的概率密度分别为

$$f_X(x) = \begin{cases} \alpha e^{-\alpha x} & \text{当 } x > 0 \\ 0 & \text{当 } x \leqslant 0 \end{cases};$$

$$f_Y(y) = \begin{cases} \beta e^{-\beta y} & \text{当 } y > 0 \\ 0 & \text{当 } y \leqslant 0 \end{cases}.$$

其中 $\alpha > 0, \beta > 0$ 且 $\alpha \neq \beta$. 试写出上述三种方式下 L 的寿命 Z 的概率密度.

解 (1)串联的情形

由于当 L_1, L_2 中有一个损坏时，系统 L 停止工作，所以 L 的寿命 $Z = \min(X,Y)$. 由题设知 X, Y 的分布函数分别为

$$F_X(x) = \begin{cases} 1 - e^{-\alpha x} & \text{当 } x > 0 \\ 0 & \text{当 } x \leqslant 0 \end{cases}; \quad F_Y(y) = \begin{cases} 1 - e^{-\beta y} & \text{当 } y > 0 \\ 0 & \text{当 } y \leqslant 0 \end{cases}.$$

从而 $Z = \min(X,Y)$ 的分布函数为

$$F_{\min}(z) = 1 - [1 - F_X(z)][1 - F_Y(z)] = \begin{cases} 1 - e^{-(\alpha+\beta)z} & \text{当 } z > 0 \\ 0 & \text{当 } z \leqslant 0 \end{cases}.$$

于是 $Z=\min(X,Y)$ 的密度函数为

$$f_{\min}(z) = \begin{cases} (\alpha+\beta)e^{-(\alpha+\beta)z} & \text{当 } z>0 \\ 0 & \text{当 } z\leqslant 0 \end{cases}.$$

(2) 并联的情形

因为当且仅当 L_1,L_2 都损坏时,系统 L 才停止工作,所以这时 L 的寿命为 $Z=\max(X,Y)$,其分布函数为

$$F_{\max}(z) = F_X(z)F_Y(z) = \begin{cases} (1-e^{-\alpha z})(1-e^{-\beta z}) & \text{当 } z>0 \\ 0 & \text{当 } z\leqslant 0 \end{cases}.$$

于是 $Z=\max(X,Y)$ 的密度函数为

$$f_{\max}(z) = \begin{cases} (\alpha e^{-\alpha z}+\beta e^{-\beta z})-(\alpha+\beta)e^{-(\alpha+\beta)z} & \text{当 } z>0 \\ 0 & \text{当 } z\leqslant 0 \end{cases}.$$

(3) 备用的情形

由于当系统 L_1 损坏时系统 L_2 才开始工作,因此整个系统 L 的寿命 Z 是 L_1,L_2 的寿命之和,即 $Z=X+Y$.

当 $z<0$ 时,$f_Z(z)=0$;

当 $z\geqslant 0$ 时,

$$f_Z(z) = \int_{-\infty}^{+\infty} f(z-y,y)\mathrm{d}y = \int_{-\infty}^{+\infty} f_X(z-y)f_Y(y)\mathrm{d}y$$

$$= \int_0^z \alpha e^{-\alpha(z-y)} \beta e^{-\beta y}\mathrm{d}y = \alpha\beta e^{-\alpha z}\int_0^z e^{-(\beta-\alpha)y}\mathrm{d}y$$

$$= \frac{\alpha\beta}{\beta-\alpha}[e^{-\alpha z}-e^{-\beta z}].$$

故

$$f_Z(z) = \begin{cases} \dfrac{\alpha\beta}{\beta-\alpha}[e^{-\alpha z}-e^{-\beta z}] & \text{当 } z>0 \\ 0 & \text{当 } z\leqslant 0 \end{cases}.$$

习 题 3A

1. 随机变量 (X,Y) 的联合分布律为

X \ Y	1	2
1	$\frac{1}{8}$	$\frac{1}{2}$
2	$\frac{1}{8}$	$\frac{1}{4}$

计算:(1) $P\{X+Y>2\}$; (2) $P\{X/Y>1\}$;
(3) $P\{XY\leqslant 3\}$; (4) $P\{X=Y\}$.

2. 设二维离散型随机变量 (X,Y) 的联合分布律为

X \ Y	1	2	3
1	$\frac{1}{6}$	$\frac{1}{9}$	$\frac{1}{18}$
2	$\frac{1}{3}$	α	β

问 α 与 β 取何值时,X 与 Y 相互独立?

3. 盒子中装有 3 只黑球、2 只红球和 2 只白球，在其中任取 4 只球，以 X 表示取到黑球的只数，以 Y 表示取到红球的只数. 求 X 和 Y 的联合分布律.

4. 将某医药公司 9 月份和 8 月份收到的青霉素针剂的订货单数分别记为 X 和 Y. 据以往积累的资料知 X 和 Y 的联合分布律为

X \ Y	51	52	53	54	55
51	0.06	0.05	0.05	0.01	0.01
52	0.07	0.05	0.01	0.01	0.01
53	0.05	0.10	0.10	0.05	0.05
54	0.05	0.02	0.01	0.01	0.03
55	0.05	0.06	0.05	0.01	0.03

(1) 求边缘分布律；

(2) 求 8 月份的订单数为 51 时，9 月份订单数的分布律.

5. 设二维随机变量 (X,Y) 的可能值为
$$(0,0),(-1,1),(-1,2),(1,0),$$
且取这些值的概率依次为 $1/6, 1/3, 1/12, 5/12$. 求 (X,Y) 的边缘分布律.

6. 设随机变量 X 与 Y 相互独立，其联合分布律为

X \ Y	y_1	y_2	y_3
x_1	a	$\dfrac{1}{9}$	c
x_2	$\dfrac{1}{9}$	b	$\dfrac{1}{3}$

试求常数 a,b,c.

7. 甲、乙独立地各进行两次射击，假设甲的命中率为 0.2，乙的命中率为 0.5，以 X 和 Y 分别表示甲和乙的命中次数，试求 $P\{X \leqslant Y\}$.

8. 设随机变量 X 和 Y 独立同分布，且
$$P\{X=-1\}=P\{X=1\}=\frac{1}{2}.$$
试求 $P\{X=Y\}$.

9. 设随机变量 (X,Y) 的联合分布函数为
$$F(x,y)=A\left(B+\arctan\frac{x}{2}\right)\left(C+\arctan\frac{y}{3}\right), \quad (x,y)\in \mathbf{R}^2.$$
试求：(1) 系数 A,B,C； (2) 边缘分布函数.

10. 一个电子部件由两个元件并联而成，两个元件的寿命分别为 X 和 Y（以小时 (h) 计），设 (X,Y) 的联合分布函数为
$$F(x,y)=\begin{cases} 1-\mathrm{e}^{-0.01x}-\mathrm{e}^{-0.01y}+\mathrm{e}^{-0.01(x+y)} & \text{当 } x\geqslant 0, y\geqslant 0 \\ 0 & \text{其他} \end{cases}.$$

试求：(1) 关于 X,Y 的边缘分布函数；

(2) 该电子部件能工作 120 h 以上的概率.

11. 设二元函数 $f(x,y)$ 定义如下：
$$f(x,y)=\begin{cases} \sin x\cos y & \text{当 } 0\leqslant x\leqslant \pi, c\leqslant y\leqslant \dfrac{\pi}{2} \\ 0 & \text{其他} \end{cases},$$
问 c 取何值时，$f(x,y)$ 是二维随机变量的概率密度？

12. 设二维随机变量 (X,Y) 的概率密度为
$$f(x,y)=\begin{cases} 4xy & \text{当 } 0<x<1, 0<y<1 \\ 0 & \text{其他} \end{cases}.$$
求：(1) $P\left\{0<X<\dfrac{1}{2},\dfrac{1}{4}<Y<1\right\}$； (2) $P\{X=Y\}$；
(3) $P\{X<Y\}$； (4) 求关于 X、Y 的边缘密度函数.

13. 设二维随机变量 (X,Y) 的联合密度函数为
$$f(x,y)=\dfrac{A}{\pi^2(16+x^2)(25+y^2)}, \quad (x,y)\in \mathbf{R}^2,$$
求常数 A 及 (X,Y) 的边缘密度函数.

14. 设甲船在 24 h 内随机到达码头，并停留 2 h；乙船也在 24 h 内独立到达，并停留 1 h. 试求：
(1) 甲船在乙船之前到达的概率 p_1；
(2) 两船相遇的概率 p_2.

15. 甲、乙两人约定在下午 1:00 到 2:00 之间的任何时刻到某车站乘公共汽车，并且独立到达车站,这段时间内有四班公共汽车，它们开车时刻分别为 1:15,1:30,1:45,2:00,如果他们约定:见车就乘,求甲、乙两人同乘一辆车的概率.

16. 设 $(X,Y)\sim N(0,0;1,1;0)$，求 $P\{X^2+Y^2<r^2\}$， $r>0$.

17. 设随机变量 (X,Y) 的联合密度函数为
$$f(x,y)=\begin{cases} 3x, & 0<x<1, 0<y<x; \\ 0, & \text{其他}. \end{cases}$$
(1) 求边缘密度函数 $f_X(x)$ 和 $f_Y(y)$； (2) X 与 Y 是否独立？

18. 设随机变量 (X,Y) 的联合密度函数为
$$f(x,y)=\begin{cases} 1, & |x|<y, 0<y<1; \\ 0, & \text{其他}. \end{cases}$$
(1) 求边缘密度函数 $f_X(x)$ 和 $f_Y(y)$； (2) X 与 Y 是否独立？

19. 设随机变量 X,Y 相互独立，且均服从 $p=0.5$ 的两点分布，求随机变量 $Z=\max\{X,Y\}$ 的分布律.

20. 二维随机变量 (X,Y) 的联合概率密度为
$$f(x,y)=\begin{cases} 2(x+y) & \text{当 } 0\leqslant x\leqslant y\leqslant 1 \\ 0 & \text{其他} \end{cases}.$$
(1) 求关于 X,Y 的边缘密度函数； (2) 求 $Z=X+Y$ 的概率密度.

21. 设随机变量 (X,Y) 的概率密度为
$$f(x,y)=\begin{cases} k(6-x-y) & \text{当 } 0<x<2, 2<y<4 \\ 0 & \text{其他} \end{cases}.$$
(1) 确定常数 k； (2) 求 $P\{X<1,Y<3\}$；
(3) 求 $P\{X<1.5\}$； (4) 求 $Z=X+Y$ 的概率密度函数 $f_Z(z)$.

22. 设 X 和 Y 是相互独立的随机变量，其概率密度分别为
$$f_X(x)=\begin{cases} 1/2 & \text{当 } 0<x<2 \\ 0 & \text{其他} \end{cases}; \quad f_Y(y)=\begin{cases} e^{-y} & \text{当 } y>0 \\ 0 & \text{其他} \end{cases}.$$
求 $Z=X+Y$ 的概率密度.

23. 设 X,Y 独立,且都服从标准正态分布,试求 $Z=X^2+Y^2$ 的概率密度.

24. 设 X 和 Y 是相互独立的随机变量,其概率密度分别为

$$f_X(x)=\begin{cases}\lambda e^{-\lambda x} & \text{当 } x>0\\ 0 & \text{当 } x\leqslant 0\end{cases};\quad f_Y(y)=\begin{cases}\mu e^{-\mu y} & \text{当 } y>0\\ 0 & \text{当 } y\leqslant 0\end{cases}.$$

其中 $\lambda>0, \mu>0$ 是常数. 引入随机变量

$$Z=\begin{cases}1 & \text{当 } X\leqslant Y\\ 0 & \text{当 } X>Y\end{cases}.$$

试求 Z 的分布律.

习 题 3B

1. 将一枚硬币抛掷三次,以 X 表示在三次中出现的正面数,以 Y 表示三次中出现正面次数与反面次数之差的绝对值. 试写出 (X,Y) 的联合分布律.

2. 以 X 记某医院一天出生婴儿的个数, Y 记其中男婴的个数,记 X 和 Y 的联合分布律为

$$P\{X=n,Y=m\}=\frac{e^{-14}(7.14)^m(6.86)^{n-m}}{m!(n-m)!},\quad n=0,1,2,\cdots;\quad m=0,1,\cdots,n.$$

(1) 求边缘分布律;

(2) 求条件分布律;

(3) 特别地,写出当 $X=20$ 时, Y 的条件分布律.

3. 设某一设备装有 3 个同类的电器元件,元件工作相互独立,且工作时间都服从参数为 λ 的指数分布. 当 3 个元件都正常工作时,设备才正常工作. 试求设备正常工作时间 T 的概率密度.

4. 设 X 与 Y 的联合密度函数为

$$f(x,y)=\begin{cases}e^{-(x+y)}, & x>0,y>0;\\ 0, & \text{其他}.\end{cases}$$

求随机变量 $Z=(X+Y)/2$ 的密度函数.

5. 某种商品一周的需求量是一个随机变量,其密度函数为

$$f(x)=\begin{cases}xe^{-x}, & x>0;\\ 0, & x\leqslant 0.\end{cases}$$

设各周的需求量是相互独立的,试求两周需求量的密度函数.

6. 设随机变量 X 和 Y 的分布律分别为

X	-1	0	1
P	$\frac{1}{4}$	$\frac{1}{2}$	$\frac{1}{4}$

Y	0	1
P	$\frac{1}{2}$	$\frac{1}{2}$

已知 $P\{XY=0\}=1$, (1) 求 $Z_1=\max\{X,Y\}$ 的分布律; (2) 求 $Z_2=X+Y$ 的分布律.

7. 设二维随机变量 (X,Y) 的联合概率密度是

$$f(x,y)=\begin{cases}\frac{1}{3}\sin x & \text{当 } 0\leqslant x\leqslant \frac{\pi}{2}, 0\leqslant y\leqslant 3,\\ 0 & \text{其他}\end{cases}$$

试求 $f_{Y|X}(y|x)$ 和 $f_{X|Y}(x|y)$.

8. 设二维随机变量 (X,Y) 在以 $(0,1),(1,0),(-1,0),(0,-1)$ 为顶点的矩形 I 上服从均匀分布,问 X 与 Y 是否独立?

9. 设随机变量 X 与 Y 相互独立, $X\sim N(0,1), Y\sim N(0,1)$,求 $Z=X/Y$ 的概率密度.

10. 设随机变量 X 和 Y 的联合概率密度为

$$f(x,y) = \frac{1}{2\pi} e^{-\frac{1}{2}(x^2+y^2)}, \quad (x,y) \in \mathbf{R}^2,$$

计算概率 $P\{-\sqrt{2} < X+Y < 2\sqrt{2}\}$.

11. 设随机变量 X 在 $[0,1]$ 上服从均匀分布,已知
$$\begin{cases} Z+Y = 2X+1 \\ Z-Y = X \end{cases}$$

求 $P\{0 \leqslant Z \leqslant 1, 0 \leqslant Y \leqslant 1\}$.

延展阅读

预估犯罪嫌疑人身高

某犯罪嫌疑人犯罪时留下了脚印,公安人员在现场通过勘察,测得其脚印长度为 25.12 cm,试估计犯罪嫌疑人的身高. 一般情况下,公安人员根据经验公式:身高=脚印长度×6.876 来估计犯罪嫌疑人的身高,那么这个公式是如何推导出来的?

分析 回顾二维正态分布的有关公式如下.

如果 $(X,Y) \sim N(\mu_1, \mu_2, \sigma_1^2, \sigma_2^2, \rho)$,则其概率密度为

$$f(x,y) = \frac{1}{2\pi\sigma_1\sigma_2\sqrt{1-\rho^2}} \exp\left\{ -\frac{1}{2(1-\rho^2)} \left[\frac{(x-\mu_1)^2}{\sigma_1^2} \right.\right.$$
$$\left.\left. -2\rho \frac{(x-\mu_1)(y-\mu_2)}{\sigma_1\sigma_2} + \frac{(y-\mu_2)^2}{\sigma_2^2} \right] \right\}$$

其中,$\mu_1 \in R; \mu_2 \in R; \sigma_1 > 0; \sigma_2 > 0; -1 < \rho < 1$. 若 $(X,Y) \sim N(\mu_1, \mu_2, \sigma_1^2, \sigma_2^2, \rho)$,则两个条件分布也都是正态分布,分别为

$$X|Y=y \sim N\left(\mu_1 + \rho \frac{\sigma_1}{\sigma_2}(y-\mu_2), \sigma_1^2(1-\rho^2)\right),$$

$$Y|X=x \sim N\left(\mu_2 + \rho \frac{\sigma_2}{\sigma_1}(x-\mu_1), \sigma_2^2(1-\rho^2)\right).$$

设一个人的身高为 X,脚印长度为 Y,显然,两者之间是有统计关系的,故应作为二维随机变量 (X,Y) 来研究.

由于影响人类身高与脚印的随机因素是大量的、相互独立的,且各因素的影响又是微小的、可叠加的,故 (X,Y) 服从二维正态分布 $(X,Y) \sim N(\mu_1, \mu_2, \sigma_1^2, \sigma_2^2, \rho)$,其中,五个参数 $\mu_1, \mu_2, \sigma_1, \sigma_2, \rho$ 由于区域、民族、生活习惯的不同而有所差异,可通过统计抽样,进行参数估计而获得. 现已知犯罪嫌疑人的脚印长度为 Y,要估计其身高就要计算条件期望 $E(X|Y=y)$,而条件密度为

$$f_{X|Y}(x|y) = \frac{f(x,y)}{f_Y(y)}$$

$$= \frac{\sqrt{2\pi}\sigma_2}{2\pi\sigma_1\sigma_2\sqrt{1-\rho^2}} \cdot \frac{\exp\left\{-\frac{1}{2(1-\rho^2)}\left[\frac{(x-\mu_1)^2}{\sigma_1^2} - 2\rho\frac{(x-\mu_1)(y-\mu_2)}{\sigma_1\sigma_2} + \frac{(y-\mu_2)^2}{\sigma_2^2}\right]\right\}}{\exp\left[-\frac{(y-\mu_2)^2}{\sigma_2^2}\right]}.$$

通过对上式化简,可知

$$X|Y=y \sim N\left(\mu_1+\rho\frac{\sigma_1}{\sigma_2}(y-\mu_2), \sigma_1^2(1-\rho^2)\right).$$

这正是前面回顾的二维正态分布的条件分布,因而

$$E(X|Y=y)=\mu_1+\rho\frac{\sigma_1}{\sigma_2}(y-\mu_2).$$

将中国人的相应参数 $\mu_1, \mu_2, \sigma_1, \sigma_2, \rho$ 的值代入上式,即可得到以脚印长度为自变量的身高近似公式:身高=脚印长度×6.876.从而在本案例中,该犯罪嫌疑人的身高估计为 25.12×6.876≈172.7(cm).

第 4 章 随机变量的数字特征

随机变量的分布函数、离散型随机变量分布律和连续型随机变量分布密度函数,能全面完整地描述随机变量的概率特性. 然而,在一些实际问题中,求随机变量的分布函数、分布律或分布密度函数并不是一件容易的事;另一方面,实际问题中也不要求全面考虑随机变量的变化,只需知道随机变量变化的某些特征. 例如,在分析元件的质量时,往往只看元件的寿命,以及元件的寿命与平均寿命的偏离程度;又如,在测量某物体长度时,往往关心的是测量的平均长度,以及所测得的长度与平均长度的偏离程度. 上面的"平均寿命"、"平均长度"和"偏离程度"都表现为一些数字,这些数字反映了随机变量的某些重要特征,称这种数字为随机变量的**数字特征**. 这些数字特征在理论和实践中都有重要的意义. 本章重点介绍随机变量的两个数字特征——数学期望和方差.

4.1 数学期望

4.1.1 数学期望的定义

"期望"在日常生活中常指有根据的希望,而在概率论中,数学期望源于历史上一个著名的分赌本问题.

引例(分赌本问题) 17 世纪中叶,一位赌徒向法国数学家帕斯卡提出了一个使他苦恼已久的分赌本问题:甲乙两赌徒赌技相同,各出赌注 50 法郎,每局中无平局. 他们约定,谁先赢三局,则得全部赌本 100 法郎. 当甲赢了两局,乙赢了一局时,因故要中止赌博,现问这 100 法郎如何分才算公平.

这个问题引起了很多人的兴趣. 合理的分法是按一定比例分,问题的重点在于:按怎样的比例来分. 以下有两种分法:

(1)甲得 100 法郎中的 $\frac{2}{3}$,乙得 100 法郎中的 $\frac{1}{3}$,这是基于已赌局数.

(2)1654 年帕斯卡提出如下分法:设想再赌下去,则甲最终所得 X 为一个随机变量,其可能取得值为 0 或 100. 再赌两局必可结束. 其结果不外乎以下四种情况之一:

$$\text{甲甲} \quad \text{甲乙} \quad \text{乙甲} \quad \text{乙乙}$$

其中"甲乙"表示第一局甲胜第二局乙胜,所以甲获得 100 法郎的可能性为 $\frac{3}{4}$,获得 0 法郎的可能性为 $\frac{1}{4}$,X 的分布律为

X	0	100
P	$\frac{1}{4}$	$\frac{3}{4}$

经过上述分析,帕斯卡认为,甲的"期望"所得应为 $0\times\frac{1}{4}+100\times\frac{3}{4}=75$(法郎),即甲得 75 法郎,乙得 25 法郎. 这种分法不仅考虑了已赌局数,而且还包括了再赌下去的一种"期望",是结合再赌下去可能出现的各种局数的概率大小来决策,它比(1)的分法更合理. 对上例而言,也就是再赌下去的话,甲"平均"可以赢得 75 法郎.

定义 4.1 设离散型随机变量 X 的分布律为
$$P\{X=x_i\}=p_i, \quad i=1,2,\cdots$$
即

X	x_1	x_2	$\cdots$	x_n	$\cdots$
P	p_1	p_2	$\cdots$	p_n	$\cdots$

若级数 $\sum_{n=1}^{\infty}x_n p_n$ 绝对收敛,则称级数 $\sum_{n=1}^{\infty}x_n p_n$ 为随机变量 X 的**数学期望**或**平均值**(简称**期望**或**均值**). 记为 $E(X)$ 或 EX,即

$$E(X)=\sum_{n=1}^{\infty}x_n p_n.$$

当 $\sum_{n=1}^{\infty}|x_n p_n|$ 发散时,称随机变量 X 的**数学期望不存在**.

显然,$E(X)$ 是一个数,与随机变量 X 的可能取值具有相同的量纲,$E(X)$ 由 X 的分布律唯一确定.

例 4.1 设随机变量 X 的分布律为

X	-2	0	1	3
P	$\frac{1}{3}$	$\frac{1}{2}$	$\frac{1}{12}$	$\frac{1}{12}$

求 $E(X)$.

解 $E(X)=(-2)\times\frac{1}{3}+0\times\frac{1}{2}+1\times\frac{1}{12}+3\times\frac{1}{12}=-\frac{1}{3}.$

例 4.2 若随机变量 X 服从 0-1 分布,即
$$P\{X=k\}=p^k(1-p)^{1-k}, \quad k=0,1.$$
求 $E(X)$.

解 $E(X)=\sum_{k=0}^{1}kP\{X=k\}=0\times(1-p)+1\times p=p.$

例 4.3 设 $X\sim B(n,p)$,求 $E(X)$.

解 由于 X 的分布律为
$$P\{X=k\}=C_n^k p^k(1-p)^{n-k}, \quad k=0,1,2,\cdots,n.$$

故
$$E(X)=\sum_{k=0}^{n}kP\{X=k\}=\sum_{k=0}^{n}kC_n^k p^k(1-p)^{n-k}$$
$$=\sum_{k=1}^{n}np\,C_{n-1}^{k-1}p^{k-1}(1-p)^{(n-1)-(k-1)}$$
$$=np\sum_{k=1}^{n}C_{n-1}^{k-1}p^{k-1}(1-p)^{(n-1)-(k-1)}$$

$$= np[p+(1-p)]^{n-1}$$
$$= np.$$

例 4.4 设 $X \sim P(\lambda)$,求 $E(X)$.

解 X 的分布律为
$$P\{X=k\} = \frac{\lambda^k}{k!}e^{-\lambda}, \quad \lambda>0, \ k=0,1,2,\cdots.$$

所以
$$E(X) = \sum_{k=0}^{\infty} kP\{X=k\} = \sum_{k=0}^{\infty} k\frac{\lambda^k}{k!}e^{-\lambda}$$
$$= \lambda e^{-\lambda} \sum_{k=1}^{\infty} \frac{\lambda^{k-1}}{(k-1)!} = \lambda.$$

从而看出,对于泊松分布,由数学期望这个数字特征便可定出这个分布.

例 4.5 设随机变量 X 服从几何分布,即
$$P\{X=k\} = (1-p)^{k-1}p = q^{k-1}p, \quad k=1,2,\cdots,$$
求 $E(X)$.

解
$$E(X) = \sum_{k=1}^{\infty} kP\{X=k\} = \sum_{k=1}^{\infty} kq^{k-1}p = p\sum_{k=1}^{\infty} kq^{k-1} = p\Big(\sum_{k=1}^{\infty} q^k\Big)'$$
$$= p\Big(\frac{q}{1-q}\Big)' = p\frac{1}{(1-q)^2} = p\frac{1}{p^2}$$
$$= \frac{1}{p}.$$

定义 4.2 设连续型随机变量 X 分布密度为 $f(x)$,若积分 $\int_{-\infty}^{+\infty} xf(x)\mathrm{d}x$ 绝对收敛,则称积分 $\int_{-\infty}^{+\infty} xf(x)\mathrm{d}x$ 为 X 的**数学期望**或**平均值**(简称**期望**或**均值**).记为 $E(X)$ 或 EX,即
$$E(X) = \int_{-\infty}^{+\infty} xf(x)\mathrm{d}x.$$

当 $\int_{-\infty}^{+\infty} |x|f(x)\mathrm{d}x$ 发散时,称 X 的**数学期望不存在**.

例 4.6 设随机变量 X 的分布密度为
$$f(x) = \begin{cases} 2x & \text{当 } 0<x<1, \\ 0 & \text{其他} \end{cases}$$
求 $E(X)$.

解 $E(X) = \int_{-\infty}^{+\infty} xf(x)\mathrm{d}x = \int_0^1 xf(x)\mathrm{d}x = \int_0^1 2x^2 \mathrm{d}x = \frac{2}{3}.$

例 4.7 设随机变量 X 服从 (a,b) 上的均匀分布,求 $E(X)$.

解 X 的分布密度为
$$f(x) = \begin{cases} \dfrac{1}{b-a} & \text{当 } a<x<b, \\ 0 & \text{其他} \end{cases}$$

故 $E(X) = \int_{-\infty}^{+\infty} xf(x)\mathrm{d}x = \int_a^b xf(x)\mathrm{d}x = \int_a^b \dfrac{x}{b-a}\mathrm{d}x = \dfrac{a+b}{2}.$

例 4.8 设随机变量 X 服从参数为 λ 的指数分布，求 $E(X)$.

解 X 的分布密度为

$$f(x)=\begin{cases}\lambda e^{-\lambda x} & \text{当 } x\geqslant 0\\ 0 & \text{当 } x<0\end{cases} \quad (\lambda>0),$$

故

$$E(X)=\int_{-\infty}^{+\infty}xf(x)\mathrm{d}x=\int_{0}^{+\infty}\lambda x e^{-\lambda x}\mathrm{d}x=\left(-xe^{-\lambda x}-\frac{1}{\lambda}e^{-\lambda x}\right)\Big|_{0}^{+\infty}=\frac{1}{\lambda}.$$

例 4.9 设随机变量 $X\sim N(\mu,\sigma^2)$，求 $E(X)$.

解 X 的分布密度为

$$f(x)=\frac{1}{\sqrt{2\pi}\sigma}e^{-\frac{(x-\mu)^2}{2\sigma^2}},$$

故

$$E(X)=\int_{-\infty}^{+\infty}xf(x)\mathrm{d}x=\int_{-\infty}^{+\infty}\frac{x}{\sqrt{2\pi}\sigma}e^{-\frac{(x-\mu)^2}{2\sigma^2}}\mathrm{d}x$$

$$=\int_{-\infty}^{+\infty}\frac{x-\mu}{\sqrt{2\pi}\sigma}e^{-\frac{(x-\mu)^2}{2\sigma^2}}\mathrm{d}(x-\mu)+\int_{-\infty}^{+\infty}\frac{\mu}{\sqrt{2\pi}\sigma}e^{-\frac{(x-\mu)^2}{2\sigma^2}}\mathrm{d}x$$

$$=0+\mu\int_{-\infty}^{+\infty}\frac{1}{\sqrt{2\pi}\sigma}e^{-\frac{(x-\mu)^2}{2\sigma^2}}\mathrm{d}x$$

$$=\mu.$$

由此可知，正态分布中参数 μ 是 X 的数学期望.

关于数学期望作一点力学解释：设有一个总质量为 1 的质点系，各质点的位置坐标为 x_i，各质点 x_i 上具有质量为 p_i，而 $\sum p_i=1$，则 $\sum x_i p_i$ 就表示该质点系的重心的坐标. 因此可以视数学期望 $E(X)$ 为概率分布中心.

4.1.2 随机变量函数的数学期望

由于随机变量的函数仍为一随机变量，因此，我们仍可讨论数学期望问题. 对此有下面的定理.

定理 4.1 设 $y=g(x)$ 是连续函数，随机变量 Y 是 X 的函数 $Y=g(X)$.

(1) X 是离散型随机变量，它的分布律为

$$P\{X=x_n\}=p_n, \quad n=1,2,\cdots.$$

若 $\sum\limits_{n=1}^{\infty}g(x_n)p_n$ 绝对收敛，则有

$$E(Y)=E(g(X))=\sum_{n=1}^{\infty}g(x_n)p_n.$$

(2) X 是连续型随机变量，它的分布密度为 $f(x)$. 若 $\int_{-\infty}^{+\infty}g(x)f(x)\mathrm{d}x$ 绝对收敛，则有

$$E(Y)=E(g(X))=\int_{-\infty}^{+\infty}g(x)f(x)\mathrm{d}x.$$

定理 4.1 的重要意义在于：当我们求 $E(g(X))$ 时，不必知道 $g(X)$ 的分布，而只需知道 X 的分布即可. 关于定理的证明已超出本书的范围，故略去.

上述定理的相关结论可推广到二维随机变量中去，具体地说，就是：

若 (X,Y) 为二维离散型随机变量，且 $P\{X=x_i, Y=y_j\} = p_{ij}$ $(i,j=1,2,\cdots)$，$g(x,y)$ 为二元连续函数，$\sum_{i=1}^{\infty}\sum_{j=1}^{\infty} g(x_i,y_i) p_{ij}$ 绝对收敛，则有

$$E(g(X,Y)) = \sum_{i=1}^{\infty}\sum_{j=1}^{\infty} g(x_i,y_j) p_{ij}.$$

若 (X,Y) 为二维连续型随机变量，其联合分布密度 $f(x,y)$，$g(x,y)$ 为二元连续函数，$\int_{-\infty}^{+\infty}\int_{-\infty}^{+\infty} g(x,y) f(x,y) \mathrm{d}x\mathrm{d}y$ 绝对收敛，则有

$$E(g(X,Y)) = \int_{-\infty}^{+\infty}\int_{-\infty}^{+\infty} g(x,y) f(x,y) \mathrm{d}x\mathrm{d}y.$$

例 4.10 设随机变量 X 的分布律为

X	-2	0	1	3
P	$\frac{1}{3}$	$\frac{1}{2}$	$\frac{1}{12}$	$\frac{1}{12}$

求 $E(-X+1)$ 和 $E(2X^3+5)$.

解 $E(-X+1) = (2+1)\times\frac{1}{3} + (0+1)\times\frac{1}{2} + (-1+1)\times\frac{1}{12} + (-3+1)\times\frac{1}{12}$

$= \frac{4}{3}$；

$E(2X^3+5) = [2\times(-2)^3+5]\times\frac{1}{3} + (2\times 0^3+5)\times\frac{1}{2} + (2\times 1^3+5)\times\frac{1}{12} + (2\times 3^3+5)\times\frac{1}{12}$

$= \frac{13}{3}$.

例 4.11 设随机变量 X 在 $(0,\pi)$ 上服从均匀分布，$Y = \sin X$，求 $E(Y)$.

解 X 的分布密度

$$f(x) = \begin{cases} \dfrac{1}{\pi} & \text{当 } 0 < x < \pi, \\ 0 & \text{其他} \end{cases}$$

故 $E(Y) = \int_{-\infty}^{+\infty} \sin x f(x) \mathrm{d}x = \int_{0}^{\pi} \frac{1}{\pi} \sin x \mathrm{d}x = \frac{2}{\pi}$.

当然，此题也可先求出 Y 的分布密度，再求期望. 然而，求 Y 的分布密度对本题而言并非易事. 所以定理的作用就显得很重要.

例 4.12 已知 (X,Y) 的联合分布律是

X \ Y	0	1	2
0	0.1	0.2	0.3
1	0.2	0.1	0.1

求 $E(X), E(X+Y)$.

解 $E(X) = 0\times(0.1+0.2+0.3) + 1\times(0.2+0.1+0.1)$

$= 0.4$；

$E(X+Y) = (0+0)\times 0.1 + (0+1)\times 0.2 + (0+2)\times 0.3 +$

$(1+0)\times 0.2 + (1+1)\times 0.1 + (1+2)\times 0.1$

$= 1.5$.

例 4.13 设 (X,Y) 服从区域 A 上的均匀分布，其中 A 为 x 轴、y 轴及直线 $2x+y=2$ 所围成的三角形区域，求 $E(X),E(XY)$.

解 (X,Y) 的联合分布密度为

$$f(x,y) = \begin{cases} 1 & \text{当}(x,y) \in A \\ 0 & \text{其他} \end{cases},$$

所以
$$E(X) = \int_{-\infty}^{+\infty}\int_{-\infty}^{+\infty} xf(x,y)\mathrm{d}x\mathrm{d}y = \iint_A x\mathrm{d}x\mathrm{d}y$$
$$= \int_0^1 x\mathrm{d}x \int_0^{2(1-x)} \mathrm{d}y = \frac{1}{3}.$$
$$E(XY) = \int_{-\infty}^{+\infty}\int_{-\infty}^{+\infty} xyf(x,y)\mathrm{d}x\mathrm{d}y = \iint_A xy\mathrm{d}x\mathrm{d}y$$
$$= \int_0^1 x\mathrm{d}x \int_0^{2(1-x)} y\mathrm{d}y = \frac{1}{6}.$$

4.1.3 数学期望的性质及应用

性质 1 常量的期望就是这个常量本身，即 $E(C) = C$.

证明 常量 C 可看作以概率 1 只取一个值 C 的随机变量，所以
$$E(C) = C \times 1 = C.$$

性质 2 $E(X+C) = E(X)+C$，其中 C 为常量.

证明 只就连续型情况证明，离散型情况请读者证明.

设 X 的分布密度为 $f(x)$，则 $\int_{-\infty}^{+\infty} f(x)\mathrm{d}x = 1$，故有
$$E(X+C) = \int_{-\infty}^{+\infty}(x+C)f(x)\mathrm{d}x = \int_{-\infty}^{+\infty} xf(x)\mathrm{d}x + C\int_{-\infty}^{+\infty} f(x)\mathrm{d}x$$
$$= E(X)+C.$$

性质 3 $E(kX) = kE(X)$，其中 k 为常数.

证明 只就离散型情况证明，连续型情况请读者证明.

设 X 的分布律为 $P\{X=x_n\}=p_n, n=1,2,\cdots$. 则有
$$E(kX) = \sum_{n=1}^{\infty}(kx_n)p_n = \sum_{n=1}^{\infty} k(x_n p_n) = k\sum_{n=1}^{\infty} x_n p_n = kE(X).$$

推论 $E(aX+b) = aE(X)+b$，其中 a,b 为常数.

性质 4 $E(X+Y) = E(X)+E(Y)$.

证明 只就连续型情况证明，离散型情况请读者证明.

设 (X,Y) 的联合分布密度为 $f(x,y)$，则由公式得
$$E(X+Y) = \int_{-\infty}^{+\infty}\int_{-\infty}^{+\infty}(x+y)f(x,y)\mathrm{d}x\mathrm{d}y$$
$$= \int_{-\infty}^{+\infty}\int_{-\infty}^{+\infty} xf(x,y)\mathrm{d}x\mathrm{d}y + \int_{-\infty}^{+\infty}\int_{-\infty}^{+\infty} yf(x,y)\mathrm{d}x\mathrm{d}y$$
$$= \int_{-\infty}^{+\infty} x\mathrm{d}x\int_{-\infty}^{+\infty} f(x,y)\mathrm{d}y + \int_{-\infty}^{+\infty} y\mathrm{d}y\int_{-\infty}^{+\infty} f(x,y)\mathrm{d}x$$

$$= \int_{-\infty}^{+\infty} x f_X(x) \mathrm{d}x + \int_{-\infty}^{+\infty} y f_Y(y) \mathrm{d}y$$
$$= E(X) + E(Y).$$

推论 $E(X_1 + X_2 + \cdots + X_n) = E(X_1) + E(X_2) + \cdots + E(X_n)$.

性质 5 若随机变量 X 与 Y 独立,则 $E(XY) = E(X)E(Y)$.

证明 只就离散型情况证明,连续型情况请读者证明.

设 (X,Y) 的联合分布律为 $P\{X=x_i, Y=y_j\} = p_{ij}$,且 $P\{X=x_i\} = p_{i\cdot}$,$P\{Y=y_j\} = p_{\cdot j}$,则由 X 与 Y 独立得

$$E(XY) = \sum_{i=1}^{\infty} \sum_{j=1}^{\infty} x_i y_j p_{ij} = \sum_{i=1}^{\infty} \sum_{j=1}^{\infty} x_i y_j p_{i\cdot} p_{\cdot j}$$
$$= \left(\sum_{i=1}^{\infty} x_i p_{i\cdot}\right)\left(\sum_{j=1}^{\infty} y_j p_{\cdot j}\right) = E(X)E(Y).$$

推论 若 $X_1, X_2, \cdots, X_n$ 相互独立,则
$$E(X_1 X_2 \cdots X_n) = E(X_1) E(X_2) \cdots E(X_n).$$

例 4.14 设 $X \sim N(0,1)$, $Y = \sigma X + \mu$, 求 $E(Y)$.

解 由例 4.9 得 $E(X) = 0$. 再由 $Y = \sigma X + \mu \sim N(\mu, \sigma^2)$, 得
$$E(Y) = E(\sigma X + \mu) = \sigma E(X) + \mu = \mu.$$

例 4.15 设 $X \sim N(1,4)$, $Y \sim P(2)$, 求 $E(3X - 2Y + 1)$.

解 因为 $E(X) = 1$, $E(Y) = 2$, 所以
$$E(3X - 2Y + 1) = 3E(X) - 2E(Y) + 1 = 0.$$

例 4.16 (配对问题)一个马虎的秘书把 n 封写好的信随机地装入了 n 个写好地址的信封中,求信和信封配对(装对地址)个数的期望.

解 设 X 为 n 封信中配对的个数,令
$$X_i = \begin{cases} 1 & \text{若第 } i \text{ 封信装对地址} \\ 0 & \text{若第 } i \text{ 封信装错地址} \end{cases},$$

则 $X = \sum_{i=1}^{n} X_i$,由 $E(X_i) = P\{X_i = 1\} = \dfrac{1}{n}$,得
$$E(X) = \sum_{i=1}^{n} E(X_i) = n \times \frac{1}{n} = 1.$$

因此,平均来说,只有一封信能装对地址.

例 4.17 (合理验血问题) 在一个人数为 N 的人群中普查某种疾病,为此要抽验 N 个人的血. 如果将每个人的血分别检验,则共需检验 N 次. 为了减少工作量,一个统计学家提出一种方法:按 k 个人一组进行分组,把同组的 k 个人的血液混合后检验,若混合血液呈阴性反应,表明此 k 个人都无此疾病,此时这 k 个人只需检验 1 次即可;若混合血液呈阳性反应,表明此 k 个人至少有一个人的血呈阳性反应,则需要对 k 个人的血样分别进行检验,此时这 k 个人需要检验 $k+1$ 次. 假设疾病的发病率为 p,且得此疾病相互独立,试问该方案能否减少平均检验次数?

解 令 X 为该人群中每个人需要验血的次数,则 X 的分布律为

X	$\frac{1}{k}$	$1+\frac{1}{k}$
P	$(1-p)^k$	$1-(1-p)^k$

故每人平均验血次数为

$$E(X)=\frac{1}{k}(1-p)^k+\left(1+\frac{1}{k}\right)[1-(1-p)^k]=1-(1-p)^k+\frac{1}{k},$$

由此可知,只要选择 k 使

$$1-(1-p)^k+\frac{1}{k}<1,$$

即

$$(1-p)^k>\frac{1}{k},$$

就可减少验血次数,而且还可适当选择 k 使其达到最小,当然减少的工作量的大小与 p 有关. 譬如,当 $p=0.1$ 时,取 $k=4$,平均验血次数最小,检验工作量可减少 40%;当 $p=0.01$ 时,取 $k=11$,则平均验血次数可减少 80%. 这正是美国第二次世界大战期间大量征兵时,对新兵验血所采用的减少工作量的措施.

$p=0.1$ 及 $p=0.01$ 时最优分组人数,可以通过 MATLAB 软件计算找到,代码如下:

```
clear all;
N=10;
M=20;
x=[1:N];
t=[1:M];
p1=0.1;
p2=0.01;
y=1-(1-p1).^x+1./x;
z=1-(1-p2).^t+1./t;
K1=find(diff(sign(diff(y)))~=0)+1
K2=find(diff(sign(diff(z)))~=0)+1
```

运行结果:

K1=4
K2=11

例 4.18 设某种原料市场需求量 X(单位:t)服从 $(2\,000,4\,000)$ 上的均匀分布,每售出 1 t 该原料,公司可获利 3(万元);若积压 1 t,则公司损失 1(万元). 问需要组织多少货源,可使平均收益最大?

解 设组织货源 m(t),收益为 Y(万元),则

$$Y=g(X)=\begin{cases}3m & \text{当 }X\geqslant m\\ 3X-(m-X) & \text{当 }X<m\end{cases}=\begin{cases}3m & \text{当 }X\geqslant m\\ 4X-m & \text{当 }X<m\end{cases},$$

$$E(Y)=\int_{-\infty}^{+\infty}g(x)f_X(x)\mathrm{d}x=\int_{2\,000}^{4\,000}\frac{1}{2\,000}g(x)\mathrm{d}x$$

$$=\frac{1}{2\,000}\left[\int_{2\,000}^{m}(4x-m)\mathrm{d}x+\int_{m}^{4\,000}3m\mathrm{d}x\right]$$

$$= -\frac{m^2}{1\,000} + 7m - 4\,000.$$

$E(Y)$ 是 m 的二次函数,用通常求极值的方法可求得,当 $m=3\,500$ t 时,$E(Y)$ 达到最大,即公司应组织货源 $3\,500$ t,平均收益最大.

4.2 方　　差

4.2.1 方差的定义

数学期望是随机变量的重要数字特征,而实际问题中只知道它是不够的,还需要研究随机变量取值的分散程度,即随机变量的取值与其均值的偏离程度或离散程度. 例如,在检查棉花的质量时,既要注意纤维的平均长度,还要注意纤维长度与平均长度的偏离程度. 若偏离程度小,表示质量较稳定. 反之,则不稳定. 又如衡量两射手的射击水平,仅计算出平均射击环数是不够的,还需要知道哪个射手发挥较稳定,即射击环数与平均环数的偏差,这在选拔运动员时是相当重要的指标. 由此可见,研究随机变量与其均值的偏离程度是十分必要的. 那么,用什么来度量它? 容易看到

$$E\{|X-E(X)|\}$$

能度量随机变量与其均值的离散程度,但由于上式带有绝对值,运算不方便,为方便计算,通常用 $E\{[X-E(X)]^2\}$ 来度量随机变量 X 与 $E(X)$ 的离散程度.

定义 4.3 设 X 是一随机变量,若 $E\{[X-E(X)]^2\}$ 存在,则称之为随机变量 X 的**方差**,记为 $D(X)$ 或 $\sigma^2(X)$,即

$$D(X) = E\{[X-E(X)]^2\}.$$

在应用上还引入与随机变量 X 具有相同量纲的量 $\sqrt{D(X)}$,记为 $\sigma(X)$,称 $\sigma(X)$ 为随机变量 X 的**标准差**或**均方差**.

由定义可知,方差 $D(X)$ 实际上就是随机变量 X 的函数 $g(X) = [X-E(X)]^2$ 的期望,于是对离散型随机变量 X,若 X 的分布律为 $P\{X=x_n\} = p_n, n=1,2,\cdots$,则有

$$D(X) = \sum_{n=1}^{\infty}[x_n - E(X)]^2 p_n.$$

对连续型随机变量 X,若 X 的分布密度为 $f(x)$,则有

$$D(X) = \int_{-\infty}^{+\infty}[x - E(X)]^2 f(x)\mathrm{d}x.$$

另外,由数学期望的性质容易推得关于随机变量 X 的方差的重要计算公式

$$D(X) = E(X^2) - [E(X)]^2.$$

例 4.19 设随机变量 X 服从 0-1 分布,其分布律为 $P\{X=1\}=p, P\{X=0\}=1-p=q$,求 $D(X)$.

解　　$E(X) = p$,
$$D(X) = E[X-E(X)]^2 = (1-p)^2 p + (0-p)^2(1-p)$$
$$= p(1-p) = pq.$$

或由 $E(X^2) = 1^2 \times p + 0^2 \times (1-p) = p$，得
$$D(X) = E(X^2) - [E(X)]^2 = p - p^2 = p(1-p) = pq.$$

例 4.20 设随机变量 $X \sim P(\lambda)$，求 $D(X)$.

解 $E(X) = \lambda$；
$$E(X^2) = \sum_{n=0}^{\infty} n^2 \frac{\lambda^n}{n!} e^{-\lambda} = \lambda e^{-\lambda} \sum_{n=1}^{\infty} [(n-1)+1] \frac{\lambda^{n-1}}{(n-1)!}$$
$$= \lambda e^{-\lambda} \left[\sum_{n=1}^{\infty} (n-1) \frac{\lambda^{n-1}}{(n-1)!} + \sum_{n=1}^{\infty} \frac{\lambda^{n-1}}{(n-1)!} \right]$$
$$= \lambda e^{-\lambda} \left[\lambda \sum_{n=2}^{\infty} \frac{\lambda^{n-2}}{(n-2)!} + e^{\lambda} \right] = \lambda e^{-\lambda} [\lambda e^{\lambda} + e^{\lambda}]$$
$$= \lambda^2 + \lambda.$$

故 $D(X) = E(X^2) - [E(X)]^2 = \lambda^2 + \lambda - \lambda^2 = \lambda.$

例 4.21 设随机变量 X 服从区间 (a,b) 上的均匀分布，求 $D(X)$.

解 随机变量 X 的分布密度为
$$f(x) = \begin{cases} \dfrac{1}{b-a} & \text{当 } a < x < b \\ 0 & \text{其他} \end{cases}.$$

由上节例 4.7 知 $E(X) = \dfrac{b+a}{2}$.

又 $E(X^2) = \int_{-\infty}^{+\infty} x^2 f(x) dx = \int_a^b \dfrac{x^2}{b-a} dx = \dfrac{b^2 + ab + a^2}{3}.$

故 $D(X) = E(X^2) - [E(X)]^2 = \dfrac{b^2 + ab + a^2}{3} - \left(\dfrac{b+a}{2}\right)^2$
$$= \dfrac{(b-a)^2}{12}.$$

例 4.22 设随机变量 $X \sim N(\mu, \sigma^2)$，求 $D(X)$.

解 由上节例 4.9 知 $E(X) = \mu$，因此
$$D(X) = \int_{-\infty}^{+\infty} [x - E(X)]^2 f(x) dx = \int_{-\infty}^{+\infty} \dfrac{(x-\mu)^2}{\sqrt{2\pi}\sigma} e^{-\frac{(x-\mu)^2}{2\sigma^2}} dx.$$

令 $\dfrac{x-\mu}{\sigma} = t$ 得 $x = \sigma t + \mu$，上式变为
$$D(X) = \int_{-\infty}^{+\infty} \dfrac{\sigma^2 t^2}{\sqrt{2\pi}\sigma} e^{-\frac{t^2}{2}} \sigma dt = \dfrac{\sigma^2}{\sqrt{2\pi}} \int_{-\infty}^{+\infty} t^2 e^{-\frac{t^2}{2}} dt$$
$$= \dfrac{\sigma^2}{\sqrt{2\pi}} \left(-t e^{-\frac{t^2}{2}} \Big|_{-\infty}^{+\infty} + \int_{-\infty}^{+\infty} e^{-\frac{t^2}{2}} dt \right)$$
$$= \dfrac{\sigma^2}{\sqrt{2\pi}} (0 + \sqrt{2\pi}) = \sigma^2.$$

由此可见，正态分布中参数 μ 和 σ^2 依次是相应的随机变量的数学期望和方差，因此对于正态分布，只要知道其数学期望和方差这两个数字特征便能完全定出这一分布.

4.2.2 方差的性质及应用

性质 1 常量的方差等于零,即 $D(C)=0$ (C 为常数).

性质 2 $D(X+C)=D(X)$ (C 为常数).

性质 3 $D(CX)=C^2D(X)$ (C 为常数).

推论 $D(aX+b)=a^2D(X)$ (a,b 均为常数).

性质 4 若 X 与 Y 独立,则 $D(X\pm Y)=D(X)+D(Y)$.

推论 若 $X_1,X_2,\cdots,X_n$ 相互独立,则有
$$D(X_1+X_2+\cdots+X_n)=D(X_1)+D(X_2)+\cdots+D(X_n).$$

性质 5 $D(X)=0$ 的充分必要条件是随机变量 X 以概率 1 取常数 C,即 $P\{X=C\}=1$,其中 $C=E(X)$.

例 4.23 设 $X_1,X_2,\cdots,X_n$ 独立同服从 0-1 分布,则 $X_1+X_2+\cdots+X_n$ 服从二项分布,求此二项分布的方差.

解 设 0-1 分布的分布律为 $P\{X=1\}=p, P\{X=0\}=1-p$,则 $X_1+X_2+\cdots+X_n \triangleq Y$ 服从 $B(n,p)$.

$$\begin{aligned} D(Y) &= D(X_1+X_2+\cdots+X_n) = D(X_1)+D(X_2)+\cdots+D(X_n) \\ &= nD(X_1). \end{aligned}$$

由例 2.1 知 $D(X_1)=p(1-p)$,故
$$D(Y)=np(1-p).$$

本题也可直接求二项分布的方差,请读者自行尝试,比较一下两种方法的优劣.

例 4.24 某人有一笔资金,可投资两个项目:房产和商业. 其收益都与市场状态有关,若把未来市场划分为差、中、好三个等级,各自发生的概率分别为 0.1,0.7,0.2. 通过调查,该投资者认为房产的收益 X(万元)和商业的收益 Y(万元)的概率分布分别为

X	-4	3	11
P	0.1	0.7	0.2

Y	-1	4	6
P	0.1	0.7	0.2

问该投资者如何投资为好?

解 先考察两种投资方案的平均收益
$$E(X)=(-4)\times 0.1+3\times 0.7+11\times 0.2=3.9(\text{万元});$$
$$E(Y)=(-1)\times 0.1+4\times 0.7+6\times 0.2=3.9(\text{万元}).$$

再求方差及标准差
$$D(X)=(-4-3.9)^2\times 0.1+(3-3.9)^2\times 0.7+(11-3.9)^2\times 0.2=16.89,$$
$$\sigma(X)=\sqrt{D(X)}=\sqrt{16.89}\approx 4.11(\text{万元});$$
$$D(Y)=(-1-3.9)^2\times 0.1+(4-3.9)^2\times 0.7+(6-3.9)^2\times 0.2=3.29,$$
$$\sigma(Y)=\sqrt{D(Y)}=\sqrt{3.29}\approx 1.81(\text{万元}).$$

可见,投资房产的标准差比投资商业的标准差要大,标准差越大,则收益波动大的可能性越大,从而风险也大. 平均收益相同,而投资房产的风险比投资商业的风险要大,所以该投资者还是选择投资商业为好.

4.3 协方差 相关系数和矩

4.3.1 协方差与相关系数

对于两个随机变量,除了需要考虑它们各自的数学期望和方差以外,还要考虑它们之间的相互关系.协方差和相关系数就是描述两个随机变量之间相互关系的数字特征.

定义 4.4 设有二维随机变量(X,Y),若$E\{[X-E(X)][Y-E(Y)]\}$存在,则称它为随机变量X与随机变量Y之间的**协方差**,记为$\mathrm{Cov}(X,Y)$,即
$$\mathrm{Cov}(X,Y)=E\{[X-E(X)][Y-E(Y)]\}$$

而
$$\rho_{XY}=\frac{\mathrm{Cov}(X,Y)}{\sqrt{D(X)}\sqrt{D(Y)}}$$

称为随机变量X与随机变量Y的**相关系数**.

若$\rho_{XY}=0$,则称随机变量X与**随机变量**Y**不相关**,反之,则称X与Y**相关**或**相依**.

易见ρ_{XY}是一个无量纲的量.

由定义可得下面两个公式
$$\mathrm{Cov}(X,Y)=E(XY)-E(X)E(Y),$$
$$D(X\pm Y)=D(X)+D(Y)\pm 2\mathrm{Cov}(X,Y).$$

协方差还具有下述性质:

(1) $\mathrm{Cov}(X,Y)=\mathrm{Cov}(Y,X)$;

(2) $\mathrm{Cov}(aX,bY)=ab\mathrm{Cov}(X,Y)$ a,b为常数;

(3) $\mathrm{Cov}(X_1+X_2,Y)=\mathrm{Cov}(X_1,Y)+\mathrm{Cov}(X_2,Y)$.

另外,关于相关系数也有如下结论:

定理 4.2 设相关系数ρ_{XY}存在,则

(1) $|\rho_{XY}|\leqslant 1$;

(2) $|\rho_{XY}|=1$充分必要条件是随机变量X与Y以概率1线性相关,即存在常数b和$a\neq 0$,使得
$$P\{Y=aX+b\}=1$$

成立.且当$\rho_{XY}=1$时,$a>0$;当$\rho_{XY}=-1$时,$a<0$.

相关系数ρ_{XY}是X与Y之间的线性关系强弱的一个度量,因此也常称其为"线性相关系数".$|\rho_{XY}|$越大,表明X与Y之间的线性关系越强.$|\rho_{XY}|$越小,表明X与Y之间的线性关系越弱.若$\rho_{XY}=1$,则说明X和Y之间存在正线性相关性.若$\rho_{XY}=-1$,则说明X和Y之间存在负线性相关性.

定理 4.3 若X与Y相互独立,则X与Y不相关.

事实上,
$$\rho_{XY}=\frac{\mathrm{Cov}(X,Y)}{\sqrt{D(X)}\sqrt{D(Y)}}=\frac{E(XY)-E(X)E(Y)}{\sqrt{D(X)}\sqrt{D(Y)}}=0.$$

反之,若X与Y不相关,它们不一定独立.

例 4.25 设随机变量X的分布律为$P\{X=0\}=\frac{1}{3}$,$P\{X=\pm 1\}=\frac{1}{3}$,$Y=X^2$,试证X与

Y 不相关但又不相互独立.

证明 由 $P\{Y=0\}=\dfrac{1}{3}$, $P\{Y=1\}=\dfrac{2}{3}$ 得

$$P\{X=0, Y=1\}=0, \quad P\{X=0\}P\{Y=1\}=\dfrac{2}{9}.$$

显然,X 与 Y 不相互独立. 而

$$E(XY)=E(X^3)=(-1)^3\times\dfrac{1}{3}+0^3\times\dfrac{1}{3}+1^3\times\dfrac{1}{3}=0;$$
$$E(X)E(Y)=0E(Y)=0.$$

于是

$$\rho_{XY}=\dfrac{\text{Cov}(X,Y)}{\sqrt{D(X)}\sqrt{D(Y)}}=\dfrac{E(XY)-E(X)E(Y)}{\sqrt{D(X)}\sqrt{D(Y)}}=0.$$

故 X 与 Y 不相关.

例 4.26 设 $X_1,X_2,\cdots,X_n(n\geqslant 2)$ 为独立同分布的随机变量,且均服从 $N(0,1)$. 记 $\overline{X}=\dfrac{1}{n}\sum_{i=1}^{n}X_i$,求 $\text{Cov}(X_1,\overline{X})$.

解 $\text{Cov}(X_1,\overline{X})=\text{Cov}\left(X_1,\dfrac{1}{n}\sum_{i=1}^{n}X_i\right)=\dfrac{1}{n}\sum_{i=1}^{n}\text{Cov}(X_1,X_i)$

$$=\dfrac{1}{n}\text{Cov}(X_1,X_1)=\dfrac{1}{n}.$$

例 4.27 设 $(X,Y)\sim N(\mu_1,\mu_2;\sigma_1^2,\sigma_2^2;\rho)$,求 ρ_{XY}.

解 已知 $E(X)=\mu_1, D(X)=\sigma_1^2, E(Y)=\mu_2, D(Y)=\sigma_2^2$,而

$$\text{Cov}(X,Y)=E[(x-\mu_1)(Y-\mu_2)]$$

$$=\int_{-\infty}^{+\infty}\int_{-\infty}^{+\infty}(x-\mu_1)(y-\mu_2)\dfrac{1}{2\pi\sigma_1\sigma_2\sqrt{1-\rho^2}}e^{\dfrac{-1}{2(1-\rho^2)}\left[\dfrac{(x-\mu_1)^2}{\sigma_1^2}-2\rho\dfrac{(x-\mu_1)(y-\mu_2)}{\sigma_1\sigma_2}+\dfrac{(y-\mu_2)^2}{\sigma_2^2}\right]}dxdy$$

$$=\dfrac{1}{2\pi\sigma_1\sigma_2\sqrt{1-\rho^2}}\int_{-\infty}^{+\infty}\int_{-\infty}^{+\infty}(x-\mu_1)(y-\mu_2)e^{-\dfrac{(x-\mu_1)^2}{2\sigma_1^2}}e^{-\dfrac{1}{2(1-\rho^2)}\left[\dfrac{y-\mu_2}{\sigma_2}-\rho\dfrac{x-\mu_1}{\sigma_1}\right]^2}dxdy.$$

令 $t=\dfrac{1}{\sqrt{1-\rho^2}}\left(\dfrac{y-\mu_2}{\sigma_2}-\rho\dfrac{x-\mu_1}{\sigma_1}\right), u=\dfrac{x-\mu_1}{\sigma_1}$, 则有

$$\text{Cov}(X,Y)=\dfrac{1}{2\pi}\int_{-\infty}^{+\infty}\int_{-\infty}^{+\infty}(\sigma_1\sigma_2\sqrt{1-\rho^2}\,tu+\rho\sigma_1\sigma_2u^2)e^{-\dfrac{u^2}{2}-\dfrac{t^2}{2}}dtdu$$

$$=\dfrac{\sigma_1\sigma_2\sqrt{1-\rho^2}}{2\pi}\int_{-\infty}^{+\infty}ue^{-\dfrac{u^2}{2}}du\int_{-\infty}^{+\infty}te^{-\dfrac{t^2}{2}}dt$$

$$+\dfrac{\rho\sigma_1\sigma_2}{2\pi}\int_{-\infty}^{+\infty}u^2e^{-\dfrac{u^2}{2}}du\int_{-\infty}^{+\infty}e^{-\dfrac{t^2}{2}}dt$$

$$=0+\dfrac{\rho\sigma_1\sigma_2}{2\pi}\sqrt{2\pi}\sqrt{2\pi}=\rho\sigma_1\sigma_2.$$

于是

$$\rho_{XY}=\dfrac{\text{Cov}(X,Y)}{\sqrt{D(X)}\sqrt{D(Y)}}=\rho.$$

这就是说,二维正态分布中的参数 ρ 正好是 X 和 Y 的相关系数. 其实,对于二维正态分布 (X,Y) 来说,还有一个重要结论:X 与 Y 相互独立的充分必要条件是 X 与 Y 不相关,即 $\rho=0$.

4.3.2 矩和协方差矩阵

数学期望、方差和协方差都是随机变量常用的数字特征. 下面我们介绍一个更为广泛的概念——矩,它可以将以上几个数字特征统一起来,也便于把数字特征的概念推广到多个随机变量的情形.

定义 4.5 设 X 与 Y 是随机变量,

(1) 若 $E(X^k)$,$k=1,2,\cdots$ 存在,则称之为 X 的 k **阶原点矩**;

(2) 若 $E[X-E(X)]^k$,$k=1,2,\cdots$ 存在,则称之为 X 的 k **阶中心矩**;

(3) 若 $E(X^k Y^l)$,$k,l=1,2,\cdots$ 存在,则称之为 X 和 Y 的 $k+l$ **阶混合矩**;

(4) 若 $E\{[X-E(X)]^k [Y-E(Y)]^l\}$,$k,l=1,2,\cdots$ 存在,则称之为 X 和 Y 的 $k+l$ **阶混合中心矩**.

定义 4.6 设 n 为随机变量 $(X_1,X_2,\cdots,X_n)$ 的二阶混合中心矩
$$\sigma_{ij}=\text{Cov}(X_i,X_j) \quad i,j=1,2,\cdots,n$$
都存在,则称矩阵
$$\Sigma=\begin{pmatrix} \sigma_{11} & \sigma_{12} & \cdots & \sigma_{1n} \\ \sigma_{21} & \sigma_{22} & \cdots & \sigma_{2n} \\ \vdots & \vdots & & \vdots \\ \sigma_{n1} & \sigma_{n2} & \cdots & \sigma_{nn} \end{pmatrix}$$
为 n 为随机变量 $(X_1,X_2,\cdots,X_n)$ 的**协方差矩阵**.

4.4 分 位 数

设随机变量 X 的分布函数为 $F(x)$,概率密度函数为 $f(x)$. 对于任意给定的 $\alpha(0<\alpha<1)$,称满足条件
$$P\{X>x_\alpha\}=1-F(x_\alpha)=\int_{x_\alpha}^{+\infty}f(x)\mathrm{d}x=\alpha$$
的数 x_α 为此分布的上侧 α 分位数.

特别地,$\alpha=0.5$ 时,
$$F(x_\alpha)=1-F(x_\alpha)=0.5$$
称 $x_{0.5}$ 为此分布的中位数.

上侧 α 分位数将概率密度函数下方的面积分为两部分,右侧的面积恰为 α,如图 4.1 所示.

很多概率统计问题最后归结为求某个分布的上侧 α 分位数. 为了便于应用,人们对常用分布(如正态分布,t 分布,χ^2 分布等)编制了分位数表(见本书附表)供实际使用.

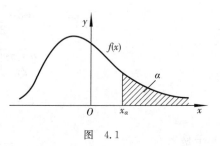

图 4.1

标准正态分布的上侧 α 分位数常用 $u_α$ 表示. $u_α$ 满足 $\int_{u_α}^{+∞} \frac{1}{\sqrt{2π}} e^{-\frac{x^2}{2}} dx = α$. 利用标准正态分布函数表(附表 A),可得 $u_{0.1}=1.28, u_{0.05}=1.64, u_{0.025}=1.96, u_{0.01}=2.33$.

若随机变量 X 的概率密度函数是偶函数,则其上侧 α 分位数 $x_α$ 有如下性质:

(1) 当 $0<α<0.5$ 时,$x_α>0$;当 $0.5<α<1$ 时,$x_α<0$;当 $α=0.5$ 时,$x_{0.5}=0$.

(2) 对任意 α,有 $x_{1-α}=-x_α$,如图 4.2 所示.

例如,当 $X\sim N(0,1),α=0.5$ 时,查表可得 $u_{α/2}=u_{0.025}=1.96$. 利用性质可得如 $u_{1-α/2}=u_{0.975}=-u_{0.025}=-1.96$.

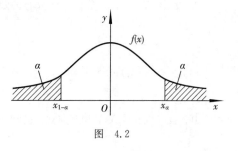

图 4.2

习 题 4A

1. 设离散型随机变量 X 的分布律为

X	-1	0	1
P	0.2	0.3	0.5

求 $E(X), E(X^2), E(-2X^2+3)$.

2. 设连续型随机变量 X 的分布密度为 $f(x)=\frac{1}{2}e^{-|x|}$,求 $E(X), E(X^2)$.

3. 设连续型随机变量 X 的分布密度为

$$f(x)=\begin{cases} x & 当 0\leqslant x\leqslant 1 \\ 2-x & 当 1<x\leqslant 2 \\ 0 & 其他 \end{cases},$$

求 $E(X), D(X)$.

4. 已知随机变量 X_1, X_2, X_3 相互独立,且 $X_1\sim U(0,6), X_2\sim N(1,3), X_3$ 服从参数为 3 的指数分布, $Y=X_1-2X_2+3X_3$,求 $E(Y^2)$.

5. 设 (X,Y) 联合分布律为

X \ Y	-1	1	2
-1	$\frac{5}{20}$	$\frac{2}{20}$	$\frac{6}{20}$
1	$\frac{3}{20}$	$\frac{3}{20}$	$\frac{1}{20}$

求:(1) $X+Y$ 的期望和方差;(2) $X-Y$ 的期望和方差.

6. 设 (X,Y) 的联合密度函数为

$$f(x,y)=\begin{cases} 12y^2 & 当 0\leqslant y\leqslant x\leqslant 1 \\ 0 & 其他 \end{cases},$$

求 $E(X), E(Y), E(XY), E(X^2+Y^2)$.

7. 设随机变量 (X,Y) 的联合密度函数为

$$f(x,y)=\begin{cases} k & 当 0<x<1, 0<y<x \\ 0 & 其他 \end{cases},$$

试确定数 k,并求 $E(XY)$.

8. 设随机变量 X 的数学期望为 $E(X)$,方差为 $D(X)(>0)$,称 $X^* = \dfrac{X-E(X)}{\sqrt{D(X)}}$ 为**标准化的随机变量**. 验证 $E(X^*)=0, D(X^*)=1$.

9. 设 $X_1, X_2, \cdots, X_n$ 是独立同分布的随机变量,期望记为 μ,方差记为 σ^2. 又记 $\overline{X} = \dfrac{1}{n}\sum\limits_{i=1}^{n} X_i, S^2 = \dfrac{1}{n-1}\sum\limits_{i=1}^{n}(X_i - \overline{X})^2$. 证明:

(1) $E(\overline{X}) = \mu; D(\overline{X}) = \dfrac{\sigma^2}{n}$;

(2) $E(S^2) = \sigma^2$.

10. 设随机变量 X, Y 相互独立,其密度函数分别为
$$f_X(x) = \begin{cases} x & \text{当 } 0 \leqslant x \leqslant 1 \\ 2-x & \text{当 } 1 < x \leqslant 2; \\ 0 & \text{其他} \end{cases}$$
$$f_Y(y) = \begin{cases} e^{-y} & \text{当 } y \geqslant 0 \\ 0 & \text{其他} \end{cases}.$$
求 $E(XY), D(XY)$.

11. 设随机变量 (X,Y) 的联合密度函数为
$$f(x,y) = \begin{cases} k(x+y) & \text{当 } 0 \leqslant x \leqslant 1, 0 \leqslant y \leqslant 1 \\ 0 & \text{其他} \end{cases}.$$

(1) 确定常数 k;

(2) 求 $E(X), E(Y), \text{Cov}(X,Y), \rho_{XY}, D(X+Y)$.

12. 将一枚硬币重复掷 n 次,以 X 与 Y 分别表示正面向上和反面向上的次数,试求 X 与 Y 的协方差及相关系数.

习 题 4B

1. 设 X 与 Y 相互独立且都服从标准正态分布, $Z = \sqrt{X^2+Y^2}$, 求 $E(Z)$ 和 $D(Z)$.

2. 设随机变量 X 服从瑞利(Reily)分布,其分布密度为
$$f(x) = \begin{cases} \dfrac{x}{\sigma^2} e^{-\frac{x^2}{2\sigma^2}} & \text{当 } x > 0 \\ 0 & \text{当 } x \leqslant 0 \end{cases} \quad (\sigma > 0),$$
求 $E(X)$ 和 $D(X)$.

3. 设随机变量 X 服从几何分布,其分布律为
$$P\{X=k\} = p(1-p)^{k-1}, \ k=1,2,\cdots; 0 < p < 1.$$
求 $E(X)$ 和 $D(X)$.

4. 给出两个数学期望不存在的随机变量.

(提示:(1)分布密度为 $f(x) = \dfrac{1}{\pi}\dfrac{1}{1+x^2}$ 的柯西分布;

(2)分布律为 $P\left\{X=(-1)^{j+1}\dfrac{3^j}{j}\right\} = \dfrac{2}{3^j}$ 的离散型随机变量.)

5. 设随机变量 (X,Y) 的分布密度为
$$f(x,y) = \begin{cases} \dfrac{1}{2}\sin(x+y) & \text{当 } 0 \leqslant x \leqslant \dfrac{\pi}{2}, 0 \leqslant y \leqslant \dfrac{\pi}{2} \\ 0 & \text{其他} \end{cases}.$$

求 $E(X), E(Y), D(X), D(Y)$.

6. 设随机变量 X 的概率密度为

$$f(x)=\begin{cases} ax & 0\leqslant x<2 \\ bx+c & 2\leqslant x\leqslant 4. \\ 0 & \text{其他} \end{cases}$$

已知 X 的数学期望 $E(X)=2$，方差 $D(X)=\dfrac{2}{3}$，求常数 a,b,c.

7. 设某种商品每周的需求量 X 服从区间 $[10,30]$ 上均匀分布，经销商店进货数量为区间 $[10,30]$ 中的某一整数. 商店每销售 1 单位商品可获利 500 元；若供大于求则降价处理，每处理 1 单位商品亏损 100 元；若供不应求，则从外部调剂供应，此时销售 1 单位商品仅获利 300 元. 为使销售该商品所获利润期望不少于 9 280 元，试确定经销商店的最少进货量.

8. N 个人同乘一辆长途汽车，沿途有 n 个车站，每到一个车站，如果没有人下车，则不停车. 设每个人在任一站下车是等可能的，求停车次数的数学期望.

延展阅读

轧钢问题

轧钢工艺由两道工序组成，第一道是粗轧，轧出的钢材参差不齐，可认为服从正态分布，其均值可由轧机调整，其方差由设备的精度决定，不能随意改变；第二道是精轧，精轧时，首先测量粗轧出的钢材长度，若短于规定长度，则将其报废；若长于规定长度，则切掉多余部分即可. 那么粗轧时，怎样调整轧机的均值最经济？

分析 设成品钢材的规定长度是 l，粗轧后的钢材长度为 X，X 是随机变量，它服从均值为 m、标准差为 σ 的正态分布（其中 σ 已知，m 待定）. X 的概率密度为

$$p(x)=\dfrac{1}{\sqrt{2\pi\sigma^2}}\exp\left(-\dfrac{1}{2\sigma^2}(x-m)^2\right).$$

轧制过程的浪费由两部分组成：一是当 $X\geqslant l$ 时，精轧要切掉长为 $X-l$ 的钢材；二是当 $X<l$ 时，长为 X 的整根钢材报废. 显然这是一个优化模型，建模的关键是选择合适的目标函数. 考虑到轧钢的最终目的是获得成品钢，故经济的轧钢要求不应以每粗轧一根钢材的平均浪费量最少为标准，而应以每获得一根成品钢的平均浪费量最少为标准，或等价于每次轧制（包括粗轧、精轧）的平均浪费量与每次轧制获得成品钢的平均长度之比最小为标准.

记 W 为每次轧制的平均浪费量，L 为每次轧制获得成品钢的平均长度，则

$$W=\int_l^{+\infty}(x-l)p(x)\mathrm{d}x+\int_0^l xp(x)\mathrm{d}x=m-lP.$$

其中，$P=\displaystyle\int_l^{+\infty}p(x)\mathrm{d}x$ 表示 $X\geqslant l$ 的概率.

$$L=\int_l^{+\infty}lp(x)\mathrm{d}x=lP.$$

因此目标函数为

$$J_1=\dfrac{W}{L}=\dfrac{m-lP}{lP}=\dfrac{1}{l}\left(\dfrac{m}{P}-l\right).$$

由于 l 是常数，故等价的目标函数为

$$J = \frac{m}{P} = \frac{m}{\int_l^{+\infty} p(x)\mathrm{d}x} = \frac{m}{1-\Phi\left(\frac{l-m}{\sigma}\right)}.$$

其中,$\Phi(\cdot)$ 是标准正态变量的分布函数. 记

$$\lambda = \frac{l}{\sigma}, z = \lambda - \frac{m}{\sigma}, \Phi'_1(x) = 1 - \Phi(x) = \int_x^{+\infty} \varphi(y)\mathrm{d}y.$$

其中,$\varphi(y) = \frac{1}{\sqrt{2\pi}} \exp\left(-\frac{1}{2}y^2\right)$. 于是 $J(z) = \frac{\sigma(\lambda-z)}{\Phi_1(z)}$.

用微分法求 $J(\cdot)$ 的极小值点,注意到 $\Phi'_1(z) = -\varphi(z)$,易知 z 的最优值 z^* 应满足方程

$$F(z) = \lambda - z$$

其中,$F(z) = \frac{\Phi_1(z)}{\varphi(z)}$. $F(z)$ 可根据标准正态分布函数 $\Phi(\cdot)$ 和 $\varphi(\cdot)$ 制成表格画出图形以便求解.

设要轧制长为 5.0 m 的成品钢材,由粗轧设备等因素组成的方差精度 $\sigma = 0.2$ m,需要将钢材长度的均值调整到多少才使浪费最少?

由上面的分析及最优值点满足的方程可知 $\lambda = \frac{l}{\sigma} = 25$. 首先作出 $F(z)$ 及 $y = 25 - z$ 的图形,如图 4.3 所示. 不难得到两条曲线交点处的 z 值为 -2.19,即为目标函数的最优值点 z,从而 $m = \sigma(\lambda - z) = 0.2 \times (25 + 2.19) = 5.438$,即将钢材的均值调整到 5.438 m 时浪费最少,此时 $P = 0.9857$,每次轧制得到 1 根成品钢材的平均浪费量为 $W = m - lP = 5.438 - 5 \times 0.9857 = 0.5095$(m). 为了减小该数值,只能提高粗轧设备的精度,即减小 σ.

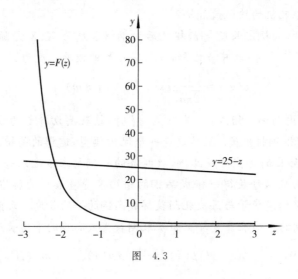

图 4.3

建厂决策问题

某厂为适应市场的需要,准备扩大生产能力,有两种方案可供选择:第一方案是建大厂;第二方案是先建小厂,后考虑扩建. 如建大厂,需投资 700 万元,在市场销路好时,每年收益 210 万元,销路差时,每年亏损 40 万元. 在第二方案中,先建小厂,如销路好,3 年后进行扩建. 建小厂的投资为 300 万元,在市场销路好时,每年收益 90 万元,销路差时,每年收益 60 万元,如果 3 年后扩建,扩建投资为 400 万元,收益情况同第一方案一致. 未来市场销路好的概率为 0.7,

销路差的概率为 0.3；如果前 3 年销路好，则后 7 年销路好的概率为 0.9，销路差的概率为 0.1。无论选用何种方案，使用期均为 10 年，试做决策分析。

分析 决策树是对决策局面的一种图解。它是把各种备选方案、可能出现的自然状态及各种损益值简明地绘制在一张图表上。决策树决策法就是按一定的方法绘制好决策树，然后用反推决策树方式进行分析，最后选定最佳方案。下面以建厂决策分析为例，说明决策树决策法。

决策树决策法基本步骤如下：

1. 绘出决策点和方案枝，在方案枝上标出对应的备选方案；
2. 绘出机会点和概率枝，在概率枝上标出对应的自然状态出现的概率值；
3. 在概率枝的末端标出对应的损益值，这样就得出一个完整的决策树，如图 4.4 所示。

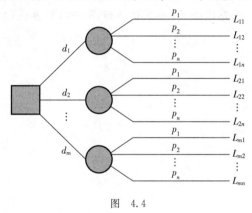

图 4.4

建厂决策问题解决方案：

第一步：画出决策树图，如图 4.5 所示。
第二步：从右向左计算各点的期望收益值。

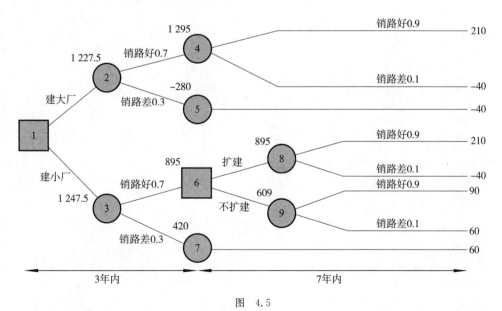

图 4.5

点 4：$210 \times 0.9 \times 7 - 40 \times 0.1 \times 7 = 1\,295$（万元）

点 5：$-40 \times 7 = -280$(万元)

点 2：$1\,295 \times 0.7 + 210 \times 0.7 \times 3 - 280 \times 0.3 - 40 \times 0.3 \times 3 = 1\,227.5$(万元)

点 8：$210 \times 0.9 \times 7 - 40 \times 0.1 \times 7 - 400 = 895$(万元)

点 9：$90 \times 0.9 \times 7 + 60 \times 0.1 \times 7 = 609$(万元)

点 6 是个决策点，比较点 8 和点 9 的期望收益. 选择扩建.

点 6：895(万元)

点 7：$60 \times 7 = 420$(万元)

点 3：$895 \times 0.7 + 210 \times 0.7 \times 3 + 420 \times 0.3 + 60 \times 0.3 \times 3 = 1\,247.5$(万元)

第三步：进行决策. 比较点 2 和点 3 的期望收益，点 3 期望收益值较大.

【结论】可见，最优方案是先建小厂，如果销路好，3 年以后再进行扩建.

第 5 章 大数定律和中心极限定理

概率论中用来阐明大量随机现象平均结果的稳定性的一系列定理,统称为大数定律. 大数定律是一种用来表示必然性与偶然性之间的联系规律. 中心极限定理用来阐述独立随机变量之和的极限分布是正态分布的一系列定理,揭示了正态分布在概率论与数理统计的理论和应用中占重要地位的原因.

5.1 大 数 定 律

在第 1 章讲述概率的统计定义时曾经讲过,当随机试验的试验次数充分大时,随机事件发生的频率具有稳定性,其稳定值就是这个随机事件的概率. 在实践中,人们还认识到大量测量值的算术平均值也具有稳定性,并以此作为物体的真实值. 大数定律就是精确刻画大量随机变量的算术平均值,在一定条件下具有稳定性的统计规律.

为了证明大数定律,我们首先介绍切比雪夫不等式.

定理 5.1(切比雪夫不等式) 设随机变量 X 的期望和方差分别为 $E(X)$ 和 $D(X)$,则对任意的 $\varepsilon > 0$,下列不等式成立:

$$P\{|X - E(X)| \geqslant \varepsilon\} \leqslant \frac{D(X)}{\varepsilon^2}, \tag{5.1}$$

或

$$P\{|X - E(X)| < \varepsilon\} \geqslant 1 - \frac{D(X)}{\varepsilon^2}. \tag{5.2}$$

证 只证 X 为连续型随机变量的情形. 设 X 的概率密度为 $f(x)$,则

$$\begin{aligned}
P\{|X - E(X)| \geqslant \varepsilon\} &= \int_{|x - E(X)| \geqslant \varepsilon} f(x) \mathrm{d}x \\
&\leqslant \int_{|x - E(X)| \geqslant \varepsilon} \frac{|x - E(X)|^2}{\varepsilon^2} f(x) \mathrm{d}x \\
&\leqslant \frac{1}{\varepsilon^2} \int_{-\infty}^{+\infty} [x - E(X)]^2 f(x) \mathrm{d}x \\
&= \frac{D(X)}{\varepsilon^2}.
\end{aligned}$$

(5.1)式得证.

因 $\{|X - E(X)| \geqslant \varepsilon\}$ 与 $\{|X - E(X)| < \varepsilon\}$ 互为对立事件,由(5.1)式可知(5.2)式成立.

注:(1) 从不等式可以看出,固定 ε,$D(X)$ 越大,$P\{|X - E(X)| \geqslant \varepsilon\}$ 越大,即 X 在离 $E(X)$ 较远处取值的概率越大;由此可见,方差 $D(X)$ 确实是一描述随机变量 X 与其均值 $E(X)$ 离散程度的量.

(2) 在实际应用中,切比雪夫不等式还可用来估计随机变量落在某一区间的概率.

例 5.1 某电站有 10 000 盏灯,夜晚每一盏灯开灯的概率均为 0.7,且开关时间彼此独立,估计夜晚同时开着的灯在 6 800 ~ 7 200 盏之间的概率.

解 令 X 表示同时开着的灯的数目,则 $X \sim B(10\,000, 0.7)$. 于是有

$$P\{6\,800 < X < 7\,200\} = \sum_{k=6\,801}^{7\,199} C_{10\,000}^{k} 0.7^{k} 0.3^{10\,000-k}.$$

利用切比雪夫不等式作近似计算得

$$P\{6\,800 < X < 7\,200\} = P\{|X - 7\,000| < 200\}$$
$$\geq 1 - \frac{10\,000 \cdot 0.7 \cdot 0.3}{200^2}$$
$$\approx 0.95.$$

定义 5.1 设有随机变量 X 和随机变量序列 $X_1, X_2, \cdots, X_k, \cdots$,若对任意实数 $\varepsilon > 0$,有

$$\lim_{n \to \infty} P\{|X_n - X| < \varepsilon\} = 1,$$

则称随机变量序列 $\{X_n\}$ **依概率收敛于随机变量** X,简记为 $X_n \xrightarrow{P} X$.

定理 5.2(切比雪夫大数定律) 设随机变量 $X_1, X_2, \cdots, X_n, \cdots$ 相互独立,其数学期望 $E(X_k)$ 和方差 $D(X_k)$ ($k = 1, 2, \cdots$) 都存在且方差一致有界,即 $D(X_k) \leq C$ ($k = 1, 2, \cdots$),则对任意 $\varepsilon > 0$,有

$$\lim_{n \to \infty} P\left\{\left|\frac{1}{n}\sum_{k=1}^{n} X_k - \frac{1}{n}\sum_{k=1}^{n} E(X_k)\right| < \varepsilon\right\} = 1.$$

证明 因

$$E\left(\frac{1}{n}\sum_{k=1}^{n} X_k\right) = \frac{1}{n}\sum_{k=1}^{n} E(X_k); \quad D\left(\frac{1}{n}\sum_{k=1}^{n} X_k\right) = \frac{1}{n^2}\sum_{k=1}^{n} D(X_k).$$

应用切比雪夫不等式(5.2),对任意 $\varepsilon > 0$,有

$$P\left\{\left|\frac{1}{n}\sum_{k=1}^{n} X_k - \frac{1}{n}\sum_{k=1}^{n} E(X_k)\right| < \varepsilon\right\} \geq 1 - \frac{\sum_{k=1}^{n} D(X_k)}{n^2 \varepsilon^2} \geq 1 - \frac{C}{n\varepsilon^2}.$$

令 $n \to \infty$,注意到概率不能大于 1,则有

$$\lim_{n \to \infty} P\left\{\left|\frac{1}{n}\sum_{k=1}^{n} X_k - \frac{1}{n}\sum_{k=1}^{n} E(X_k)\right| < \varepsilon\right\} = 1.$$

定理 5.2 表明在定理所述条件下,随机变量 $X_1, X_2, \cdots, X_n$ 的算术平均值,当 n 充分大时具有稳定性,其稳定值是它们的数学期望的算术平均值.

定理 5.3(独立同分布大数定律) 设随机变量 $X_1, X_2, \cdots, X_n$ 相互独立同分布(即它们是相互独立的,且分布函数都一样),且 $E(X_k) = \mu, D(X_k) = \sigma^2$ ($k = 1, 2, \cdots$) 存在,则 $Y_n = \frac{1}{n}\sum_{k=1}^{n} X_k$ 依概率收敛于 μ,即

$$\lim_{n \to \infty} P\left\{\left|\frac{1}{n}\sum_{k=1}^{n} X_k - \mu\right| < \varepsilon\right\} = 1.$$

证明 由定理 5.2 立得.

定理 5.3 表明独立同分布的随机变量 $X_1, X_2, \cdots, X_n$ 的算术平均值 $\frac{1}{n}\sum_{k=1}^{n} X_k$,当 n 充分大时具有稳定性,其稳定值为 $\mu = E(X_k)$. 这就是在实际问题中大量测量值的算术平均作为精确

值的估计值的理论依据.

定理 5.4(伯努利大数定律) 设 n_A 是 n 次独立重复试验中事件 A 发生的次数, p 是事件 A 在每次试验中发生的概率, 则

$$\frac{n_A}{n} \xrightarrow{P} p.$$

证明 引入随机变量

$$X_k = \begin{cases} 0 & \text{当在第 } k \text{ 次试验中 } A \text{ 不发生} \\ 1 & \text{当在第 } k \text{ 次试验中 } A \text{ 发生} \end{cases} \quad k = 1, 2, \cdots.$$

显然 $n_A = X_1 + X_2 + \cdots + X_n$.

由于试验是独立进行的, 每次试验中事件 A 出现的概率均为 p, 故 $X_1, X_2, \cdots, X_n, \cdots$ 是独立同分布的随机变量序列, 且 X_k 服从相同的 $(0-1)$ 分布, 故

$$E(X_k) = p, \quad D(X_k) = p(1-p), \quad k = 1, 2, \cdots.$$

由定理 5.3 得

$$\frac{n_A}{n} = \frac{1}{n} \sum_{k=1}^{n} X_k \xrightarrow{P} p.$$

定理 5.4 以严格的数学形式表达了频率的稳定性, 即当 n 很大时, 事件发生的频率与概率有较大偏差的可能性很小. 由小概率事件原理, 在实际应用中, 当试验次数很大时, 便可以用事件发生的频率来代替事件的概率.

$p = 0.5$ 时, 上述频率的稳定趋势可通过 MATLAB 演示, 代码如下:

```
clear all;
p = 0.5;
mm = 1000; n = 1;
pro = zeros(1, mm);
randnum = binornd(n, p, 1, mm);
a = 0;
for i = 1:mm
    a = a + randnum(1, i);
    pro(i) = a/i;
end
pro = pro;
num = 1:mm;
plot(num, pro)
```

运行程序, 效果如图 5.1 所示.

定理 5.5(辛钦大数定律) 设随机变量 $X_1, X_2, \cdots, X_n, \cdots$ 独立同分布, 且 $E(X_k) = \mu (k = 1, 2, \cdots)$. 则 $Y_n = \frac{1}{n} \sum_{k=1}^{n} X_k$ 依概率收敛于 μ, 即 $Y_n \xrightarrow{P} \mu$.

大数定律是概率论的基础, 其研究与发展贯穿了概率论的整个发展过程. 雅各布·伯努利 (1654—1705, 瑞士) 在其概率论的奠基性著作《猜度术》第四卷中首先开展了"事件发生的频率稳定于概率"的大数定律相关研究. 泊松 (Poission, 1781—1840, 法国) 研究了法国 1817—1826 年新生婴儿性别比, 指出其稳定性, 并首次给出大数定律的描述: 世间万物都遵从

这条规律(称为大数定律):观察大量具有相同性质、依赖恒定原因或规则变化的原因而发生的事件,将会发现这些事件数目间的比值是恒定值,且随着观察次数的增加,其波动幅度也愈来愈小.泊松指出这些统计比率的稳定性广泛存在于物理、生物、社会等科学问题中,作为实例列举了博弈游戏、航海保险、海平面的均值、平均寿命、男婴出生率、分子间的平均距离、平均税收、每年犯罪案件的判刑率等,并分别就男婴出生率、随机摸球和掷硬币3种统计模型诠释大数定律.1844年,切比雪夫(1821—1894,俄)第一个给出伯努利大数定理和泊松大数定理的严格证明.1907年,马尔可夫(1856—1922,俄)发表了论文《大数定理对非独立随机变量的推广》,修改了切比雪夫要求随机变量方差值一致有界的条件,找到了两种更弱的条件,极大改进了切比雪夫的结果.辛钦大数定律是辛钦在1929年证得,定理条件中没有假定方差的存在,为实际生活中经常应用的算术平均值法则提供了理论基础.从雅各布、泊松、切比雪夫到马尔可夫、辛钦,他们的研究逐步扩大满足大数定律的随机变量序列的范围,从而揭示了平均值的统计稳定性.

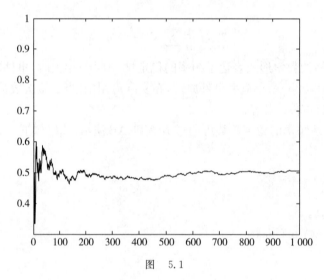

图　5.1

5.2　中心极限定理

在实际问题中,有很多这样的随机变量,它们可表示成许多相互独立的随机变量之和,而其中的每个随机变量对于总和只起微小的影响,这种随机变量往往服从或近似服从正态分布.这种现象就是中心极限定理的客观背景.

如误差是人们经常遇到且感兴趣的随机变量,研究表明,误差的产生是由大量微小的相互独立的随机变量叠加而成的.例如,一位操作者在机床加工机械轴,使其直径符合规定要求.但加工后的机械轴与规定要求总有一定的误差,这是因为在加工时受到一些随机因素的影响,它们可能是机床与转速的影响,刀具装配与磨损的影响,操作者注意力集中程度、当天的情绪等影响,测量误差与技术的影响,车间的温度、湿度、照明、工作电压等环境因素的影响⋯⋯上述因素对加工精度的影响都是微小的,每个因素的出现都是随机的,时有时无,时正时负,这些因素的综合影响最后使每个加工轴的直径产生误差.若将这个误差记为 Y_n,那么 Y_n 是随机变量,且可以将 Y_n 看作很多微小的随机波动 $X_1,X_2,\cdots,X_n$ 之和,即 $Y_n=X_1+X_2+\cdots+X_n$. 当 n 很大时,Y_n 近似服从正态分布. 下面给出中心极限定理的具体内容.

定理 5.6(独立同分布的中心极限定理) 设 $X_1,X_2,\cdots,X_n\cdots$ 是独立同分布的随机变量序列,且 $E(X_k)=\mu,D(X_k)=\sigma^2\neq 0(k=1,2,\cdots)$ 存在,则随机变量

$$Y_n=\frac{\sum_{k=1}^{n}X_k-n\mu}{\sqrt{n}\sigma}$$

的分布函数 $F_n(x)$ 对于任意实数 x 满足

$$\lim_{n\to\infty}F_n(x)=\lim_{n\to\infty}P\left\{\frac{\sum_{k=1}^{n}X_k-n\mu}{\sqrt{n}\sigma}\leqslant x\right\}=\int_{-\infty}^{x}\frac{1}{\sqrt{2\pi}}\mathrm{e}^{-\frac{t^2}{2}}\mathrm{d}t.$$

证明略.

大数定律是研究随机变量序列依概率收敛的极限定理,而中心极限定理是研究随机变量序列依分布收敛的极限定理. 它们都是讨论大量的随机变量之和的极限行为. 如果随机变量序列 $X_1,X_2,\cdots,X_n,\cdots$ 独立同分布,$E(X_k)=\mu,D(X_k)=\sigma^2$ 存在且 $D(X_k)>0(k=1,2,\cdots)$,则大数定律和中心极限定理都成立. 大数定律断定:对任意 $\varepsilon>0$,有

$$\lim_{n\to\infty}P\left\{\left|\frac{1}{n}\sum_{k=1}^{n}X_k-\mu\right|<\varepsilon\right\}=1.$$

但它并未回答大括号中事件的概率究竟有多大. 而中心极限定理却给出了一个近似回答:

$$P\left\{\left|\frac{1}{n}\sum_{k=1}^{n}X_k-\mu\right|<\varepsilon\right\}=P\left\{\left|\frac{\sum_{k=1}^{n}X_k-n\mu}{\sqrt{n}\sigma}\right|<\frac{\sqrt{n}\varepsilon}{\sigma}\right\}$$

$$\approx\int_{|t|<\frac{\sqrt{n}\varepsilon}{\sigma}}\frac{1}{\sqrt{2\pi}}\mathrm{e}^{-\frac{t^2}{2}}\mathrm{d}t$$

$$=\Phi\left(\frac{\sqrt{n}\varepsilon}{\sigma}\right)-\Phi\left(\frac{-\sqrt{n}\varepsilon}{\sigma}\right)$$

$$=2\Phi\left(\frac{\sqrt{n}\varepsilon}{\sigma}\right)-1.$$

故在所假定的条件下,中心极限定理比大数定律更精确.

下面介绍定理 5.6 的一种特殊情况.

定理 5.7(德莫佛-拉普拉斯定理) 设随机变量 $\eta_n\sim B(n,p),n=1,2,\cdots$,则对任意实数 x,恒有

$$\lim_{n\to\infty}P\left\{\frac{\eta_n-np}{\sqrt{np(1-p)}}\leqslant x\right\}=\int_{-\infty}^{x}\frac{1}{\sqrt{2\pi}}\mathrm{e}^{-\frac{t^2}{2}}\mathrm{d}t.$$

证明 因 $\eta_n\sim B(n,p)$,它表示 n 重伯努利试验中事件 A 发生的总次数,因此 η_n 可看作为 n 个相互独立且服从 $(0-1)$ 分布的随机变量 $X_1,X_2,\cdots,X_n$ 之和,即 $\eta_n=X_1+X_2+\cdots+X_n$ 且 $E(X_k)=p,D(X_k)=p(1-p),(k=1,2,\cdots,n)$. 由定理 5.6 有

$$\lim_{n\to\infty}P\left\{\frac{\eta_n-np}{\sqrt{np(1-p)}}\leqslant x\right\}=\lim_{n\to\infty}P\left\{\frac{\sum_{k=1}^{n}X_k-np}{\sqrt{np(1-p)}}\leqslant x\right\}$$

$$= \int_{-\infty}^{x} \frac{1}{\sqrt{2\pi}} e^{-\frac{t^2}{2}} dt.$$

例 5.2 设有 40 个电子元件 $D_1, D_2, \cdots, D_{40}$，它们的使用情况如下：D_1 损坏，立即使用 D_2；D_2 损坏，立即使用 D_3；等等. 设 X_k 表示电子元件 D_k 的寿命，$X_1, X_2, \cdots, X_{40}$ 相互独立. $E(X_k) = 10, D(X_k) = 10, k = 1, 2, \cdots, 40$. 求总寿命 $Y = \sum_{k=1}^{40} X_k$ 介于 $380 \sim 460$ 之间的概率.

解 由定理 5.6 知 $\frac{Y - 40 \times 10}{\sqrt{40 \times 10}}$ 近似服从标准正态分布，故

$$P\{380 < Y < 460\} = P\left\{\frac{380 - 40 \times 10}{\sqrt{40 \times 10}} < \frac{Y - 40 \times 10}{\sqrt{40 \times 10}} < \frac{460 - 40 \times 10}{\sqrt{40 \times 10}}\right\}$$

$$= P\left\{-1 < \frac{Y - 40 \times 10}{\sqrt{40 \times 10}} < 3\right\} \approx \Phi(3) - \Phi(-1)$$

$$\approx 0.8399.$$

例 5.3 某调查公司受委托，调查某电视节目在 S 市的收视率 p，调查公司将所有调查对象中收看此节目的频率 $\hat{p}$ 作为 p 的估计. 现在要保证有 90% 的把握，使得调查所得收视率 $\hat{p}$ 与真实收视率 p 之间的差异小于 5%. 问至少要调查多少对象？

解 设需要调查 n 个对象，记

$$X_i = \begin{cases} 1 & \text{第 } i \text{ 个调查对象收看此电视节目} \\ 0 & \text{第 } i \text{ 个调查对象不看此电视节目} \end{cases},$$

则 X_i 独立同分布，且 $P(X_i = 1) = p, P(X_i = 0) = 1 - p, i = 1, 2, \cdots, n$.

又记 n 个被调查对象中，收看此电视节目的人数为 Y_n，则有

$$Y_n = \sum_{i=1}^{n} X_i \sim B(n, p).$$

由大数定律知，当 n 很大时，频率 Y_n/n 与概率 p 很接近，即用频率作为 p 的估计是合理的，但 Y_n/n 与 p 的接近程度可用中心极限定理算出. 根据题意有

$$P\left\{\left|\frac{1}{n}\sum_{i=1}^{n} X_i - p\right| \leqslant 0.05\right\} = \left\{\left|\frac{\sum_{i=1}^{n} X_i - np}{\sqrt{np(1-p)}}\right| \leqslant 0.05 \frac{1}{\sqrt{np(1-p)}}\right\}$$

$$\approx 2\Phi\left(0.05\sqrt{\frac{n}{p(1-p)}}\right) - 1 \geqslant 0.90,$$

所以

$$\Phi\left(0.05 \sqrt{\frac{n}{p(1-p)}}\right) \geqslant 0.95,$$

查标准正态分布表得 $\Phi(1.645) = 0.95$，故有

$$0.05 \sqrt{\frac{n}{p(1-p)}} \geqslant 1.645,$$

从中解得

$$n \geqslant p(1-p)\frac{1.645^2}{0.05^2} = p(1-p) \times 1082.41.$$

又因为 $p(1-p) \leqslant 0.25$，所以 $n \geqslant 270.6$，即至少调查 271 个对象.

习 题 5A

1. 设 $X \sim N(\mu, \sigma^2)$，用切比雪夫不等式估计 $P\{|X-\mu|<3\sigma\}$.

2. 设随机变量 X 与 Y 的数学期望分别为 -2 和 2，方差分别为 1 和 4，而它们的相关系数为 -0.5，试根据切比雪夫不等式估计 $P\{|X+Y|\geqslant 6\}$ 的上限.

3. 设在伯努利试验中，事件 A 每次发生的概率 $p(p>0)$ 很小，试证明 A 迟早会发生的概率为 1.

4. 若相互独立同分布的随机变量 $X_1, X_2, \cdots, X_{100}$ 都服从区间 $[0,6]$ 上的均匀分布. 设 $Y=\sum_{k=1}^{100} X_k$，利用切比雪夫不等式估计概率 $P\{260<Y<340\}$.

5. 已知某车间生产的一批零件的次品率为 1%，现从中任取 $2\,000$ 件. 试求：
   (1) 抽取次品数在 $15 \sim 25$ 件之间的概率；
   (2) 至少抽得 10 件次品的概率.

6. 设一个系统由 100 个相互独立工作的部件组成，每个部件损坏的概率为 0.1，必须有 85 个以上的部件工作才能使系统工作. 求整个系统工作的概率.

习 题 5B

1. 某车间有 200 台车床，假设各台车床开车或停车是相互独立的. 若每台车床的开工率均为 0.7，开工需要 $1\,\text{kW}$ 功率，问至少需要提供多大功率才能以 99.9% 的把握保证这个车间不致因为供电不足而影响生产？

2. 某 500 间客房的大旅馆，每间客房装有一台 $2\,\text{kW}$ 的空调机. 若开房率为 80%，需要多大功率才能有 99% 的把握保证有足够的电力使用空调机.

3. 独立重复地对长度 a 的某物体的进行 n 次测量，设备次测量结果 X_i 服从正态分布 $N(a, 0.2^2)$. 记 $\overline{X}$ 为 n 次测量结果的算术平均值，为保证有 95% 的把握使平均值与真值 a 的差异小于 0.1，问至少需要测量多少次？

4. 用 MATLAB 模拟高尔顿板实验.

延展阅读

随机模拟方法简介

"模拟"是指把某一现实的或抽象的系统的某种特征或某部分状态，用另一系统（称为模拟模型）来代替或模仿. 因为模拟方法是利用随机数进行模拟运算，故此方法称为随机模拟方法. 该方法也是对构造的模拟模型作统计实验，来研究、分析原有的系统，故此方法还有一个更新颖的名字——"蒙特卡罗(Monte Carlo)方法". 1946 年冯·诺依曼等人在电子计算机上用随机抽样方法模拟了裂变物质的中子连锁反应. 因为此项工作是与研制原子弹有关的秘密工作，他们把此方法称为"蒙特卡罗(Monte Carlo)方法".

随机模拟方法的来源及方法的发展始于 20 世纪 40 年代. 但从方法特征的角度来说，可以追溯到 18 世纪后半叶的蒲丰(Buffon)随机投针试验. 蒲丰随机投针试验如下：在平面上画一些间距均为 a 的平行线，向此平面随机地投掷长为 l 的针. 针与平行线的夹角 φ 及针的中点距最近一条平行线的距离 X 构成 $(0,\pi) \times (0,a/2)$ 上的均匀分布. 此针与平行线相交概率 $p=2l/a\pi$. 设随机投针 N 次，其中 M 次针线相交. 由大数定律，当 N 充分大时，可用频率 M/N 作为 p 的估计值. 从而 π 的近似值为 $2lN/aM$.

利用随机模拟方法，蒲丰随机投针试验可在计算机上实现. 具体步骤如下：

(1) 产生随机数. 首先产生相互独立的随机变量 X,φ 的抽样序列 $(x_i,\varphi_i)(i=1,\cdots,N)$,

(2) 模拟检验. 检验不等式 $x_i \leqslant l\sin(\varphi/2)$ 是否成立. 若成立,表示第 i 次试验成功(即针与平行线相交). 设 N 次试验中成功次数为 M 次,则 π 的估值 $\hat{\pi}=2lN/aM$.

从蒲丰投针问题可以看出,用随机模拟方法求解实际问题的基本步骤包括:①建模;②改进模型;③模拟试验;④求解. 其基本思想是,为了求解数学、物理、工程技术或随机服务系统等方面的问题,首先构造一个模型(概率模型或模拟系统模型),使所求的解正好是该模型的参数或特征量或有关量. 然后通过模拟-统计试验,给出模型参数或特征量的估计值,最后得出所求问题的数值解.

从随机模拟解决实际问题的过程,可以看出它有以下特点:

(1) 方法新颖,应用面广,适用性强. 随着计算机的普及和发展,随机模拟方法的发展和普及也很快,从尖端科学到一般技术;从自然科学到社会科学的各个领域都可以使用随机模拟方法.

(2) 随机模拟方法的算法简单,但计算量大. 随机模拟试验是通过大量的简单重复抽样实现的,故算法及程序设计一般都较简单,但计算量大. 特别是用此方法模拟实际问题时. 对所构造的模型必须反复验证,有时还必须不断修改甚至重新建立模型. 故花费的机时及人力较多.

(3) 模拟结果具有随机性,且精度较低.

显然随机模拟方法是通过随机抽样对随机函数进行模拟试验,每次得到的抽样值是随机的,分析整理后求得问题的解也是随机的. 比如用投针试验求 π 值,是同一个人,取相同的 a 和 l 值;再重复做投针试验,得到 π 的估值也不会相同. 这就是模拟结果的随机性.

下面估计一下模拟结果的精度. 以投针试验为例,N 次试验中相交(成功)次数 X 服从二项分布(即 $B(N,p)$,p 是每次投针时相交的概率),且

$$E(X)=Np,\quad D(X)=Np(1-p).$$

当 N 充分大时,由中心极限定理知

$$\frac{X-Np}{\sqrt{Np(1-p)}}\sim N(0,1),$$

利用标准正态分布的 3σ 原则可得:

$$P\{|X-Np|<3\sqrt{Np(1-p)}\}\approx 0.9974.$$

用频率 X/N 作为 p 的估值产生的误差为

$$\varepsilon=3\sqrt{\frac{Np(1-p)}{N^2}}=3\sqrt{\frac{p(1-p)}{N}}\leqslant\frac{3}{2\sqrt{N}},$$

当要求误差 $\varepsilon\leqslant 0.01$ 时,试验次数 $N\geqslant 22\,500$;若精度提高一位,试验次数将增加 100 倍.

(4) 模拟结果的收敛过程服从概率规律性.

用随机模拟方法求解实际问题时,如模拟随机函数 $\eta(X_1,\cdots,X_N)$,经常用随机变量 η 的抽样值 $\eta_1,\cdots,\eta_N$ 的均值

$$\bar{\eta}=\frac{1}{N}\sum_{i=1}^{N}\eta_i$$

作为所求解 η 的近似值,显然 $\bar{\eta}$ 是 $E(\eta)$ 的估计值,η 的标准差 σ_η 的估计值取为

$$s_\eta = \sqrt{\frac{1}{N}\sum_{i=1}^{N}(\eta_i - \overline{\eta})^2}.$$

由中心极限定理知,当 N 充分大时,对给定 $\alpha>0$,存在 λ_α 使得

$$P\left\{|\overline{\eta}-E(\eta)|<\frac{\lambda_\alpha \sigma_\eta}{\sqrt{N}}\right\} \approx \int_{-\lambda_\alpha}^{\lambda_\alpha}\frac{1}{\sqrt{2\pi}}e^{-\frac{t^2}{2}}dt = 1-\alpha. \tag{1}$$

这表明 $|\overline{\eta}-E(\eta)|<\frac{\lambda_\alpha \sigma_\eta}{\sqrt{N}} \triangleq \varepsilon$ 近似地以概率 $1-\alpha$ 成立. 当 $1-\alpha=0.9544$ 时,$\lambda_\alpha=2$. 这时随机模拟方法的误差

$$\varepsilon = \frac{2\sigma_\eta}{\sqrt{N}} \approx \frac{2s_\eta}{\sqrt{N}}. \tag{2}$$

可见随机模拟方法的解 $\overline{\eta}$ 随试验次数的增加按统计规律(1)逐步收敛于问题的解. 收敛的速度是 $O\left(\frac{1}{\sqrt{N}}\right)$,和一般数值计算方法相比是比较慢的. 以这样的收敛速度,当要求把模拟结果的精度提高一位,模拟工作量就要增加到原来的 100 倍,因而随机模拟方法比较适宜于求解一些精度要求不太高的问题.

模拟结果的精度及收敛速度与实际问题的维数无关. 由误差公式(2)可见,随机模拟方法的误差只与标准差 s_η 和试验次数 N 有关,而与样本空间的维数(即问题的维数)无关,而其他数值方法则不然. 因此,随机模拟方法特别适用于求解高维问题,而这些问题正是确定性算法感到为难、精度要求一般不太高的问题.

随机模拟方法适用的范围非常广泛,它既能求解确定性数学问题,也能求解随机性问题,在理论研究上也大有可为.

第 6 章　数理统计的基本概念

数理统计是研究如何有效地收集、整理和分析受到随机影响的数据,并对所考查的问题做出推断或预测,直至为采取决策和行动提供依据和建议的一个数学分支. 数理统计起源于人口统计、社会调查等描述性活动. 如公元前 3050 年,埃及建造金字塔,为征收建筑费用,对全国人口进行普查和统计. 公元前 2050 年,大禹治水,根据山川地质、人力和物力的多寡,分全国为九州. 20 世纪初,由于概率论的发展从理论上接近完备,工农业生产迫切需求,数理统计学科得以蓬勃发展并日臻成熟. 在此过程中,英国数学家皮尔逊、戈塞特、费歇尔,美国统计学家内曼,我国数学家许宝騄等有重要贡献. 数理统计学有多个学科分支,如抽样调查、试验设计、回归分析、多元统计分析、时间序列分析、非参数估计、贝叶斯方法,等等. 目前,已被广泛应用于工农业生产、工程技术、自然科学等领域.

本书只介绍参数估计、假设检验、方差分析、回归分析等基本内容. 本章介绍数理统计学中的一些基本概念,并讨论几个常用统计量及抽样分布.

6.1　样本与统计量

6.1.1　总体与个体

数理统计所研究的问题之一是:从研究的对象全体中选取一部分,对这部分的某些数量指标进行测量,以此来推断整体的数量指标的分布情况,我们把研究对象的某项数量指标的全体称为**总体**,总体中的每个元素称为**个体**. 例如,某铁路信号工厂某天生产的信号灯的寿命的全体是一个总体,每一个信号灯的寿命是一个个体.

抛开实际背景,总体就是一堆数,这堆数中有的出现的可能性大,有的出现的可能性小,可以用一个概率分布去描述. 从这个意义看,总体是一个分布,而其数量指标就是服从这个分布的随机变量,用 X 表示. 这样,就把总体和随机变量 X 联系起来了,可以用 X 或它的分布函数 $F(x)$ 来表示总体. 每个总体 X 的概率分布客观上是存在的. 但在实际问题中,$F(x)$ 经常未知或部分未知,这正是统计推断的对象.

6.1.2　简单随机样本

为了研究总体的统计特征,必须从总体中随机抽取一部分个体进行观测. 总体中部分个体组成的集合称为**样本**. 样本中含有个体的个数称为**样本容量**. 任取个体的过程称为**抽样**. 若抽取了 n 个个体,由于样本是从总体中随机抽取的,抽取前无法预知它们的数值,因而是随机变量,用大写字母 $X_1, X_2, \cdots, X_n$ 表示,并用 $(X_1, X_2, \cdots, X_n)$ 表示样本. 当 n 次观测完成后,就得到一组数 $(x_1, x_2, \cdots, x_n)$,称为**样本观测值**.

抽样可以有各种不同的方法. 但为了能由样本对总体作出较可靠的推断,就要求样本很

好地代表总体,这就需要对抽样方法提出一定的要求. 最常用的是**"简单随机抽样"**. 它满足以下两个要求:

(1) 代表性. 总体中每一个体都有同等机会被选作样本,这意味着样本与所考察总体有相同的分布.

(2) 独立性. 样本中每个 $X_i(i=1,2,\cdots,n)$ 的取值互不影响,这意味着样本 $X_1,X_2,\cdots,X_n$ 是相互独立的随机变量.

如无特殊声明,本书中的样本都是指简单随机样本.

设总体 X 的分布函数为 $F(x)$. 如果 $X_1,X_2,\cdots,X_n$ 是来自总体 X 的一组简单随机样本,则 $X_1,X_2,\cdots,X_n$ 的联合分布函数

$$F^*(x_1,x_2,\cdots,x_n) = \prod_{i=1}^{n} F(x_i).$$

若 X 是连续型随机变量,具有密度函数 $f(x)$,则 $X_1,X_2,\cdots,X_n$ 的联合密度函数

$$f^*(x_1,x_2,\cdots,x_n) = \prod_{i=1}^{n} f(x_i).$$

若 X 是离散型随机变量,其分布律为 $P\{X=x_i\}=p_i$,则 $X_1,X_2,\cdots,X_n$ 的联合分布律

$$P\{X_1=x_1,X_2=x_2,\cdots,X_n=x_n\} = \prod_{i=1}^{n} p_i.$$

例 6.1 某厂生产某种玻璃板,以每块玻璃板上的瑕疵点个数为数量指标,已知它服从均值为 λ 的泊松分布,从产品中抽出一个容量为 n 的样本 $X_1,X_2,\cdots,X_n$,求 $X_1,X_2,\cdots,X_n$ 的联合分布律.

解 样本 $X_1,X_2,\cdots,X_n$ 的分量独立且均与总体分布相同,故样本的分布律为

$$P\{X_1=x_1,X_2=x_2,\cdots,X_n=x_n\} = \prod_{i=1}^{n} P\{X_i=x_i\} = \prod_{i=1}^{n} \frac{\lambda^{x_i} \mathrm{e}^{-\lambda}}{x_i!}$$

$$= \frac{\mathrm{e}^{-n\lambda}}{x_1!x_2!\cdots x_n!} \lambda^{\sum_{i=1}^{n} x_i}.$$

对数据进行整理加工的方法有两类:一类是通过作图、画表等把它们直观、醒目地表示出来,如做直方图、经验分布函数、画频率频数分布表等;另外一类是针对实际问题,构造统计量.

6.1.3 统计量

定义 6.1 设 $X_1,X_2,\cdots,X_n$ 是来自总体 X 的一个样本,$g(X_1,X_2,\cdots,X_n)$ 是 $X_1,X_2,\cdots,X_n$ 的函数,若 g 是连续函数[①],且 g 中不含任何未知参数,则称 $g(X_1,X_2,\cdots,X_n)$ 是一**统计量**.

设 $x_1,x_2,\cdots,x_n$ 是相应于样本 $X_1,X_2,\cdots,X_n$ 的观测值,则称 $g(x_1,x_2,\cdots,x_n)$ 是 $g(X_1,X_2,\cdots,X_n)$ 的**观测值**.

下面介绍几个常用的统计量. 设 $X_1,X_2,\cdots,X_n$ 是来自总体 X 的一个样本. 定义:

样本平均值:

$$\overline{X} = \frac{1}{n}\sum_{i=1}^{n} X_i;$$

[①] 这一条件可以放宽,参见复旦大学编《概率论》第三册第一分册,人民教育出版社,1997 年.

样本方差：
$$S^2 = \frac{1}{n-1}\sum_{i=1}^n (X_i - \overline{X})^2 = \frac{1}{n-1}\Big[\sum_{i=1}^n X_i^2 - n\overline{X}^2\Big];$$

样本标准差：
$$S = \sqrt{S^2} = \sqrt{\frac{1}{n-1}\sum_{i=1}^n (X_i - \overline{X})^2};$$

样本 k 阶(原点)矩：
$$A_k = \frac{1}{n}\sum_{i=1}^n X_i^k, \quad k = 1, 2, \cdots;$$

样本 k 阶中心矩：
$$B_k = \frac{1}{n}\sum_{i=1}^n (X_i - \overline{X})^k, \quad k = 1, 2, \cdots.$$

我们指出，若总体 X 的 k 阶矩 $E(X^k) \triangleq \mu_k$ 存在，则当 $n \to \infty$ 时，$A_k \xrightarrow{P} \mu_k$. 这是因为 $X_1, X_2, \cdots, X_n$ 独立且与 X 同分布，故 $X_1^k, X_2^k, \cdots, X_n^k$ 独立且与 X^k 同分布. 故有
$$E(X_1^k) = E(X_2^k) = \cdots = E(X_n^k) = \mu_k.$$
从而由独立同分布大数定律知
$$\frac{1}{n}\sum_{i=1}^n X_i^k \xrightarrow{P} \mu_k, \quad k = 1, 2, \cdots.$$
进而由关于依概率收敛的序列的性质知
$$g(A_1, A_2, \cdots, A_k) \xrightarrow{P} g(\mu_1, \mu_2, \cdots, \mu_k),$$
其中 g 为连续函数. 这就是下章所要介绍的矩估计法的理论依据.

样本均值和样本方差在统计学中有着重要的地位. 下面给出它们的一些基本性质.

定理 6.1 设总体 X 的均值 $E(X) = \mu$，方差 $D(X) = \sigma^2$，且 $X_1, X_2, \cdots, X_n$ 是取自这个总体的样本，则对样本均值 $\overline{X}$，有
$$E(\overline{X}) = \mu; \quad D(\overline{X}) = \frac{\sigma^2}{n}.$$

证明 $X_1, X_2, \cdots, X_n$ 独立且与 X 同分布，所以 $E(X_i) = \mu, D(X_i) = \sigma^2 (i = 1, 2, \cdots, n)$. 于是
$$E(\overline{X}) = E\Big(\frac{1}{n}\sum_{i=1}^n X_i\Big) = \mu;$$
$$D(\overline{X}) = D\Big(\frac{1}{n}\sum_{i=1}^n X_i\Big) = \frac{1}{n^2}\sum_{i=1}^n D(X_i) = \frac{\sigma^2}{n}.$$

定理 6.2 设总体 X 的均值和方差都存在，$X_1, X_2, \cdots, X_n$ 是取自这个总体的样本，则对样本方差 S^2，有
$$E(S^2) = \sigma^2.$$

证明 因为
$$E(X_i^2) = E(X^2) = D(X) + E^2(X) = \sigma^2 + \mu^2;$$
$$E(\overline{X}^2) = D(\overline{X}) + E^2(\overline{X}) = \frac{\sigma^2}{n} + \mu^2.$$

所以
$$E(S^2) = E\left(\frac{1}{n-1}\sum_{i=1}^{n}(X_i-\overline{X})^2\right) = \frac{1}{n-1}E\left[\sum_{i=1}^{n}(X_i^2 - 2\overline{X}X_i + \overline{X}^2)\right]$$
$$= \frac{1}{n-1}E\left(\sum_{i=1}^{n}X_i^2 - 2\overline{X}\sum_{i=1}^{n}X_i + \sum_{i=1}^{n}\overline{X}^2\right) = \frac{1}{n-1}E\left(\sum_{i=1}^{n}X_i^2 - 2\overline{X}\cdot n\overline{X} + n\overline{X}^2\right)$$
$$= \frac{1}{n-1}\left(\sum_{i=1}^{n}E(X_i^2) - nE(\overline{X}^2)\right)$$
$$= \frac{1}{n-1}\left(\sum_{i=1}^{n}(\sigma^2 + \mu^2) - n\left(\frac{\sigma^2}{n} + \mu^2\right)\right)$$
$$= \sigma^2.$$

6.2 抽样分布

统计量是样本的函数,它是一个随机变量.统计量的分布称为**抽样分布**.在使用统计量进行统计推断时,常需知道它的分布.本节中介绍常见的几个抽样分布.

6.2.1 χ^2 分布

定义 6.2 设 $X_1, X_2, \cdots, X_n$ 是取自总体 $N(0,1)$ 的样本,则称统计量
$$\chi^2 = X_1^2 + X_2^2 + \cdots + X_n^2 \tag{6.1}$$
服从自由度为 n 的 χ^2 **分布**,记为 $\chi^2 \sim \chi^2(n)$.

此外,自由度是指(6.1)式右端包含的独立变量的个数.

$\chi^2(n)$ 分布的概密度函数为
$$f(y) = \begin{cases} \dfrac{1}{2^{\frac{n}{2}}\Gamma\left(\dfrac{n}{2}\right)} y^{\frac{n}{2}-1} e^{-\frac{y}{2}} & \text{当 } y > 0 \\ 0 & \text{其他} \end{cases} \tag{6.2}$$

$f(y)$ 的图形如图 6.1 所示.

χ^2 分布有下述**性质**:

(1) 设 $\chi^2 \sim \chi^2(n)$,则有
$$E(\chi^2) = n, \quad D(\chi^2) = 2n. \tag{6.3}$$

(2) 设 $\chi_1^2 \sim \chi^2(n_1), \chi_2^2 \sim \chi^2(n_2)$,且 χ_1^2 和 χ_2^2 相互独立,则有
$$\chi_1^2 + \chi_2^2 \sim \chi^2(n_1 + n_2). \tag{6.4}$$

证 (1) 由于 $X_i \sim N(0,1)$,故对 $i=1,2,\cdots,n$,有
$$E(X_i^2) = D(X_i) = 1,$$
且
$$E(X_i^4) = \int_{-\infty}^{+\infty} x^4 \frac{1}{\sqrt{2\pi}} e^{-\frac{x^2}{2}} dx = 3;$$
$$D(X_i^2) = E(X_i^4) - [E(X_i^2)]^2 = 3 - 1 = 2.$$
于是
$$E(\chi^2) = E\left(\sum_{i=1}^{n}X_i^2\right) = \sum_{i=1}^{n}E(X_i^2) = n;$$
$$D(\chi^2) = D\left(\sum_{i=1}^{n}X_i^2\right) = \sum_{i=1}^{n}D(X_i^2) = 2n.$$

(2)证明略.

对于给定的正数 $\alpha, 0<\alpha<1$,称满足条件

$$P\{\chi^2 > \chi_\alpha^2(n)\} = \int_{\chi_\alpha^2(n)}^{+\infty} f(y)\mathrm{d}y = \alpha \tag{6.5}$$

的点 $\chi_\alpha^2(n)$ 为 $\chi^2(n)$ 分布的**上侧 α 分位数**,如图 6.2 所示.对于不同的 α, n,上侧 α 分位数的数值已制成表格,可以查用(见附表 D).例如,$\alpha=0.05, n=15$,查得 $\chi_{0.05}^2(15)=24.996$.注意,该表只列到 $n=45$ 为止,费歇尔(R. A. Fisher)曾证明,当 n 充分大时,近似地有

$$\chi_\alpha^2(n) \approx \frac{1}{2}(u_\alpha + \sqrt{2n-1})^2, \tag{6.6}$$

其中 u_α 是标准正态分布上侧 α 分位数.利用(6.6)式可求得 $n>45$ 时 $\chi^2(n)$ 分布的上侧 α 分位数的近似值.

例如,可以由(6.6)式求得 $\chi_{0.05}^2(50) \approx \frac{1}{2}(1.645+\sqrt{99})^2 = 67.221$(由详表查得 $\chi_{0.05}^2(50)=67.505$).

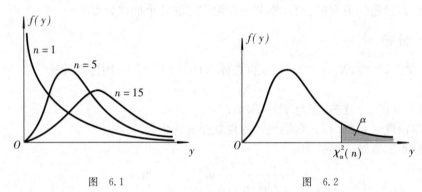

图 6.1   图 6.2

例 6.2 设 $X \sim N(0,1)$,从这个总体中取一容量为 6 的样本 $X_1, X_2, \cdots, X_6$,设 $Y=(X_1+X_2+X_3)^2+(X_4+X_5+X_6)^2$,试确定常数 c,使 cY 服从 χ^2 分布.

解 $cY=[\sqrt{c}(X_1+X_2+X_3)]^2+[\sqrt{c}(X_4+X_5+X_6)]^2$.

由 $X \sim N(0,1)$ 得

$$\sqrt{c}(X_1+X_2+X_3) \sim N(0,3c), \quad \sqrt{c}(X_4+X_5+X_6) \sim N(0,3c).$$

故当 $c=\frac{1}{3}$ 时,$cY \sim \chi^2(2)$.

6.2.2 t 分布

定义 6.3 设 $X \sim N(0,1), Y \sim \chi^2(n)$,并且 X 与 Y 相互独立,则称随机变量

$$t = \frac{X}{\sqrt{Y/n}} \tag{6.7}$$

服从自由度为 n 的 **t 分布**.记为 $t \sim t(n)$.

t 分布是由英国统计学家哥塞特(Gosset)以笔名 student 于 1908 年提出的,因此有时也称**学生氏分布**.

$t(n)$ 分布的概率密度为

$$h(t) = \frac{\Gamma[(n+1)/2]}{\sqrt{n\pi}\,\Gamma(n/2)}\left(1+\frac{t^2}{n}\right)^{-\frac{n+1}{2}} \quad (-\infty < t < +\infty). \tag{6.8}$$

证明略.

$h(t)$ 的图形如图 6.3 所示.

由(6.8)式可见 t 分布的密度函数关于 $t=0$ 对称. 利用 Γ 函数的性质可得

$$\lim_{n\to\infty} h(t) = \frac{1}{\sqrt{2\pi}} e^{-\frac{t^2}{2}}. \tag{6.9}$$

故当 n 足够大时, t 分布近似于 $N(0,1)$ 分布. 但对较小 n 值, t 分布与正态分布之间有较大差异.

对于给定的 α, $0<\alpha<1$, 称满足条件

$$P\{t > t_\alpha(n)\} = \int_{t_\alpha(n)}^{+\infty} h(t)\,\mathrm{d}t = \alpha \tag{6.10}$$

的点 $t_\alpha(n)$ 为 $t(n)$ 分布的**上侧 α 分位数**(见图 6.4).

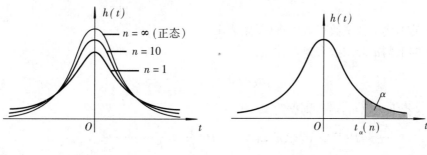

图 6.3　　　　　　　　图 6.4

由 t 分布的上侧 α 分位数的定义及 $h(t)$ 图形的对称性知

$$t_{1-\alpha}(n) = -t_\alpha(n). \tag{6.11}$$

t 分布的上侧 α 分位数可自附表 C 查得. 在 $n>45$ 时, 就用正态分布近似:

$$t_\alpha(n) \approx u_\alpha. \tag{6.12}$$

对于常用的 α 的值, 这样的近似值相对误差最大不超过 1.3%.

6.2.3　F 分布

定义 6.4　设 $U\sim\chi^2(n_1)$, $V\sim\chi^2(n_2)$, 且 U 与 V 相互独立, 则称随机变量

$$F = \frac{U/n_1}{V/n_2} \tag{6.13}$$

服从自由度为 (n_1, n_2) 的 **F 分布**, 记为 $F\sim F(n_1, n_2)$. 其中 n_1 称为**第一自由度**, n_2 称为**第二自由度**. $F(n_1, n_2)$ 的概率密度函数为

$$\psi(y) = \begin{cases} \dfrac{\Gamma[(n_1+n_2)/2](n_1/n_2)^{n_1/2} y^{n_1/2-1}}{\Gamma(n_1/2)\Gamma(n_2/2)[1+(n_1 y/n_2)]^{(n_1+n_2)/2}} & \text{当 } y>0 \\ 0 & \text{其他} \end{cases} \tag{6.14}$$

证明略. 图 6.5 给出了 $\psi(y)$ 的图形.

由定义可知, 若 $F\sim F(n_1, n_2)$, 则

$$\frac{1}{F} \sim F(n_2, n_1). \tag{6.15}$$

对于给定的 α, $0<\alpha<1$, 称满足条件

$$P\{F > F_\alpha(n_1, n_2)\} = \int_{F_\alpha(n_1,n_2)}^{+\infty} \psi(y)\mathrm{d}y = \alpha \tag{6.16}$$

的点 $F_\alpha(n_1,n_2)$ 为 $F(n_1,n_2)$ 分布的**上侧 α 分位数**(见图 6.6).

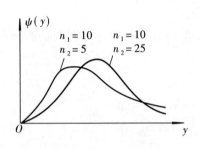

图 6.5　　　　　　　　图 6.6

F 分布的上侧 α 分位数有表可查(见附表 E).

F 分布的上侧 α 分位数有如下性质:

$$F_{1-\alpha}(n_1, n_2) = \frac{1}{F_\alpha(n_2, n_1)}. \tag{6.17}$$

事实上,若 $F \sim F(n_1, n_2)$,则据定义,有

$$1-\alpha = P\{F > F_{1-\alpha}(n_1, n_2)\} = P\left\{\frac{1}{F} < \frac{1}{F_{1-\alpha}(n_1, n_2)}\right\}$$

$$= 1 - P\left\{\frac{1}{F} \geq \frac{1}{F_{1-\alpha}(n_1, n_2)}\right\} = 1 - P\left\{\frac{1}{F} > \frac{1}{F_{1-\alpha}(n_1, n_2)}\right\}.$$

于是,得

$$P\left\{\frac{1}{F} > \frac{1}{F_{1-\alpha}(n_1, n_2)}\right\} = \alpha. \tag{6.18}$$

再由 $\frac{1}{F} \sim F(n_2, n_1)$ 知

$$P\left\{\frac{1}{F} > F_\alpha(n_2, n_1)\right\} = \alpha. \tag{6.19}$$

比较(6.18)式和(6.19)式得

$$\frac{1}{F_{1-\alpha}(n_1, n_2)} = F_\alpha(n_2, n_1), \quad 即 \quad F_{1-\alpha}(n_1, n_2) = \frac{1}{F_\alpha(n_2, n_1)}.$$

(6.17)式常用来求 F 分布表中未列出的一些上侧 α 分位数. 例如:

$$F_{0.95}(11, 5) = \frac{1}{F_{0.05}(5, 11)} = \frac{1}{3.20} = 0.3125.$$

例 6.3　设随机变量 $X \sim F(n, n)$,证明 $P\{X<1\}=0.5$.

证　若 $X \sim F(n, n)$,则 $Y = \frac{1}{X} \sim F(n, n)$,故 $P\{X<1\} = P\{Y<1\}$. 由此得

$$P\{X<1\} = 1 - P\{X>1\} = 1 - P\left\{\frac{1}{X}<1\right\} = 1 - P\{Y<1\} = 1 - P\{X<1\},$$

解得

$$P\{X<1\} = 0.5.$$

几种常见分布的分位数可以用 MATLAB 软件直接求得. 代码如下：

```
clear all
n=16;
alpha=0.05
x=chi2inv(1-alpha,n-1)
y=tinv(1-alpha/2,n-1)
z1=finv(0.95,5,11)
z2=finv(0.05,11,5)
```

运行结果：

x=24.9958
y=2.1314
z1=3.2039
z2=0.3121

其中, x 为 $\chi^2_{0.05}(15)$, y 为 $t_{0.025}(15)$, z1 为 $F_{0.05}(5,11)$, z2 为 $F_{0.95}(11,5)$. 可见 z1=1/z2.

6.2.4 正态总体样本均值与方差的函数的分布

定理 6.3 设总体 $X \sim N(\mu, \sigma^2)$, $X_1, X_2, \cdots, X_n$ 是总体 X 的一个样本, 则

$$\frac{\overline{X} - \mu}{\sigma/\sqrt{n}} \sim N(0, 1). \tag{6.20}$$

证明留给读者自己完成.

定理 6.4 设 $X_1, X_2, \cdots, X_n$ 是总体 $X \sim N(\mu, \sigma^2)$ 的样本, $\overline{X}, S^2$ 分别是样本均值和样本方差, 则有

(1) $\dfrac{(n-1)S^2}{\sigma^2} \sim \chi^2(n-1)$; \tag{6.21}

(2) $\overline{X}$ 与 S^2 独立.

证明略.

定理 6.5 设 $X_1, X_2, \cdots, X_n$ 是总体 $X \sim N(\mu, \sigma^2)$ 的样本, $\overline{X}, S^2$ 分别是样本均值和样本方差, 则有

$$\frac{\overline{X} - \mu}{S/\sqrt{n}} \sim t(n-1). \tag{6.22}$$

证明 因为

$$\frac{\overline{X} - \mu}{\sigma/\sqrt{n}} \sim N(0, 1), \quad \frac{(n-1)S^2}{\sigma^2} \sim \chi^2(n-1)$$

且两者独立. 由 t 分布的定义知

$$\frac{\overline{X} - \mu}{\sigma/\sqrt{n}} \bigg/ \sqrt{\frac{(n-1)S^2}{\sigma^2} \bigg/ (n-1)} \sim t(n-1).$$

化简上式左边, 即得(6.22)式.

定理 6.6 设 $X_1, X_2, \cdots, X_{n_1}$ 与 $Y_1, Y_2, \cdots, Y_{n_2}$ 分别是取自具有相同方差的两正态总体 $N(\mu_1, \sigma^2), N(\mu_2, \sigma^2)$ 的样本, 且这两个样本相互独立.

$$\overline{X} = \frac{1}{n_1}\sum_{i=1}^{n_1} X_i, \quad S_1^2 = \frac{1}{n_1-1}\sum_{i=1}^{n_1}(X_i-\overline{X})^2;$$

$$\overline{Y} = \frac{1}{n_2}\sum_{i=1}^{n_2} Y_i, \quad S_2^2 = \frac{1}{n_2-1}\sum_{i=1}^{n_1}(Y_i-\overline{Y})^2.$$

则有

$$\frac{(\overline{X}-\overline{Y})-(\mu_1-\mu_2)}{S_W\sqrt{\frac{1}{n_1}+\frac{1}{n_2}}} \sim t(n_1+n_2-2). \tag{6.23}$$

其中

$$S_W = \sqrt{\frac{(n_1-1)S_1^2 + (n_2-1)S_2^2}{n_1+n_2-2}}. \tag{6.24}$$

证明 易知 $\overline{X}-\overline{Y} \sim N\left(\mu_1-\mu_2, \frac{\sigma^2}{n_1}+\frac{\sigma^2}{n_2}\right)$，即有

$$U \triangleq \frac{(\overline{X}-\overline{Y})-(\mu_1-\mu_2)}{\sigma\sqrt{\frac{1}{n_1}+\frac{1}{n_2}}} \sim N(0,1).$$

又由所给条件知

$$\frac{(n_1-1)S_1^2}{\sigma^2} \sim \chi^2(n_1-1), \quad \frac{(n_2-1)S_2^2}{\sigma^2} \sim \chi^2(n_2-1),$$

且它们相互独立，由 χ^2 分布的性质(6.4)式知

$$V \triangleq \frac{(n_1-1)S_1^2}{\sigma^2} + \frac{(n_2-1)S_2^2}{\sigma^2} \sim \chi^2(n_1+n_2-2).$$

可以证明 U 与 V 相互独立(略). 由 t 分布定义

$$\frac{U}{\sqrt{\frac{V}{n_1+n_2-2}}} = \frac{(\overline{X}-\overline{Y})-(\mu_1-\mu_2)}{S_W\sqrt{\frac{1}{n_1}+\frac{1}{n_2}}} \sim t(n_1+n_2-2).$$

例 6.4 设 $X_1, X_2, \cdots, X_n, X_{n+1}$ 是取自正态总体 $N(\mu,\sigma^2)$ 的样本，$\overline{X}_n = \frac{1}{n}\sum_{i=1}^n X_i$ 为样本均值，$S^2 = \frac{1}{n-1}\sum_{i=1}^n (X_i-\overline{X})^2$ 为样本方差，求常数 c，使得 $t_c = c\dfrac{X_{n+1}-\overline{X}_n}{S}$ 服从 t 分布，并指出分布的自由度.

解 由 $\overline{X}_n \sim N\left(\mu, \frac{\sigma^2}{n}\right)$，$X_{n+1} \sim N(\mu,\sigma^2)$，$\overline{X}_n$ 与 X_{n+1} 相互独立可得

$$X_{n+1}-\overline{X}_n \sim N\left(0, \frac{n+1}{n}\sigma^2\right).$$

而 $\dfrac{(n-1)S^2}{\sigma^2} \sim \chi^2(n-1)$，$S^2$ 与 $\overline{X}_n$、X_{n+1} 相互独立，所以

$$t = \frac{\dfrac{X_{n+1}-\overline{X}_n}{\sqrt{\dfrac{n+1}{n}\sigma^2}}}{\sqrt{\dfrac{(n-1)S^2}{\sigma^2}\Big/(n-1)}} \sim t(n-1).$$

所以当 $c=\sqrt{\dfrac{n}{n+1}}$ 时,$t_c=c\dfrac{X_{n+1}-\overline{X}_n}{S}\sim t(n-1)$.

例 6.5 设 $X_1,X_2,\cdots,X_n$ 是取自正态总体 $N(0,1)$ 的样本,试求统计量 $Y=\dfrac{1}{n}\Big(\sum\limits_{i=1}^{n}X_i\Big)^2$ 及 $Z=\dfrac{Y}{S^2}$ 的分布,其中 S^2 是样本方差.

解 由 $\sum\limits_{i=1}^{n}X_i\sim N(0,n)$,标准化得 $\dfrac{\sum\limits_{i=1}^{n}X_i}{\sqrt{n}}\sim N(0,1)$. 故

$$\left(\dfrac{\sum\limits_{i=1}^{n}X_i}{\sqrt{n}}\right)^2\sim \chi^2(1).$$

由 S^2 与 $\overline{X}$ 独立得 S^2 与 Y 独立. 又因为 $(n-1)S^2\sim \chi^2(n-1)$,所以

$$Z=\dfrac{Y}{S^2}\sim F(1,n-1).$$

习 题 6A

1. 设总体 X 服从二项分布 $B(n,p)$,其中 n 已知,p 未知. X_1,X_2,X_3,X_4,X_5 是从总体 X 中抽取的一个样本,试指出在

   (1) $\dfrac{1}{5}\sum\limits_{i=1}^{5}X_i$,　(2) $\min\limits_{1\leqslant i\leqslant 5}\{X_i\}$,　(3) $(X_5-X_1)^2$,　(4) X_1+5p,　(5) $\sum\limits_{i=1}^{5}(X_i-np)^2$

   中哪些是统计量,哪些不是统计量.

2. 设 $x_1,x_2,\cdots,x_n$ 与 a 都是任意实数,又设 $\overline{x}=\dfrac{1}{n}\sum\limits_{i=1}^{n}x_i$. 试证:

$$\sum_{i=1}^{n}(x_i-\overline{x})^2=\sum_{i=1}^{n}(x_i-a)^2-n(\overline{x}-a)^2.$$

3. 加工某种零件时,每一件需要的时间服从均值为 $\dfrac{1}{\lambda}$ 的指数分布,今以加工时间为零件的数值指标,任取 n 件零件构成一个容量为 n 的样本 $X_1,X_2,\cdots,X_n$. 求 $(X_1,X_2,\cdots,X_n)$ 的联合密度函数.

4. 在总体 $N(12,4)$ 中随机抽一容量为 5 的样本 X_1,X_2,X_3,X_4,X_5,求:

   (1) 样本均值与总体均值之差的绝对值大于 1 的概率;

   (2) $P\{\max\{X_1,X_2,X_3,X_4,X_5\}>15\}$;

   (3) $P\{\min\{X_1,X_2,X_3,X_4,X_5\}<10\}$.

5. 设 $X_1,X_2,\cdots,X_{10}$ 为 $N(0,0.3^2)$ 的一个样本,求 $P\Big\{\sum\limits_{i=1}^{10}X_i^2>1.44\Big\}$.

6. 查表写出下列值:

   (1) $\chi^2_{0.05}(13)$,　$\chi^2_{0.025}(8)$;

   (2) $t_{0.05}(6)$,　$t_{0.10}(10)$;

   (3) $F_{0.05}(5,10)$,　$F_{0.90}(28,2)$.

7. 设总体 X 服从 $N(\mu,\sigma^2)$,$X_1,X_2,\cdots,X_n$ 是取自总体 X 的一组样本,求 $\sum\limits_{i=1}^{n}(X_i-\mu)^2/\sigma^2$ 的分布.

8. 设 $X_1, X_2, \cdots, X_n$ 为取自某总体的样本,试就总体服从 0-1 分布和泊松分布,求:
$$E(\overline{X}), D(\overline{X}), E(S^2).$$

9. 设 X_1, X_2, X_3, X_4 是取自正态总体 $N(0, 2^2)$ 的简单随机样本,$Y = a(X_1 - 2X_2)^2 + b(3X_3 + 4X_4)^2$,求常数 a, b,使得 $Y \sim \chi^2(2)$.

10. 设总体 X 服从 $N(\mu, 2^2)$,从总体中抽取容量为 16 的样本,求 $P\{|\overline{X} - \mu| < 0.5\}$.

习 题 6B

1. 求总体 $N(20, 3)$ 的容量分别为 10, 15 的两独立样本均值差的绝对值大于 0.3 的概率.

2. 已知 $X \sim t(n)$,证明 $X^2 \sim F(1, n)$.

3. 设总体 $X \sim N(\mu_1, \sigma_1^2), Y \sim N(\mu_2, \sigma_2^2)$. $X_1, X_2, \cdots, X_m$ 和 $Y_1, Y_2, \cdots, Y_n$ 分别是取自 X, Y 的样本且相互独立,记

$$\overline{X} = \frac{1}{m}\sum_{i=1}^{m} X_i, \quad S_1^2 = \frac{1}{m-1}\sum_{i=1}^{m}(X_i - \overline{X})^2;$$

$$\overline{Y} = \frac{1}{n}\sum_{i=1}^{n} Y_i, \quad S_2^2 = \frac{1}{n-1}\sum_{i=1}^{n}(Y_i - \overline{Y})^2.$$

证明:
$$\frac{S_1^2/\sigma_1^2}{S_2^2/\sigma_2^2} \sim F(m-1, n-1).$$

4. 设 X_1, X_2, X_3, X_4 是来自 $N(\mu, \sigma^2)$ 的样本,试求 $Y = \left(\dfrac{X_1 - X_2}{X_3 - X_4}\right)^2$ 的分布.

5. 设总体 X 服从 $N(1, 2^2)$,从总体中抽取容量为 20 的样本 $X_1, X_2, \cdots, X_{20}$,

求:(1) $P\left\{43.4 \leqslant \sum_{i=1}^{20}(X_i - \mu)^2 \leqslant 150.3\right\}$;

(2) $P\left\{46.8 \leqslant \sum_{i=1}^{20}(X_i - \overline{X})^2 \leqslant 154.4\right\}$.

延展阅读

卡尔·皮尔逊

卡尔·皮尔逊(Karl Pearson,1857~1936)是英国数学家,生物统计学家,数理统计学的创立者,对生物统计学、气象学、社会达尔文主义理论和优生学做出了重大贡献. 他被公认是旧派理学派和描述统计学派的代表人物,并被誉为现代统计科学的创立者.

在 19 世纪 90 年代以前,统计理论和方法的发展是很不完善的,统计资料的搜集、整理和分析都受到很多限制. 皮尔逊在生物学家高尔顿和韦尔顿的影响下,从 19 世纪 90 年代初开始进军生物统计学. 他认为生物现象缺乏定量研究是不行的,决心要使进化论在一般定性叙述的基础之上,进一步进行数量描述和定量分析. 他不断运用统计方法对生物学、遗传学、优生学做出新的贡献. 同时,他在先辈们善于赌博机遇的概率论研究的基础上,导入了许多新的概念,把生物统计方法提炼成为一般处理统计资料的通用方法,发展了统计方法论,把概率论与统计学两者熔为一炉.

卡尔·皮尔逊统计学方面的主要贡献如下：

1. 导出一般化的次数曲线体系

在皮尔逊之前，人们普遍认为，几乎所有社会现象都是接近于正态分布的．如果所得到的统计资料呈非正态分布，则往往怀疑统计资料不够或有偏差．同时不重视非正态分布的研究，甚至对个别提出非正态分布理论的人加以压制．但皮尔逊认为，正态分布只是一种分布形态，他在高尔顿优生学统计方法的启示下，在 1894 年发表了《关于不对称曲线的剖析》，1895 年发表了《同类资料的偏斜变异》等论文，得到包括正态分布、矩形分布、J 型分布、U 型分布等 13 种曲线及其方程式．他的这一成果，打破了以往次数分布曲线的"唯正态"观念，推进了次数分布曲线理论的发展和应用，为大样本理论奠定了基础．

2. 提出卡方检验

皮尔逊认为，不管理论分布构造如何好，它与实际分布之间总存在着或多或少的差异．这些差异是由于观察次数不充分、随机误差太大引进的，还是由于所选配的理论分布本身就与实际分布有实质性差异，还需要用一种方法来检验．1900 年，皮尔逊发表了一个著名的统计量，称为卡方 (χ^2)，用来检验实际值的分布数列与理论数列是否在合理范围内相符合．卡方检验提出后得到了广泛应用，在现代统计理论中占有重要地位．

3. 发展了相关和回归理论

皮尔逊推广了高尔顿的相关结论和方法，推导出人们称为"皮尔逊积动差"的公式，并且赋予多重回归方程系数以零阶相关系数的名称．他意识到只有通过回归才能回答韦尔顿提出的关于出现相关器官的选择问题，意识到要测定复回归系数值，广泛搜集所有变量的基本平均数、标准差和相关的数据．他提出了净相关、复相关、总相关、相关比等概念，发明了计算复相关和净相关的方法及相关系数的公式．

哥塞特与 t 分布

t 分布是统计学中的一类重要分布，它与标准正态分布的微小差别是由英国统计学家哥塞特(Gosset)发现的．在 1908 年以前，统计学的主要用武之地先是社会统计，尤其是人口统计，后来加入生物统计问题．这些问题的特点是，数据一般都是大量的、自然采集的，所用的方法多以中心极限定理为依据，总是归结到正态分布，卡尔·皮尔逊就是此时统计界的权威，他认为正态分布是唯一正确的分布．但到了 20 世纪，受人工控制的试验条件下所得数据的统计分析问题日渐引人注意，此时的数据量一般不大，故那种仅依赖于中心极限定理的传统方法开始遭到置疑，这个方法的先驱就是哥赛特和费希尔．

哥塞特年轻时在牛津大学学习数学和化学，1899 年开始在一家酿酒厂担任酿酒化学技师，从事试验和数据分析工作．由于哥塞特接触的样本容量都较小，只有 4、5 个，通过大量试验数据的积累，哥塞特发现 $t=\sqrt{n}(\overline{X}-\mu)/S$ 的分布与传统认为的 $N(0,1)$ 分布并不同，特别是尾部概率相差较大．

由此，哥塞特怀疑是否有另一个分布族存在，但他的统计学功底不足以解决他发现的问题，于是，哥塞特于 1906 年到 1907 年到卡尔·皮尔逊那里学习统计学，并着重研究少量数据的统计分析问题．1908 年他在 Biometrics 杂志上以笔名 Student（工厂不允许其发表论文）发表了使他名垂统计史册的论文：均值的或然误差．在这篇文章中，他提出了如下结果：设 X_1, $\cdots$, X_n 是来自 $N(\mu,\sigma^2)$ 的独立同分布样本，μ,σ^2 均未知，则 $\sqrt{n}(\overline{X}-\mu)/S$ 服从自由度为 $n-1$

的 t 分布. 可以说, t 分布的发现在统计学史上具有划时代的意义, 打破了正态分布一统天下的局面, 开创了小样本统计推断的新纪元. 小样本统计分析由此引起了广大统计科研工作者的重视. 事实上, 哥赛特的证明存在着漏洞, 费希尔注意到这个问题并于 1922 年给出了此问题的完整证明, 并编制了 t 分布的分位数表.

第7章 参数估计

随机变量及其分布全面地描述了随机现象的统计规律. 在概率论的许多问题中, 概率分布通常假定为已知的, 而一切计算及推理均基于这个已知的分布进行. 在实际问题中, 情况往往并非如此.

某公司要采购一批产品, 产品的不合格率 p 是一个重要指标. 人们会对 p 提出一些问题, 比如: p 的大小如何? p 大概落在什么范围内? 能否认为 p 满足要求(如 $p \leq 0.05$)? 为回答上述问题, 从该批产品中随机抽取 10 件, 经过检测得到不合格品数. 由抽样信息如何对上述问题做一个合理推断, 这就是数理统计中的统计推断问题.

统计推断的基本问题可分为两类: 一类是估计问题, 另一类是假设检验问题. 本章介绍总体的参数估计. 所谓参数估计, 是假定总体的分布类型已知, 利用样本资料, 对其所含未知参数的值(或取值范围)做出尽可能合理推断的一种方法. 参数估计又分为点估计和区间估计两种.

7.1 参数的点估计

点估计问题的一般提法: 设总体 X 的分布函数 $F(x;\theta)$ 的形式已知, θ 是未知参数, $X_1, X_2, \cdots, X_n$ 是 X 的一个样本, $x_1, x_2, \cdots, x_n$ 是相应的样本观测值, 点估计问题就是构造一个适当的统计量 $\hat{\theta}(X_1, X_2, \cdots, X_n)$, 用它的观测值 $\hat{\theta}(x_1, x_2, \cdots, x_n)$ 来估计未知参数 θ. 我们称 $\hat{\theta}(X_1, X_2, \cdots, X_n)$ 为 θ 的**估计量**, 称 $\hat{\theta}(x_1, x_2, \cdots, x_n)$ 为 θ 的**估计值**. 为简便起见, 有时估计值和估计量统称为**估计**, 并都简记为 $\hat{\theta}$. 由于估计量是样本的函数, 因此对于不同的样本值, θ 的估计值往往是不同的.

例 7.1 设 $X_1, X_2, \cdots, X_n$ 是来自总体 X 的一个样本, 求总体均值 $\theta = E(X)$ 的估计量. 我们可构造许多统计量去估计它, 例如,

$$\hat{\theta}_1 = X_1;$$

$$\hat{\theta}_2 = \frac{1}{n}(X_1 + X_2 + \cdots + X_n);$$

$$\hat{\theta}_3 = \alpha_1 X_1 + \alpha_2 X_2 + \cdots + \alpha_n X_n.$$

$\alpha_i \geq 0$ 是已知常数, 且 $\alpha_1 + \alpha_2 + \cdots + \alpha_n = 1$. 假如 α_i 选得不同, 则可得不同的估计量.

下面介绍两种常用的构造估计量的方法: 矩估计法和极大似然估计法.

7.1.1 矩估计法

矩估计法是一种古老的估计方法. 1900 年, 英国统计学家皮尔逊以大数定律为依据, 提出了一个替换原理, 后来人们称此方法为矩估计法. 替换原理常指用样本矩替换相应的总体矩, 用样本矩的函数替换总体矩的函数. 根据上述替换原理, 可给出矩估计法的数学描述.

设总体 X 的分布中含有若干未知参数 $\theta_1, \theta_2, \cdots, \theta_k$. 并假定总体 X 的前 k 阶矩 μ_l ($l=1, 2, \cdots, k$) 存在. 一般说来, 它们是 $\theta_1, \theta_2, \cdots, \theta_k$ 的函数, 基于样本矩

$$A_l = \frac{1}{n} \sum_{i=1}^{n} X_i^l$$

依概率收敛于相应的总体矩 μ_l ($l=1, 2, \cdots, k$), 样本矩的连续函数依概率收敛于相应的总体矩的连续函数 (见第 6 章第 6.1 节), 我们就用样本矩作为相应的总体矩的估计量, 而以样本矩的连续函数作为相应的总体矩的连续函数的估计量. 这种估计方法称为**矩估计法**. 矩估计法的具体作法是: 令

$$\mu_l = A_l, \quad l = 1, 2, \cdots, k.$$

这是一个包含 k 个未知参数 $\theta_1, \theta_2, \cdots, \theta_k$ 的联立方程组, 从中可解出 $\theta_1, \theta_2, \cdots, \theta_k$. 我们就用这个方程组的解 $\hat{\theta}_1, \hat{\theta}_2, \cdots, \hat{\theta}_k$ 作为 $\theta_1, \theta_2, \cdots, \theta_k$ 的估计量, 这种估计量称为**矩估计量**, 矩估计量的观测值称为**矩估计值**.

例 7.2 设总体 X 的均值 μ 及方差 σ^2 都存在, 且有 $\sigma^2 > 0$, 但 μ, σ^2 均为未知. 又设 $X_1, X_2, \cdots, X_n$ 是总体 X 的一个样本. 试求 μ, σ^2 的矩估计量.

解
$$\begin{cases} \mu_1 = E(X) = \mu \\ \mu_2 = E(X^2) = D(X) + [E(X)]^2 = \sigma^2 + \mu^2 \end{cases}$$

令
$$\begin{cases} \mu = A_1 \\ \sigma^2 + \mu^2 = A_2 \end{cases}$$

解上述方程组, 得 μ 和 σ^2 的矩估计量分别为

$$\hat{\mu} = A_1 = \overline{X}; \quad \hat{\sigma}^2 = \frac{1}{n} \sum_{i=1}^{n} (X_i - \overline{X})^2.$$

上述结果表明, 总体均值与方差的矩估计量的表达式不因不同的总体分布而异, 而且在总体分布形式未知时也可对各种参数做出估计. 例如, 用样本均值 $\overline{X}$ 估计总体均值 $E(X)$; 用样本二阶中心矩 $\frac{1}{n} \sum_{i=1}^{n} (X_i - \overline{X})^2$ 估计总体的方差 $D(X)$; 用事件出现的频率估计事件发生的概率.

例 7.3 设总体 X 服从 $[\theta_1, \theta_2]$ 上的均匀分布, 其样本观测值: 5.1, 4.9, 5.0, 4.7, 4.8, 5.5. 试求 θ_1, θ_2 的矩估计.

解 $\mu_1 = E(X) = \dfrac{\theta_1 + \theta_2}{2};$

$$\mu_2 = E(X^2) = D(X) + [E(X)]^2 = \frac{(\theta_1 - \theta_2)^2}{12} + \frac{(\theta_1 + \theta_2)^2}{4}.$$

令
$$\begin{cases} \dfrac{\theta_1 + \theta_2}{2} = A_1 = \overline{X} \\ \dfrac{(\theta_2 - \theta_1)^2}{12} + \dfrac{(\theta_1 + \theta_2)^2}{4} = A_2 = \dfrac{1}{n} \sum_{i=1}^{n} X_i^2 \end{cases}$$

解上述联立方程组, 得到 θ_1, θ_2 的矩估计量分别为

$$\hat{\theta}_1 = \overline{X} - \sqrt{\frac{3}{n} \sum_{i=1}^{n} (X_i - \overline{X})^2};$$

$$\hat{\theta}_2 = \overline{X} + \sqrt{\frac{3}{n}\sum_{i=1}^{n}(X_i - \overline{X})^2}.$$

代入样本观测值,即得矩估计值为

$$\hat{\theta}_1 \approx 4.88; \qquad \hat{\theta}_2 \approx 5.12.$$

上述估计可通过 MATLAB 实现,代码如下:

```
clear all
x=[5.1,4.9,5.0,4.7,4.8,5.5];
y=mean(x);
sigm=var(x,1);
theta1=y-sqrt(2.5)*(sigm)
theta2=y+sqrt(2.5)*(sigm)
```

运行结果:

theta1=4.8845

theta2=5.1155

矩估计法的优点是直观、简便,但它未能充分利用总体分布所提供信息,这也正是矩估计法的不足之处.

7.1.2 极大似然估计法

极大似然估计法是求点估计的另一种重要、有效而又被广泛应用的方法. 它首先是由德国数学家 Gauss 在 1821 年提出的. 然而,这个方法通常归功于英国统计学家 Fisher. 因为他在 1922 年重新发现了这一方法,并且首先研究了这种方法的一些性质.

我们先用例子说明极大似然估计法的基本思想.

例 7.4 已知某人射击命中率可能是 0.2 或 0.8,为确定究竟是多少,让他射击 10 发子弹,结果命中 3 发,问由此对他的命中率作何推断?

容易算得,若命中率为 0.2,则打 10 发子弹命中 3 发的概率为 $C_{10}^3 0.2^3 0.8^7 = 0.2$;若他的命中率为 0.8,则打 10 发命中 3 发的概率为 $C_{10}^3 0.8^3 0.2^7 = 0.0008$,认为"某事件概率大,在一次试验中发生的可能性就大"是合理的. 因此,认为此人射击命中率为 0.2 较合理. 换句话说,我们应该这样来选取参数 p(即本例中命中率),使得事件"打 10 发命中 3 发"发生的概率 $C_{10}^3 p^3 (1-p)^3$ 尽可能地大,这样得到的参数 p 作为我们的估计.

选择参数 p 的值使抽得的样本值出现的概率最大,并且用这个值作未知参数 p 的估计值,这就是极大似然估计法选择未知参数的估计值的基本思想.

定义 7.1 设总体 X 的概率分布为 $f(x,\theta)$(当 X 属连续型,$f(x;\theta)$ 为概率密度;当 X 属离散型,$f(x;\theta)$ 为分布律),$\theta = (\theta_1,\cdots,\theta_k)$ 为待估未知参数,$\theta \in \Theta$,$(x_1,\cdots,x_n)$ 为 X 的**样本观测值**. 称

$$L(\theta) = L(x_1,\cdots,x_n;\theta) = \prod_{i=1}^{n} f(x_i;\theta) \qquad (7.1)$$

为**样本的似然函数**. 若有 $\hat{\theta} = (\hat{\theta}_1, \hat{\theta}_2, \cdots, \hat{\theta}_k)$,使得

$$L(x_1,\cdots,x_n;\hat{\theta}) = \max_{\theta \in \Theta} L(x_1,\cdots,x_n;\theta), \qquad (7.2)$$

则称 $\hat\theta(x_1,\cdots,x_n)$ 为 θ 的**极大似然估计值**,称 $\hat\theta(X_1,X_2,\cdots,X_n)$ 为 θ 的**极大似然估计量**.

若似然函数 $L(\theta)$ 关于 θ(也即关于 $\theta_1,\cdots,\theta_k$)有连续的偏导数,则极大似然估计 $\hat\theta=(\hat\theta_1,\hat\theta_2,\cdots,\hat\theta_k)$ 就可从方程组

$$\frac{\partial L(\theta)}{\partial \theta_i}=0, \quad i=1,2,\cdots,k \tag{7.3}$$

解得. 又由 $L(\theta)$ 与 $\ln L(\theta)$ 在同一 θ 处取得极值,故等价地,可由方程组

$$\frac{\partial \ln L(\theta)}{\partial \theta_i}=0, \quad i=1,2,\cdots,k \tag{7.4}$$

求得 $\hat\theta$.

(7.3)式或(7.4)式称为**似然方程**. 于是可得求解极大似然估计的一般步骤:

(1) 由总体分布 $f(x;\theta)$ 写出样本的似然函数式;
(2) 建立似然方程(7.3)式或(7.4)式;
(3) 求解似然方程,即可得 θ 的极大似然估计 $\hat\theta=(\hat\theta_1,\hat\theta_2,\cdots,\hat\theta_k)$.

例 7.5 设 $X\sim B(1,p)$,$X_1,X_2,\cdots,X_n$ 是取自 X 的一个样本,试求参数 p 的极大似然估计量.

解 $x_1,x_2,\cdots,x_n$ 是相应样本观测值. X 的分布律为

$$P\{X=x\}=p^x(1-p)^{1-x}, \quad x=0,1.$$

故似然函数为

$$L(p)=\prod_{i=1}^n p^{x_i}(1-p)^{1-x_i}=p^{\sum_{i=1}^n x_i}(1-p)^{n-\sum_{i=1}^n x_i}.$$

而

$$\ln L(p)=\left(\sum_{i=1}^n x_i\right)\ln p+\left(n-\sum_{i=1}^n x_i\right)\ln(1-p).$$

令

$$\frac{\mathrm{d}\ln L(p)}{\mathrm{d}p}=\frac{\sum_{i=1}^n x_i}{p}-\frac{n-\sum_{i=1}^n x_i}{1-p}=0.$$

解得 p 的极大似然估计值

$$\hat p=\frac{1}{n}\sum_{i=1}^n x_i=\bar x.$$

故 p 的极大似然估计量为

$$\hat p=\frac{1}{n}\sum_{i=1}^n X_i=\bar X.$$

这个结果与 p 的矩估计是一致的.

例 7.6 设 $X\sim N(\mu,\sigma^2)$,其中 μ,σ^2 均为未知参数,$X_1,X_2,\cdots,X_n$ 是取自 X 的一个样本,试求 μ 和 σ^2 的极大似然估计.

解 X 的概率密度为

$$f(x;\mu,\sigma^2)=\frac{1}{\sqrt{2\pi}\sigma}\mathrm{e}^{-\frac{1}{2\sigma^2}(x-\mu)^2},$$

似然函数为

$$L(\mu,\sigma^2)=\frac{1}{(\sqrt{2\pi}\sigma)^n}\mathrm{e}^{-\frac{1}{2\sigma^2}\sum_{i=1}^n(x_i-\mu)^2}.$$

而

$$\ln L(\mu,\sigma^2)=-\frac{n}{2}\ln(2\pi\sigma^2)-\frac{1}{2\sigma^2}\sum_{i=1}^n(x_i-\mu)^2.$$

分别关于 μ,σ^2 求偏导得似然方程组

$$\begin{cases} \dfrac{\partial \ln L}{\partial \mu} = \dfrac{1}{\sigma^2}\sum_{i=1}^{n}(x_i-\mu)=0 \\ \dfrac{\partial \ln L}{\partial \sigma^2} = -\dfrac{n}{2\sigma^2}+\dfrac{1}{2\sigma^4}\sum_{i=1}^{n}(x_i-\mu)^2=0 \end{cases}.$$

解之得

$$\hat{\mu}=\frac{1}{n}\sum_{i=1}^{n}x_i=\bar{x};\quad \hat{\sigma}^2=\frac{1}{n}\sum_{i=1}^{n}(x_i-\bar{x})^2.$$

因此得 μ,σ^2 的极大似然估计量分别为

$$\hat{\mu}=\bar{X};\quad \hat{\sigma}^2=\frac{1}{n}\sum_{i=1}^{n}(X_i-\bar{X})^2.$$

MATLAB 提供 mle 函数进行极大似然估计,例 7.6 对应的函数调用格式如下:

```
clear all
mu=1;
sigma=1;
n=100;
x=normrnd(mu,sigma,[1 100]);    %产生 100 个样本数据
phat=mle(x)
```

运行结果:

phat=

1.0356   1.0537

极大似然估计具有如下性质:$\hat{\theta}$ 是 θ 的极大似然估计,又函数 $g(\theta)$ 具有单值反函数,则 $g(\hat{\theta})$ 也是 $g(\theta)$ 的极大似然估计. 此性质称为**极大似然估计的不变性**.

如在例 7.6 中,$\hat{\sigma}^2=\dfrac{1}{n}\sum_{i=1}^{n}(X_i-\bar{X})^2$ 是 σ^2 的极大似然估计,由极大似然估计的不变性知,$\hat{\sigma}=\sqrt{\hat{\sigma}^2}=\sqrt{\dfrac{1}{n}\sum_{i=1}^{n}(X_i-\bar{X})^2}$ 就是 σ 的极大似然估计.

例 7.7 设总体 X 在 $[\theta_1,\theta_2]$ 上服从均匀分布.$X_1,X_2,\cdots,X_n$ 是取自 X 的一个样本,试求 θ_1 与 θ_2 的极大似然估计.

解 X 的分布密度为

$$f(x;\theta_1,\theta_2)=\begin{cases}\dfrac{1}{\theta_2-\theta_1} & \text{当 } x\in[\theta_1,\theta_2] \\ 0 & \text{其他}\end{cases}.$$

似然函数为

$$L(\theta_1,\theta_2)=\begin{cases}\left(\dfrac{1}{\theta_2-\theta_1}\right)^n & \text{当 } \theta_1\leqslant x_i\leqslant \theta_2,\ i=1,2,\cdots,n \\ 0 & \text{其他}\end{cases}.$$

由于似然函数无驻点,因而不能用微分法求极大似然估计. 记

$$x_{(1)}=\min\{x_1,x_2,\cdots,x_n\},\quad x_{(n)}=\max\{x_1,x_2,\cdots,x_n\}.$$

于是对于满足条件 $\theta_1 \leqslant x_{(1)}, \theta_2 \geqslant x_{(n)}$ 的任意 θ_1, θ_2 有

$$L(\theta_1, \theta_2) = \frac{1}{(\theta_2 - \theta_1)^n} \leqslant \frac{1}{[x_{(n)} - x_{(1)}]^n},$$

即 $L(\theta_1, \theta_2)$ 在 $\theta_1 = x_{(1)}, \theta_2 = x_{(n)}$ 时取到最大值 $[x_{(n)} - x_{(1)}]^{-n}$. 故 θ_1, θ_2 的极大似然估计为

$$\hat{\theta}_1 = X_{(1)} = \min\{X_1, X_2, \cdots, X_n\}, \quad \hat{\theta}_2 = X_{(n)} = \max\{X_1, X_2, \cdots, X_n\}.$$

例 7.8 设总体 X 的概率分布如下表：

X	0	1	2	3
p	θ^2	$2\theta(1-\theta)$	θ^2	$1-2\theta$

其中 $\theta\left(0 < \theta < \frac{1}{2}\right)$ 是未知参数. 利用总体 X 的如下样本值

$$3, 1, 3, 0, 3, 1, 2, 3,$$

求：(1) θ 的极大似然估计值及矩估计值；(2) $P\{X = 3\}$ 的极大似然估计值.

解 由于本例中离散型随机变量分布律一般式无法写出，所以不能先求出 θ 的极大似然估计量，然后将样本值代入求出 θ 的极大似然估计值，故下面采用将样本值直接代入似然函数的方法求出 θ 的极大似然估计值.

$$\begin{aligned}
L(\theta) &= \prod_{i=1}^{8} f(x_i; \theta) \\
&= f(3;\theta)f(1;\theta)f(3;\theta)f(0;\theta)f(3;\theta)f(1;\theta)f(2;\theta)f(3;\theta) \\
&= P\{X_1 = 3\}P\{X_2 = 1\}P\{X_3 = 3\}P\{X_4 = 0\}P\{X_5 = 3\} \\
&\quad P\{X_6 = 1\}P\{X_7 = 2\}P\{X_8 = 3\} \\
&= \theta^2[2\theta(1-\theta)]^2 \theta^2 (1-2\theta)^4 \\
&= 4\theta^6(1-\theta)^2(1-2\theta)^4.
\end{aligned}$$

$\ln L(\theta) = \ln 4 + 6\ln \theta + 2\ln(1-\theta) + 4\ln(1-2\theta).$

$\dfrac{d\ln L(\theta)}{d\theta} = \dfrac{6}{\theta} - \dfrac{2}{1-\theta} - \dfrac{8}{1-2\theta} = \dfrac{6 - 28\theta + 24\theta^2}{\theta(1-\theta)(1-2\theta)}.$

令 $\dfrac{d\ln L(\theta)}{d\theta} = 0$，解得 $\theta_{1,2} = \dfrac{7 \pm \sqrt{13}}{12}$，但 $\dfrac{7 + \sqrt{13}}{12} > \dfrac{1}{2}$ 不合题意，所以 θ 的极大似然估计值为

$$\hat{\theta} = \frac{7 - \sqrt{13}}{12}.$$

$E(X) = 0 \times \theta^2 + 1 \times 2\theta(1-\theta) + 2 \times \theta^2 + 3 \times (1-2\theta) = 3 - 4\theta$. 经计算样本观察值的平均值 $\bar{x} = 2$，所以 $E(X) = 3 - 4\theta$ 的矩估计值为 2，从而 θ 的矩估计值为 $\dfrac{1}{4}$.

(2) 因 θ 的极大似然估计值为 $\dfrac{7 - \sqrt{13}}{12}$，所以 $P\{X = 3\} = 1 - 2\theta$ 的极大似然估计值为

$$1 - 2 \times \frac{7 - \sqrt{13}}{12} = \frac{\sqrt{13} - 1}{6}.$$

7.1.3 估计量的评选标准

从前面可以看到，对于总体的未知参数可以用不同的方法进行估计，一般说来得到的估计

量可能是不同的. 如例 7.3 和例 7.7. 这就是说,同一个未知参数可以选择不同的统计量作为它的估计. 那么,究竟选用哪个估计量为好呢?这就涉及用什么样的标准来评价估计的优劣. 下面介绍几个常用的标准.

1. 无偏性

估计量是随机变量,对于不同的样本值会得到不同的估计值,我们希望估计值在未知参数真值左右徘徊,而估计量的期望等于未知参数的真值. 这就导致了无偏性这个标准产生.

定义 7.2 若参数 θ 的估计量 $\hat{\theta}$ 满足
$$E(\hat{\theta}) = \theta, \tag{7.5}$$
则称 $\hat{\theta}$ 是 θ 的**无偏估计量**.

从直观意义来说,无偏估计即要求估计量从总平均意义上来说等于待估参数.

例 7.9 试证:样本均值 $\overline{X}$ 是总体均值 $E(X) = \mu$ 的无偏估计量,样本方差 S^2 是总体方差 $D(X) = \sigma^2$ 的无偏估计量,而样本的二阶中心矩 B_2 不是 σ^2 的无偏估计量.

证明 由定理 6.2 可知 $E(S^2) = \sigma^2$,所以 S^2 是 σ^2 的无偏估计. 而
$$B_2 = \frac{1}{n}\sum_{i=1}^{n}(X_i - \overline{X})^2 = \frac{n-1}{n}S^2,$$
故
$$E(B_2) = E\left(\frac{n-1}{n}S^2\right) = \frac{n-1}{n}\sigma^2.$$
所以 B_2 不是 σ^2 的无偏估计.

例 7.10 设总体 X 服从参数为 λ 的泊松分布,$X_1, X_2, \cdots, X_n$ 是来自总体 X 的一组样本,试证 $\frac{1}{2}(\overline{X} + S^2)$ 是 λ 的无偏估计.

证明 由 $E(\overline{X}) = E(X) = \lambda$,$E(S^2) = D(X) = \lambda$ 得
$$E\left(\frac{1}{2}(\overline{X} + S^2)\right) = \frac{1}{2}[E(\overline{X}) + E(S^2)] = \lambda,$$
即 $\frac{1}{2}(\overline{X} + S^2)$ 是 λ 的无偏估计.

2. 有效性

估计量 $\hat{\theta}$ 是参数 θ 的无偏估计量,只是表明 $\hat{\theta}$ 的期望值等于 θ,若 $\hat{\theta}$ 的方差很大,则 $\hat{\theta}$ 的取值可能很分散,从而对一个样本的观测值 $x_1, x_2, \cdots, x_n$,估计值 $\hat{\theta}(x_1, x_2, \cdots, x_n)$ 可能离待估参数 θ 的真值甚远. 因此,要使估计值尽可能集中在 θ 真值附近,自然要求 $D(\hat{\theta})$ 尽量地小. 这就引出了估计量的有效性标准.

定义 7.3 设 $\hat{\theta}_1$ 和 $\hat{\theta}_2$ 都是 θ 的无偏估计量,若对任意固定的样本容量 n 都有
$$D(\hat{\theta}_1) < D(\hat{\theta}_2), \tag{7.6}$$
则称**估计量 $\hat{\theta}_1$ 较 $\hat{\theta}_2$ 有效**.

例 7.11 设 X_1, X_2 是总体 X 的样本,则 $\overline{X} = \frac{X_1 + X_2}{2}$ 与 $X' = \frac{X_1 + 2X_2}{3}$ 均是总体均值 μ 的无偏估计量,易算得 $D(\overline{X}) = \frac{D(X)}{2}$,$D(X') = \frac{5D(X)}{9}$,可见 $\overline{X}$ 比 X' 更有效.

一般地,在 $E(X)$ 的所有形如 $a_1X_1 + a_2X_2 + \cdots + a_nX_n (\sum_{i=1}^{n}a_i = 1)$ 的无偏估计中,$\overline{X}$ 最有效.

例 7.12 设 $X \sim N(\mu, \sigma^2)$，μ 已知．$X_1, X_2, \cdots, X_n$ 是来自总体 X 的一组样本，试证：

(1) $S_1^2 = \dfrac{1}{n} \sum\limits_{i=1}^{n} (X_i - \mu)^2$ 是 σ^2 的无偏估计量；

(2) S_1^2 较 $S^2 = \dfrac{1}{n-1} \sum\limits_{i=1}^{n} (X_i - \overline{X})^2$ 更有效．

证 由 $\dfrac{X_i - \mu}{\sigma} \sim N(0,1)$ 得 $E((X_i - \mu)^2) = \sigma^2$，所以

$$E(S_1^2) = \frac{1}{n} \sum_{i=1}^{n} E((X_i - \mu)^2) = \frac{1}{n} \cdot n\sigma^2 = \sigma^2,$$

即 $S_1^2 = \dfrac{1}{n} \sum\limits_{i=1}^{n} (X_i - \mu)^2$ 是 σ^2 的无偏估计量．

(2) 由例 7.9 可知，S^2 也是 σ^2 的无偏估计量．

由 $\dfrac{X_i - \mu}{\sigma} \sim N(0,1)$ $(i = 1, 2, \cdots, n)$，且 $\dfrac{X_i - \mu}{\sigma}$ 与 $\dfrac{X_j - \mu}{\sigma}$ $(i \neq j)$ 相互独立，可得 $\dfrac{n S_1^2}{\sigma^2} \sim \chi^2(n)$，所以 $D\left(\dfrac{n S_1^2}{\sigma^2}\right) = 2n$，得

$$D(S_1^2) = \frac{2\sigma^4}{n}.$$

由 $\dfrac{(n-1)S^2}{\sigma^2} \sim \chi^2(n-1)$ 得 $D\left(\dfrac{(n-1)S^2}{\sigma^2}\right) = 2(n-1)$，从而

$$D(S^2) = \frac{2\sigma^4}{n-1},$$

所以 $D(S_1^2) < D(S^2)$，即 S_1^2 较 S^2 更有效．

3. 一致性

估计量的无偏性和有效性是固定样本容量 n 的情形下的估计量的性质，而实际上，估计量 $\hat{\theta}$ 与样本容量 n 的大小是有关的．为了强调这一点，有时记 $\hat{\theta}$ 为 $\hat{\theta}_n$．对于一个好的估计量，当 n 越大时，$\hat{\theta}_n$ 提供的关于总体的信息也越多，从而在某种意义上，$\hat{\theta}_n$ 越接近未知参数 θ，这就引出了估计量一致性的概念．

定义 7.4 $\hat{\theta}_n = \hat{\theta}(x_1, \cdots, x_n)$ 为总体 X 的未知参数 θ 的估计量，若 $\hat{\theta}_n$ 依概率收敛于 θ，即对任意 $\varepsilon > 0$，恒有

$$\lim_{n \to \infty} P\{|\hat{\theta}_n - \theta| > \varepsilon\} = 0, \tag{7.7}$$

称 $\hat{\theta}_n$ 为 θ 的**一致估计量**．

例如，样本 $k (k \geqslant 1)$ 阶矩是总体 X 的 k 阶矩 $\mu_k = E(X^k)$ 的一致估计量．

我们自然希望一个估计量具有一致性，不过估计量的一致性只有当样本容量相当大时，才能显示出优越性，这在实际中往往难以做到．因此，在工程实际中经常使用无偏性和有效性这两个标准．

7.2 参数的区间估计

参数的点估计给出了一个具体的数值，便于计算和使用，但其精度如何，点估计本身不能

回答. 实际中,度量一个点估计的精度的最直接的方法就是给出未知参数的一个区间,这便产生了区间估计的概念.

7.2.1 置信区间及求法

定义 7.5 设总体 X 的分布函数 $F(x;\theta)$ 含有一个未知参数 θ. 对于给定值 $\alpha(0<\alpha<1)$,若由样本 $X_1,X_2,\cdots,X_n$ 确定的两个统计量 $\underline{\theta}=\underline{\theta}(X_1,X_2,\cdots,X_n)$ 和 $\bar{\theta}=\bar{\theta}(X_1,X_2,\cdots,X_n)$ 满足

$$P\{\underline{\theta}<\theta<\bar{\theta}\}=1-\alpha, \tag{7.8}$$

则称随机区间 $(\underline{\theta},\bar{\theta})$ 为 θ 的置信度为 $1-\alpha$ 的**置信区间**,$\underline{\theta}$ 和 $\bar{\theta}$ 分别称为置信度为 $1-\alpha$ 的双侧置信区间的**置信下限**和**置信上限**,$1-\alpha$ 称为**置信度**.

利用置信区间的形式作为未知参数的估计称为**区间估计**.

例 7.13 设总体 $X\sim N(\mu,\sigma^2)$,σ^2 为已知. 若 $X_1,X_2,\cdots,X_n$ 是取自 X 的样本,求 μ 的置信度为 $1-\alpha$ 的置信区间.

解 由于

$$\frac{\bar{X}-\mu}{\sigma/\sqrt{n}}\sim N(0,1), \tag{7.9}$$

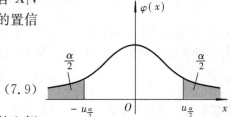

图 7.1

且 $N(0,1)$ 不依赖于任何未知参数. 由标准正态分布的上侧 α 分位数的定义,有(见图 7.1)

$$P\left\{\left|\frac{\bar{X}-\mu}{\sigma/\sqrt{n}}\right|<u_{\frac{\alpha}{2}}\right\}=1-\alpha, \tag{7.10}$$

即

$$P\left\{\bar{X}-\frac{\sigma}{\sqrt{n}}u_{\frac{\alpha}{2}}<\mu<\bar{X}+\frac{\sigma}{\sqrt{n}}u_{\frac{\alpha}{2}}\right\}=1-\alpha. \tag{7.11}$$

于是,我们得到 μ 的一个置信度为 $1-\alpha$ 的置信区间

$$\left(\bar{X}-\frac{\sigma}{\sqrt{n}}u_{\frac{\alpha}{2}},\ \bar{X}+\frac{\sigma}{\sqrt{n}}u_{\frac{\alpha}{2}}\right), \tag{7.12}$$

这样的置信区间常写成

$$\left(\bar{X}\pm\frac{\sigma}{\sqrt{n}}u_{\frac{\alpha}{2}}\right). \tag{7.13}$$

取 $\alpha=0.05$,$\sigma=1$,$n=16$,查表得 $u_{\frac{\alpha}{2}}=u_{0.025}=1.96$. 若由一样本观测值算得样本均值 $\bar{x}=5.20$,于是我们得到一个置信度为 0.95 的置信区间

$$\left(5.20\pm\frac{1}{\sqrt{16}}\times1.96\right),$$

即

$$(4.71,\ 5.69).$$

注意:这已经不是随机区间.

注 在式(7.8)中,$(\underline{\theta},\bar{\theta})$ 是随机区间,若我们在固定样本容量条件下反复抽样多次,例如,100 次每个样本观测值确定一个区间 $(\underline{\theta},\bar{\theta})$,则由伯努利大数定律,所得区间中大约有 $100(1-\alpha)$ 个包含未知参数 θ 的真值,不包含 θ 的真值约有 100α. 在上例中,得到区间(4.71,5.69),该区间要么包含 μ,要么不包含 μ,它包含 μ 的可信程度为 95%.

然而,置信度为 $1-\alpha$ 的置信区间并不是唯一的. 如上例,若给定 $\alpha=0.05$,则又有

$$P\{-u_{0.04} < \frac{\overline{X}-\mu}{\sigma/\sqrt{n}} < u_{0.01}\} = 0.95,$$

即
$$P\left\{\overline{X} - \frac{\sigma}{\sqrt{n}}u_{0.04} < \mu < \overline{X} + \frac{\sigma}{\sqrt{n}}u_{0.01}\right\} = 0.95,$$

故
$$\left(\overline{X} - \frac{\sigma}{\sqrt{n}}u_{0.04},\ \overline{X} + \frac{\sigma}{\sqrt{n}}u_{0.01}\right) \tag{7.14}$$

也是 μ 的置信度为 0.95 的置信区间. 我们将它与(7.12)中令 $\alpha = 0.05$ 所得的置信度为 0.95 的置信区间相比较,可知由(7.12)所确定的区间长度为 $\frac{2\sigma}{\sqrt{n}}u_{0.025} = 3.92\frac{\sigma}{\sqrt{n}}$,这一长度要比由(7.14)所给出的区间的长度 $\frac{\sigma}{\sqrt{n}}(u_{0.04}+u_{0.01}) = 4.08\frac{\sigma}{\sqrt{n}}$ 为短. 置信区间短表示估计的精度高,故由(7.12)给出的区间较(7.14)为优. 今后,我们总是取长度最短的那个区间作为置信区间. 即使密度函数不对称时,也常取 a,b 满足

$$P\{J < a\} = P\{J > b\} = \frac{\alpha}{2}. \tag{7.15}$$

其中 J 为与待估参数 θ 和样本有关的随机变量.

从(7.12)式可以看出,置信度越大,置信区间也越长. 若在确定的置信度下,希望置信区间短,唯一办法是增加样本容量.

由例 7.13 可得,求参数 θ 的置信区间的一般步骤:

(1) 寻找一样本 $X_1, X_2, \cdots, X_n$ 的函数

$$J = J(X_1, X_2, \cdots, X_n; \theta),$$

它仅包含未知参数 θ,而不含其他未知参数. 并且 J 的分布已知且不含任何未知参数.

(2) 对给定的置信度 $1-\alpha$,确定常数 a,b,使

$$P = \{a < J(X_1, X_2, \cdots, X_n; \theta) < b\} = 1-\alpha.$$

(3) 若能从 $a < J(X_1, X_2, \cdots, X_n; \theta) < b$ 得到等价不等式

$$\underline{\theta} < \theta < \overline{\theta},$$

其中 $\underline{\theta} = \underline{\theta}(X_1, X_2, \cdots, X_n), \overline{\theta} = \overline{\theta}(X_1, X_2, \cdots, X_n)$,则 $(\underline{\theta}, \overline{\theta})$ 就是 θ 的一个置信度为 $1-\alpha$ 的置信区间.

7.2.2 正态总体的均值与方差的区间估计

1. 单个总体 $N(\mu, \sigma^2)$ 的情形

设已给置信度为 $1-\alpha$,并设 $X_1, X_2, \cdots, X_n$ 为总体 $N(\mu, \sigma^2)$ 的样本,$\overline{X}, S^2$ 分别是样本均值和样本方差.

(1) 均值 μ 的置信区间

第一种情形:方差 σ^2 已知

由例 7.13,可得到 μ 的置信度为 $1-\alpha$ 的置信区间为

$$\left(\overline{X} \pm \frac{\sigma}{\sqrt{n}}u_{\frac{\alpha}{2}}\right). \tag{7.16}$$

第二种情形：方差 σ^2 未知

此时不能使用式（7.16）给出区间，因其中含未知参数 σ. 由于样本方差 S^2 作为 σ^2 的估计是一个很好的估计. 因此，人们自然想到将 σ^2 替换为 S^2，事实上由第6章定理 6.5，知

$$\frac{\overline{X}-\mu}{S/\sqrt{n}} \sim t(n-1), \tag{7.17}$$

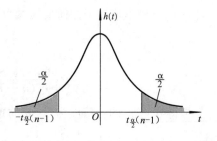

图 7.2

于是，可得（见图 7.2）

$$P\left\{-t_{\frac{\alpha}{2}}(n-1) < \frac{\overline{X}-\mu}{S/\sqrt{n}} < t_{\frac{\alpha}{2}}(n-1)\right\} = 1-\alpha, \tag{7.18}$$

即

$$P\left\{\overline{X}-\frac{S}{\sqrt{n}}t_{\frac{\alpha}{2}}(n-1) < \mu < \overline{X}+\frac{S}{\sqrt{n}}t_{\frac{\alpha}{2}}(n-1)\right\} = 1-\alpha.$$

于是得 μ 的置信度为 $1-\alpha$ 的置信区间

$$\left(\overline{X} \pm \frac{S}{\sqrt{n}} t_{\frac{\alpha}{2}}(n-1)\right). \tag{7.19}$$

例 7.14 某铁路线材厂生产了一批钢丝绳，从过去资料看，钢丝绳的主要质量指标"折断力" $X \sim N(\mu,\sigma^2)$，今从中抽出 15 根，折断力（kg）为：422.2，418.7，425.6，420.3，425.8，423.1，431.5，428.2，438.3，434.0，412.3，417.2，413.5，441.3，423.7. 试对折断力的均值 μ 进行区间估计（置信度0.95）.

解 这是方差未知时正态总体均值的区间估计问题. 这里 $1-\alpha=0.95, \frac{\alpha}{2}=0.025$，$n-1=14, t_{0.025}(14)=2.145$，由给出的数据算得：$\bar{x}=425.047, s=8.4783$. 由（7.19）得均值 μ 的置信区间为

$$\left(425.047 \pm \frac{8.4783}{\sqrt{15}} \times 2.145\right),$$

即

$$(420.35, 429.74).$$

上述区间估计的 MATLAB 代码如下：

```
clear all
x=[422.2,418.7,425.6,420.3,425.8,423.1,431.5,428.2,438.3,434.0,412.3,417.2,413.5,441.3,
   423.7];
[muhat,sigmahat,muci,sigmaci]=normfit(x,0.05);
```

运行结果：

muhat = 425.0467
sigmahat = 8.4783
muci = 420.3516   429.7418

(2) 方差 σ^2 的置信区间

此处，根据实际问题的需要，只介绍 μ 未知的情况.

由第 6 章定理 6.4 知

$$\frac{(n-1)S^2}{\sigma^2} \sim \chi^2(n-1), \tag{7.20}$$

且 $\chi^2(n-1)$ 不依赖于任何未知参数. 故有(参见图 7.3):

$$P\left\{\chi^2_{1-\frac{\alpha}{2}}(n-1) < \frac{(n-1)S^2}{\sigma^2} < \chi^2_{\frac{\alpha}{2}}(n-1)\right\} = 1-\alpha, \quad (7.21)$$

即

$$P\left\{\frac{(n-1)S^2}{\chi^2_{\frac{\alpha}{2}}(n-1)} < \sigma^2 < \frac{(n-1)S^2}{\chi^2_{1-\frac{\alpha}{2}}(n-1)}\right\} = 1-\alpha.$$

于是得方差 σ^2 的置信度为 $1-\alpha$ 的置信区间

$$\left(\frac{(n-1)S^2}{\chi^2_{\frac{\alpha}{2}}(n-1)}, \frac{(n-1)S^2}{\chi^2_{1-\frac{\alpha}{2}}(n-1)}\right). \quad (7.22)$$

由式(7.21),还容易得到标准差 σ 的一个置信度为 $1-\alpha$ 的置信区间

$$\left(\frac{\sqrt{(n-1)}S}{\sqrt{\chi^2_{\frac{\alpha}{2}}(n-1)}}, \frac{\sqrt{(n-1)}S}{\sqrt{\chi^2_{1-\frac{\alpha}{2}}(n-1)}}\right). \quad (7.23)$$

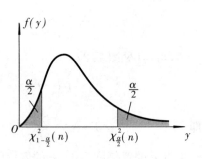

图 7.3

需要指出的是,上述方法确定的置信区间的长度并不一定最短.

例 7.15 试对例 7.14 中的钢丝绳折断力的方差作置信度为 0.95 的区间估计.

解 这是正态总体方差的区间估计问题. 查表得

$$\chi^2_{\frac{\alpha}{2}}(n-1) = \chi^2_{0.025}(14) = 26.119,$$

$$\chi^2_{1-\frac{\alpha}{2}}(n-1) = \chi^2_{0.975}(14) = 5.629,$$

又 $s=8.4783$,由式(7.23)得方差 σ^2 的置信度为 0.95 的置信区间为

$$(38.53, 178.78).$$

上述区间估计的 MATLAB 代码如下:

```
clear all
x=[422.2,418.7,425.6,420.3,425.8,423.1,431.5,428.2,438.3,434.0,412.3,417.2,413.5,441.3,
    423.7];
[muhat,sigmahat,muci,sigmaci]=normfit(x,0.05);
Sigmaci2=sigmaci.^2;
```

运行结果:

```
muhat=425.0467
sigmahat=8.4783
sigmaci=6.2072      13.3711
sigmaci2=38.5290    178.78
```

2. 两个总体 $N(\mu_1,\sigma_1^2),N(\mu_2,\sigma_2^2)$ 的情形

这里讨论的是两个正态总体的均值差及方差比的区间估计问题.

设已给置信度为 $1-\alpha$,并设 $X_1,X_2,\cdots,X_{n_1}$ 是取自第一个总体 $N(\mu_1,\sigma_1^2)$ 的样本;$Y_1,Y_2,\cdots,Y_{n_2}$ 是取自第二个总体 $N(\mu_2,\sigma_2^2)$ 的样本,这两个样本相互独立,且设 $\overline{X},\overline{Y}$ 分别为第一、二个总体的样本均值,S_1^2,S_2^2 分别是第一、二个总体的样本方差.

(1)两正态总体均值差的置信区间

第一种情形:σ_1^2,σ_2^2 均为已知.

考察随机变量 $\dfrac{\overline{X}-\overline{Y}-(\mu_1-\mu_2)}{\sqrt{\sigma_1^2/n_1+\sigma_2^2/n_2}}$. 由

$$\frac{\overline{X}-\overline{Y}-(\mu_1-\mu_2)}{\sqrt{\sigma_1^2/n_1+\sigma_2^2/n_2}} \sim N(0,1) \tag{7.24}$$

得 $\mu_1-\mu_2$ 的置信度为 $1-\alpha$ 的置信区间

$$\left(\overline{X}-\overline{Y}\pm u_{\frac{\alpha}{2}}\sqrt{\frac{\sigma_1^2}{n_1}+\frac{\sigma_2^2}{n_2}}\right). \tag{7.25}$$

第二种情形：σ_1^2,σ_2^2 均为未知，而 n_1,n_2 都很大 (>50).

可用 $\left(\overline{X}-\overline{Y}\pm u_{\frac{\alpha}{2}}\sqrt{\dfrac{S_1^2}{n_1}+\dfrac{S_2^2}{n_2}}\right)$ 作为 $\mu_1-\mu_2$ 的置信度为 $1-\alpha$ 的近似置信区间.

第三种情形：$\sigma_1^2=\sigma_2^2=\sigma^2$，但 σ^2 未知.

由第 6 章定理 6.6 知：

$$\frac{(\overline{X}-\overline{Y})-(\mu_1-\mu_2)}{S_W\sqrt{\dfrac{1}{n_1}+\dfrac{1}{n_2}}} \sim t(n_1+n_2-2), \tag{7.26}$$

从而可得 $\mu_1-\mu_2$ 的置信度为 $1-\alpha$ 的置信区间为

$$\left(\overline{X}-\overline{Y}\pm t_{\frac{\alpha}{2}}(n_1+n_2-2)S_W\sqrt{\frac{1}{n_1}+\frac{1}{n_2}}\right). \tag{7.27}$$

此处

$$S_W^2=\frac{(n_1-1)S_1^2+(n_2-1)S_2^2}{n_1+n_2-2}, \quad S_W=\sqrt{S_W^2}. \tag{7.28}$$

例 7.16 为了估计磷肥对某种农作物的增产作用，选择 20 块条件大致相同的土地进行种植试验，其中 10 块不施磷肥，另 10 块施磷肥，得亩产量（单位：kg）如下：

不施磷肥的亩产量 X 为：590，560，570，580，570，600，550，570，550，560；

施磷肥的亩产量 Y 为：620，570，650，600，630，580，570，600，580，600.

由经验知，$X\sim N(\mu_1,\sigma^2),Y\sim N(\mu_2,\sigma^2)$，其中 μ_1,μ_2,σ^2 均为未知，试求 $\mu_1-\mu_2$ 的置信度为 0.95 的置信区间.

解 按实际情况，可认为分别来自两个总体的样本是相互独立的. 又由题目知，两总体方差相等，但数值未知，故可用式 (7.27) 求均值差 $\mu_1-\mu_2$ 的置信区间. $n_1=n_2=10, \alpha=0.05$，经查表得 $t_{\frac{\alpha}{2}}(n_1+n_2-2)=t_{0.025}(18)=2.1009$. 经过计算得

$$\overline{x}=570, \quad (n_1-1)S_1^2=\sum_{i=1}^{n_1}(x_i-\overline{x})^2=2\,400,$$

$$\overline{y}=600, \quad (n_2-1)S_2^2=\sum_{i=1}^{n_2}(y_i-\overline{y})^2=6\,400,$$

代入 (7.27) 得，$\mu_1-\mu_2$ 的置信度为 0.95 的置信区间为

$$(-50.77,-9.23).$$

本题中所得置信上限小于零，在实际中我们认为 μ_1 比 μ_2 小，即施磷肥的亩产量要高些.

(2) 两正态总体方差比 $\dfrac{\sigma_1^2}{\sigma_2^2}$ 的置信区间

我们仅讨论总体均值 μ_1, μ_2 为未知的情况. 为求方差比 $\dfrac{\sigma_1^2}{\sigma_2^2}$ 的置信区间,注意到

$$\frac{(n_1-1)S_1^2}{\sigma_1^2} \sim \chi^2(n_1-1), \quad \frac{(n_2-1)S_2^2}{\sigma_2^2} \sim \chi^2(n_2-1),$$

且由假设知它们相互独立. 由 F 分布的定义知

$$\frac{S_1^2/\sigma_1^2}{S_2^2/\sigma_2^2} = \frac{\dfrac{(n_1-1)S_1^2}{\sigma_1^2}\Big/(n_1-1)}{\dfrac{(n_2-1)S_2^2}{\sigma_2^2}\Big/(n_2-1)} \sim F(n_1-1, n_2-1).$$

并且分布 $F(n_1-1, n_2-1)$ 不依赖于任何未知参数. 由此得

$$P\left\{F_{1-\frac{\alpha}{2}}(n_1-1, n_2-1) < \frac{S_1^2/\sigma_1^2}{S_2^2/\sigma_2^2} < F_{\frac{\alpha}{2}}(n_1-1, n_2-1)\right\} = 1-\alpha, \tag{7.29}$$

即

$$P\left\{\frac{S_1^2}{S_2^2} \cdot \frac{1}{F_{\frac{\alpha}{2}}(n_1-1, n_2-1)} < \frac{\sigma_1^2}{\sigma_2^2} < \frac{S_1^2}{S_2^2} \cdot \frac{1}{F_{1-\frac{\alpha}{2}}(n_1-1, n_2-1)}\right\} = 1-\alpha.$$

于是得 σ_1^2/σ_2^2 的一个置信度为 $1-\alpha$ 的置信区间

$$\left(\frac{S_1^2}{S_2^2} \cdot \frac{1}{F_{\frac{\alpha}{2}}(n_1-1, n_2-1)}, \frac{S_1^2}{S_2^2} \cdot \frac{1}{F_{1-\frac{\alpha}{2}}(n_1-1, n_2-1)}\right). \tag{7.30}$$

例 7.17 研究由机器 A 和机器 B 生产的钢管的内径,随机抽取机器 A 生产的钢管 18 只,测得样本方差 $S_1^2 = 0.34 \text{ mm}^2$;抽取机器 B 生产的钢管 13 只,测得样本方差 $S_2^2 = 0.29 \text{ mm}^2$. 设两样本相互独立,且设由机器 A,机器 B 生产的钢管的内径分别服从正态分布 $N(\mu_1, \sigma_1^2)$, $N(\mu_2, \sigma_2^2)$,这里 $\mu_i, \sigma_i^2 (i=1,2)$ 均未知,试求方差比 $\dfrac{\sigma_1^2}{\sigma_2^2}$ 的置信度为 0.90 的置信区间.

解 查表得:$F_{\frac{\alpha}{2}}(n_1-1, n_2-1) = F_{0.05}(17, 12) = 2.59$;

$$F_{1-\frac{\alpha}{2}}(n_1-1, n_2-1) = F_{0.95}(17, 12) = \frac{1}{F_{0.05}(12, 17)} = \frac{1}{2.38}.$$

将题目中所给数值代入(7.30)式得,$\dfrac{\sigma_1^2}{\sigma_2^2}$ 的一个置信度为 0.90 的置信区间为

$$(0.45, \ 2.79).$$

由于该置信区间包含 1,在实际中我们就认为 σ_1^2, σ_2^2 两者没有显著差别,即两台机器生产钢管的精度差不多.

为了便于读者使用,我们把参数的区间估计列表于表 7.1.

表 7.1

序号	待估参数总体	待估参数	已知条件	置信度	置信区间	备注
1	单正态总体	μ	σ^2 已知	$1-\alpha$	$\left(\bar{X} \pm \dfrac{\sigma}{\sqrt{n}} u_{\frac{\alpha}{2}}\right)$	$u_{\frac{\alpha}{2}}$ 是标准正态分布 $N(0,1)$ 的上侧 $\alpha/2$ 的分位数
2	单正态总体	μ	σ^2 未知	$1-\alpha$	$\left(\bar{X} \pm \dfrac{S}{\sqrt{n}} t_{\frac{\alpha}{2}}(n-1)\right)$	$t_{\frac{\alpha}{2}}(n-1)$ 是 t 分布 $t(n-1)$ 的上侧 $\dfrac{\alpha}{2}$ 分位数,S 为样本标准差
3	单正态总体	σ^2	μ 未知	$1-\alpha$	$\left(\dfrac{(n-1)S^2}{\chi^2_{\frac{\alpha}{2}}(n-1)}, \dfrac{(n-1)S^2}{\chi^2_{1-\frac{\alpha}{2}}(n-1)}\right)$	$\chi^2_{\frac{\alpha}{2}}(n-1), \chi^2_{1-\frac{\alpha}{2}}(n-1)$ 分别为分布 $\chi^2(n-1)$ 的上侧 $\dfrac{\alpha}{2}$ 分位数和上侧 $1-\dfrac{\alpha}{2}$ 分位数

续表

序号	待估参数总体	待估参数	已知条件	置信度	置信区间	备注
4	双正态总体	$\mu_1-\mu_2$	σ_1^2,σ_2^2 已知	$1-\alpha$	$\left(\overline{X}-\overline{Y}\pm u_{\frac{\alpha}{2}}\sqrt{\frac{\sigma_1^2}{n_1}+\frac{\sigma_2^2}{n_2}}\right)$	
5	双正态总体	$\mu_1-\mu_2$	σ_1^2,σ_2^2 未知 n_1,n_2 很大 (>50)	$1-\alpha$	$\left(\overline{X}-\overline{Y}\pm u_{\frac{\alpha}{2}}\sqrt{\frac{S_1^2}{n_1}+\frac{S_2^2}{n_2}}\right)$	S_1^2,S_2^2 分别为第一个总体和第二个总体的样本方差
6	双正态总体	$\mu_1-\mu_2$	$\sigma_1^2=\sigma_2^2=\sigma^2$ 但 σ^2 未知	$1-\alpha$	$\left(\overline{X}-\overline{Y}\pm t_{\frac{\alpha}{2}}(n_1+n_2-2)\cdot S_w\sqrt{\frac{1}{n_1}+\frac{1}{n_2}}\right)$	$S_w=\sqrt{\frac{(n_1-1)S_1^2+(n_2-1)S_2^2}{n_1+n_2-2}}$
7	双正态总体	σ_1^2/σ_2^2	μ_1,μ_2 未知	$1-\alpha$	$\left(\frac{S_1^2}{S_2^2}\cdot\frac{1}{F_{\frac{\alpha}{2}}(n_1-1,n_2-1)},\frac{S_1^2}{S_2^2}\cdot\frac{1}{F_{1-\frac{\alpha}{2}}(n_1-1,n_2-1)}\right)$	$F_{\frac{\alpha}{2}}(n_1-1,n_2-1),F_{1-\frac{\alpha}{2}}(n_1-1,n_2-1)$ 分别为 $F(n_1-1,n_2-1)$ 的上侧 $\frac{\alpha}{2}$ 和上侧 $1-\frac{\alpha}{2}$ 分位数

习 题 7A

1. 设总体 X 服从两点分布,分布律为
$$P\{X=x\}=p^x(1-p)^{1-x}, \quad x=0,1.$$
如果取得样本观测值为 $x_1,x_2,\cdots,x_n(x_i=0$ 或 $1)$,求参数 p 的矩估计值.

2. 设 $X_1,X_2,\cdots,X_n$ 取来自总体为二项分布 $B(m,p)$ 的样本,试求 p 的矩估计量.

3. 总体 X 服从参数为 p 的几何分布,其分布律为
$$P\{X=x\}=p(1-p)^{x-1} \quad (0<p<1; x=1,2,\cdots),$$
$x_1,x_2,\cdots,x_n$ 为总体的一组样本观测值,求参数 p 的矩估计与极大似然估计.

4. 已知某白炽灯泡寿命服从正态分布. 在某星期中生产的该种灯泡中随机抽取 10 只,测得其寿命为(单位:h)

    1 067　919　1 196　785　1 126　936　918　1 156　920　948

设总体参数都为未知,试用极大似然估计法估计这个星期中生产的灯泡能使用 1 300 h 以上的概率.

5. 设总体 X 的分布密度为 $f(x;\theta)$. $X_1,X_2,\cdots,X_n$ 为总体 X 的样本,求参数 θ 的极大似然估计.

(1) $f(x;\theta)=\begin{cases}\theta x^{\theta-1} & \text{当 } 0<x<1 \\ 0 & \text{其他}\end{cases}$;

(2) $f(x;\theta)=\begin{cases}\theta\alpha x^{\alpha-1}\mathrm{e}^{-\theta x^\alpha} & \text{当 } x>0 \\ 0 & \text{其他}\end{cases}$,其中 $\theta>0,\alpha>0$ 且为已知.

6. 已知某路口车辆经过的时间间隔服从参数为 λ 的指数分布,现在观测到六个时间间隔数据(单位:s):

    1.8　3.2　4　1.8　4.5　2.5

试求该路口车辆经过的平均时间间隔的矩估计与极大似然估计值.

7. 设 $X_1,X_2,\cdots,X_m$ 为来自二项分布总体 $B(n,p)$ 的简单随机样本,$\overline{X}$ 和 S^2 分别为样本均值和样本方差. 若 $\overline{X}+kS^2$ 为 np^2 的无偏估计量,求 k 的值.

8. 设 $X_1,X_2,\cdots,X_n$ 是总体 $N(\mu,\sigma^2)$ 的一个样本. 试适当选择常数 C,使 $C\sum_{i=1}^{n-1}(X_{i+1}-X_i)^2$ 是 σ^2 的无偏估计量.

9. 随机地从一批钉子抽取 16 枚,测得其长度(单位:cm)为

    2.14　2.10　2.13　2.15　2.13　2.12　2.13　2.10

$$2.15 \quad 2.12 \quad 2.14 \quad 2.10 \quad 2.13 \quad 2.11 \quad 2.14 \quad 2.11$$

设钉子长度服从正态分布,分别在下列两种情况下求总体均值 μ 的 90% 的置信区间:(1)已知 $\sigma=0.01$ cm;(2)σ 未知.

10. 随机地取某种炮弹 9 发做试验,测得炮口速度的样本标准差为 11 m/s,设炮口速度服从正态分布. 求炮口速度的方差 σ^2 的置信度为 95% 的置信区间.

11. 从一批零件中,抽取 9 个零件,测得其直径(单位:mm)为:

$$19.7 \quad 20.1 \quad 19.8 \quad 19.9 \quad 20.2 \quad 20.0 \quad 19.9 \quad 20.2 \quad 20.3$$

设零件直径服从正态分布 $N(\mu,\sigma^2)$,

(1)若 $\sigma=0.21$,求零件直径均值 μ 的置信度为 0.95 的置信区间;

(2)若 σ 未知,求零件直径均值 μ 的置信度为 0.95 的置信区间;

(3)求 σ^2 的置信度为 0.95 的置信区间.

习 题 7B

1. 设总体 X 的概率密度函数为

$$f(x;\theta,\mu)=\begin{cases}\theta e^{-\theta(x-\mu)} & \text{当 } x\geqslant\mu \\ 0 & \text{当 } x<\mu\end{cases}.$$

又设 $X_1,X_2,\cdots,X_n$ 是取自总体 X 的样本,求参数 μ 和 θ 的矩估计量.

2. 设 $x_1,x_2,\cdots,x_n$ 为正态总体 $N(\mu,\sigma^2)$ 的一组样本,μ,σ^2 未知,试求 $P\{X<t\}$ 的极大似然估计,其中 t 已知.

3. 设总体 $X\sim U(0,\theta)$,现从总体中抽取样本容量为 9 的样本,样本值为

$$0.5, \quad 1.3, \quad 0.7, \quad 2.2, \quad 1.2, \quad 0.8, \quad 1.5, \quad 2.0, \quad 1.6.$$

求参数 θ 的矩估计与极大似然估计.

4. 设 $\hat{\theta}$ 是参数 θ 的无偏估计,且有 $D(\hat{\theta})>0$. 试证 $\hat{\theta}^2$ 不是 θ^2 的无偏估计.

5. 设随机变量 X,Y 相互独立,且分别服从 $N(\mu,\sigma^2)$,$N(\mu,2\sigma^2)$,其中 σ 是未知参数($\sigma>0$). 设 $Z=X-Y$,$Z_1,Z_2,\cdots,Z_n$ 为来自总体 Z 的简单随机样本.

(1)求 σ^2 的极大似然估计量 $\hat{\sigma}^2$;

(2)证明 $\hat{\sigma}^2$ 是 σ^2 的无偏估计.

6. 设总体 X 的概率密度为

$$f(x,\theta)=\begin{cases}\dfrac{1}{2\theta} & 0<x<\theta \\ \dfrac{1}{2(1-\theta)} & \theta\leqslant x<1 \\ 0 & \text{其他}\end{cases},$$

其中,参数 $\theta(0<\theta<1)$ 未知. 设 $X_1,X_2,\cdots,X_n$ 是来自总体 X 的简单随机本样本,$\overline{X}$ 是样本均值.

(1)求参数 θ 的矩估计量;

(2)判断 $4\overline{X}^2$ 是否为 θ^2 的无偏估计量,并说明理由.

7. 设分别从 $N(\mu_1,\sigma^2)$ 和 $N(\mu_2,2\sigma^2)$ 中抽取容量为 n_1 和 n_2 的两个独立样本,其样本方差分别为 S_1^2,S_2^2. 试证对于任意常数 $a,b(a+2b=1)$,$Y=aS_1^2+bS_2^2$ 都是 σ^2 的无偏估计.

8. 设在一群年龄为 4 个月的老鼠中任意抽取雄性、雌性老鼠各 12 只,测得质量(单位:g)如下:

雄性	26.0	20.0	18.0	28.5	23.6	20.0	22.5	24.0	24.0	25.0	23.8	24.0
雌性	16.5	17.0	16.0	21.0	23.0	19.5	18.0	18.5	20.0	28.0	19.5	20.5

设雄性、雌性老鼠的质量分别服从 $N(\mu_1,\sigma^2)$,$N(\mu_2,\sigma^2)$,且两样本相互独立,μ_1,μ_2,σ^2 均为未知,试求 $\mu_1-\mu_2$

的置信度为 90% 的置信区间.

9. 两种羊毛织物的拉力测验结果如下:(单位:N/cm^2)

   第一种 96.6 88.9 93.8 87.5

   第二种 93.8 95.7 94.5 98 91 93.8

设两个样本分别来自两个同方差的正态总体,且相互独立.试求两总体均值差的置信度为 95% 的置信区间.

10. 有两位化验员 A, B. 他们独立地对某种聚合物的含氯量用相同的方法各作了 10 次测定.其测定值的方差 S^2 依次为 0.541 9 和 0.606 5. 设 σ_A^2 和 σ_B^2 分别为 A, B 所测量的数据总体(设为正态分布)的方差,求方差比 σ_A^2/σ_B^2 的置信度为 95% 的置信区间.

延展阅读

寿命试验中的极大似然估计

1. 寿命试验

为了弄清被试产品的寿命分布,求出各项可靠性指标,研究产品的失效机理以便对提高产品可靠性提出建议,常常需要进行寿命试验,因为只有暴露故障才能了解产品的寿命和失效原因. 寿命试验常常带有一定的破坏性,因而寿命试验只能从产品中抽取部分样品进行. 寿命试验的样品必须在经过筛选试验和例行试验后的合格品中抽取. 样品的数量应考虑到统计分析的需要和试验的代价.

寿命试验的种类很多,按寿命试验的性质可分为:

(1)贮存寿命试验. 它是在规定的环境条件下,产品处于非工作状态的存放试验. 这种试验的目的是了解产品在特定环境下贮存的可靠性. 因为产品是成批生产的,不能立即全部投入使用,因此要研究贮存一段时间内,产品的各种参数变化规律. 贮存试验的环境条件可以为室温、高温、潮湿等.

(2)工作寿命试验. 它是在规定的正常工作条件下或近似正常工作条件下,产品处于工作状态的试验,如连续工作寿命试验,高温工作寿命试验,间断工作寿命试验等,这种寿命试验比较接近产品工作的实际情况.

寿命试验按样品的失效情况又可分为两类:

(1)完全寿命试验. 这种试验要进行到投试样品全部失效为止. 这种试验可以获得较完整的数据,统计分析结果也较为可靠. 但是这种试验常常需要较长时间. 譬如,晶体管的工作寿命是很长的,假如把投试的 n 个元件做到全部失效为止,那就需要很长时间,甚至要几年、几十年的时间. 等它全部失效,新的元件可能又设计出来了. 所以在一般情况下,完全寿命试验难以采用.

(2)截尾寿命试验. 这种试验是只要求进行到投试样品中有部分失效就停止的试验. 例如,有 50% 或 70% 投试样品失效就中止的试验就是截尾寿命试验. 虽然这种试验只能获得部分数据,但若能充分运用寿命分布给我们的信息,统计分析的结果也仍是较好的.

截尾寿命试验又可分为两类:一类是试验到事先规定的时间 t_0 就停止试验,这称为定时截尾寿命试验;另一类是失效数达到事先规定的失败数 $r(<n)$ 就停止试验,这称为定数截尾寿命试验. 假如还考虑试验中失效的产品是否允许替换,这称为无替换试;另一类是失效产品要用相同的产品替换或对失效产品立即修理好(也理解为替换),然后继续试验,这称为有替换试验. 假设受试样品数为 n,按上述两种试验分类,可以组合成如下四种截尾寿命试验:

$(n,无,时)$——取 n 个产品进行无替换定时截尾寿命试验;
$(n,无,数)$——取 n 个产品进行无替换定数截尾寿命试验;
$(n,有,时)$——取 n 个产品进行有替换定时截尾寿命试验;
$(n,有,数)$——取 n 个产品进行有替换定数截尾寿命试验.

下面将就 $(n,无,时)$ 截尾寿命试验讨论指数分布中失效率 λ 和平均寿命 $\mu=1/\lambda$ 的点估计问题.

2. $(n,无,时)$ 试验情形下的参数估计

设产品的寿命 T 服从指数分布,其密度函数为

$$f(t)=\lambda e^{-\lambda t}, t>0.$$

现抽取 n 个产品,进行 $(n,无,时)$ 试验,截尾时间定为 t_0. 在试验中,观察结果是:在 $[0,t_0]$ 内有 r 个产品失效,其失效时间依次为 $t_1 \leqslant t_2 \leqslant \cdots \leqslant t_r$. 下面我们将用极大似然法寻求其失效率 λ 和平均寿命 μ 的极大似然估计.

为了确定似然函数,需要知道上述观察结果出现的概率. 大家知道,一个产品在 $[t_i, t_i+\mathrm{d}t_i)$ 内失效的概率为 $f(t_i)\mathrm{d}t_i, i=1,2,\cdots,r$ 其余 $n-r$ 个产品的寿命超过 t_0 的概率为 $[e^{-\lambda t_0}]^{n-r}$. 所以上述观察结果出现的概率近似为

$$k(\lambda e^{-\lambda t_1}\mathrm{d}t_1)\cdots(\lambda e^{-\lambda t_1}\mathrm{d}t_r)[e^{-\lambda t_0}]^{n-r}.$$

其中 k 是某一个常数. 因为忽略一个常数因子对求 MLE 无影响,故取似然函数

$$L(\lambda)=\lambda^r \exp\{-\lambda[t_1+\cdots+t_r+(n-r)t_0]\}$$

对数似然函数为

$$\ln L(\lambda)=r\ln\lambda-\lambda[t_1+\cdots+t_r+(n-r)t_0]$$

对 λ 求导,可得似然方程

$$\frac{r}{\lambda}-[t_1+\cdots+t_r+(n-r)t_0]=0$$

于是得 λ 和 μ 的极大似然为

$$\hat{\lambda}=\frac{r}{S(t_0)}, \hat{\mu}=\frac{S(t_0)}{r}.$$

其中,$S(t_0)=t_1+\cdots+t_r+(n-r)t_0$ 称为 n 个产品的总试验时间,它表示到时刻 t_0,n 个产品的试验时间的总和.

第 8 章 假 设 检 验

假设检验是统计推断的一类重要问题. 在总体的分布函数完全未知或者只知其形式但不知其参数的情况下,为了推断总体分布的某些性质,根据理论分析、经验总结和历史资料,提出关于总体的某些假设. 例如,提出关于总体服从指数分布的假设. 又如,当已知总体服从正态分布时,提出关于总体的数学期望等于 μ_0 的假设等. 假设检验就是根据样本对所提出的假设作出判断:接受还是拒绝. 本章主要介绍假设检验的基本思想、各种参数的假设方法和非参数假设检验方法.

8.1 假设检验的基本思想

8.1.1 问题的提出

假设检验是由 K. Person 于 20 世纪初提出的,之后费希尔进行了细化,最终 Neyman 和 E. Person 提出较完整的假设检验理论.

历史上有著名的"女士品茶试验". 一种奶茶由牛奶和茶按一定比例混合而成,可以先倒茶后倒奶(记为 TM),也可以反过来(记为 MT). 某女士声称她可以鉴别是 TM 还是 MT,周围品茶的人对此产生了疑问,"这怎么可能呢?""她在胡言乱语.""不可想象."在场的费希尔也在思索这个问题,他提议做一项试验来检验如下假设(命题)是否可以接受.

假设 H:该女士无此种鉴别能力

他准备了 10 杯调制好的奶茶,TM 与 MT 都有,服务员一杯一杯地奉上,让该女士品尝,说出是 TM 还是 MT,结果那位女士竟然正确地分辨出 10 杯奶茶中的每一杯,这时该如何做出判断呢?

费希尔的想法是:假如假设 H 是正确的,即该女士无此种鉴别能力,她只能猜,每次猜对的概率为 $1/2$,10 次都猜对的概率为 $2^{-10}<0.001$,这是一个很小的概率,在一次试验中几乎不会发生的事件,如今该事件竟然发生了,这只能说明原假设 H 不当,应予以拒绝,而认为该女士有辨别奶茶中 TM 与 MT 的能力. 这就是费希尔利用试验结果对假设 H 的对错进行合理判断的思维方式.

我们从一个例子开始引出假设检验问题.

例 8.1 某车间用一台包装机包装葡萄糖,额定标准为每袋净重 0.5 kg. 设包装机正常工作时,包装的糖的重量服从正态分布,其均值为 0.5 kg,标准差为 0.015 kg,并且根据长期观察得知,标准差相当稳定. 某天开工后,为检验包装机是否正常工作,随机抽取它包装的 9 袋糖,称得净重为

0.497 0.506 0.518 0.524 0.488 0.511 0.510 0.515 0.512

问这天包装机是否正常工作?

这个实际问题不是参数估计问题,而是在给定总体和样本观测值时,要求对命题"总体的均值 μ 等于 0.5 kg"正确与否作出判定. 这类问题称为统计假设检验,简称假设检验.

命题"总体的均值 μ 等于 0.5 kg"正确与否仅涉及参数 μ,因此该参数正确与否将涉及以下两个参数集合:

$$\Theta_0 = \{\mu: \mu = 0.5\}; \quad \Theta_1 = \{\mu: \mu \neq 0.5\}.$$

命题成立对应于 $\mu \in \Theta_0$,命题不成立对应于 $\mu \in \Theta_1$. 在统计学中这两个非空参数集合都称作统计假设,简称假设.

我们的任务是利用总体 $N(\mu, 0.015^2)$ 和所获得的样本观测值去判断假设(命题)"$\Theta_0 = \{\mu: \mu = 0.5\}$"是否成立. 这里的"判断"在统计学中称为检验或检验法则. 检验结果有两种:"假设"不正确——称为拒绝该假设;假设正确——称为接受该假设.

8.1.2 实际推断原理

假设检验的主要依据是实际推断原理:小概率事件在一次试验中几乎是不可能发生的. 实际推断原理又称为**小概率事件原理**.

举一个例子来说明实际推断原理:假如袋中有 1 000 个相同的球,其中 999 个白球,只有一个红球,现从中随机取一个,则"取得红球"是个小概率事件,它发生的概率仅为 $\dfrac{1}{1\,000}$,因此,在 1 000 个同型球中只有一个红球的假设下,从中任取一个就正好取得红球,这件事几乎是不可能发生的.

实际推断原理在生产和生活中经常起作用. 例如,在全世界范围内,飞机失事每年都要发生多起,但乘飞机者还是大有人在,其原因并非乘客不怕死,而是因为飞机失事是一个小概率事件. 据统计其发生概率只有几千万分之一,乘客有理由相信自己所乘的飞机不会失事,旅行是安全的.

8.1.3 假设检验的基本思想

假设检验的主要依据是实际推断原理. 根据实际推断原理,可以得到一种推理方法:在假定 H_0 成立的条件下,给出小概率事件 A. 通过试验得到样本观测值,从样本观测值出发,来判定小概率事件 A 是否发生. 若事件 A 发生了,有理由认为假设 H_0 不成立,从而拒绝 H_0;否则接受 H_0.

现在结合例 8.1 说明假设检验的基本思想. 在例 8.1 中,如果包装机正常,则总体 X 的均值 $\mu = \mu_0 = 0.5$,因而提出假设 $H_0: \mu = \mu_0 = 0.5$. 由于 $\overline{X}$ 是 μ 的一个很好的点估计(如具有无偏性),当假设 H_0 成立时,$\overline{X}$ 的观测值 $\overline{x}$ 与 0.5 相差不大,即 $|\overline{x} - 0.5|$ 应很小,如果 $|\overline{x} - 0.5|$ 相差很大,就拒绝 H_0. 怎样判定 $|\overline{x} - 0.5|$ 是"很小"还是"过分大"呢?这就需要给出一个具体的临界值.

当 H_0 成立时,$U = \dfrac{\overline{X} - \mu_0}{\sigma/\sqrt{n}} \sim N(0,1)$,并且事件 $|U| > C$(C 是比较大的正数)是小概率事件. 对于给定的小概率 α,如果 $\alpha = 0.05$,由于

$$P\{|U| > u_{\alpha/2}\} = \alpha,$$

其中 $u_{\alpha/2}$ 是标准正态分布的上侧 α 分位数,从而 $|U| > u_{\alpha/2}$ 是一个小概率事件,查表得 $u_{\alpha/2} = u_{0.025} = 1.96$. 又由 $n = 9, \sigma = 0.015$,$\overline{X}$ 的观测值 $\overline{x} = 0.511$,可得 $|U|$ 的观测值

$$|u| = 2.2 > 1.96.$$

小概率事件居然发生了!这与实际推断原理矛盾,于是拒绝 H_0,即认为这天包装机工作不正常.

本章介绍的各种假设检验问题,包括参数检验与非参数检验,虽然具体方法各不相同,但都是依据上述基本思想.

8.2 假设检验的基本概念和方法

8.2.1 统计假设

在许多实际问题中,需要对总体 X 的分布函数或分布函数中的一些参数作出某种假设,这种假设称为**统计假设**,简称**假设**,常记作 H_0.当已知总体 X 的分布形式(例如已知 X 服从正态分布),而 H_0 仅仅涉及分布函数的未知参数时,称之为**参数假设**;当统计假设 H_0 涉及分布函数的形式(例如,假设 H_0:X 服从指数分布)时,称之为**非参数假设**.

判断统计假设 H_0 是否成立的方法称为**假设检验**,简称**检验**.判断参数假设成立与否的方法称为**参数检验**.判断非参数假设成立与否的方法称为**非参数检验**.如果只对一个假设进行检验,判断它成立与否,而不同时研究其他假设,那么称这种检验为**显著性检验**.本章主要讨论显著性检验.

参数假设检验的一般描述如下:

设总体 X 的分布形式已知,但含有未知参数 $\theta,\theta \in \Theta$(其中 Θ 是一个数集,称为参数空间),根据统计推断的需要提出假设 $H_0:\theta \in \Theta_0$,其中 Θ_0 是 Θ 的一个非空真子集.我们从总体 X 抽取容量为 n 的样本 $X_1,X_2,\cdots,X_n$,进而根据样本观测值 $x_1,x_2,\cdots,x_n$ 对 H_0 的正确性进行推断.

假设 $H_0:\theta \in \Theta_0$ 的对立面是 $H_1:\theta \in \Theta-\Theta_0$,称 $H_0:\theta \in \Theta_0$ 为**原假设**(或**零假设**);称 $H_1:\theta \in \Theta-\Theta_0$ 为**备择假设**.一个假设检验问题就是依据样本,在原假设 H_0 与备择假设 H_1 之间作出选择.在例 8.1 中,其原假设 H_0 和备择假设 H_1 可记为

$$H_0: \mu = 0.5; \quad H_1: \mu \neq 0.5.$$

选择的结果为拒绝 H_0,接受 H_1,其实际意义为判断包装机工作不正常.

实际推断原理中的"小概率"α,称为**显著性水平**.

建立了原假设 H_0 和备择假设 H_1 之后,要确定具体的推断方法,利用该方法和样本观测值去推断 H_0 是否成立,也就是要确定一个合理有效的检验 H_0 是否成立的规则,这个检验规则简称为**检验**.在检验规则中,需要构造一个适用于检验假设 H_0 的统计量,称之为**检验统计量.**

在例 8.1 中,检验统计量为 $\dfrac{\overline{X}-\mu_0}{\sigma/\sqrt{n}}$,这个随机变量服从正态分布.相应的检验规则具体化为:

若

$$\left|\frac{\overline{x}-\mu_0}{\sigma/\sqrt{n}}\right| > u_{\frac{\alpha}{2}},$$

则拒绝 H_0,即认为 H_0 不成立.

若

$$\left|\frac{\overline{x}-\mu_0}{\sigma/\sqrt{n}}\right| < u_{\frac{\alpha}{2}},$$

则接受 H_0.

一个检验规则相当于把样本空间分成了两个区域,其中拒绝原假设 H_0 的区域称为检验的**拒绝域**,也称为 H_0 的**否定域**,记为 W_1;接受原假设 H_0 的区域称为检验的**接受域**,记为 W_0. 由于在统计问题中样本空间是可以事先知道的,因此,确定了拒绝域 W_1 也就相应地确定了接受域 W_0,从而给出某个检验规则等价于指明这个检验的拒绝域 W_1. 拒绝域的边界点称为**临界点**或称**临界值**.

在例 8.1 中,拒绝域为

$$W_1 = \left\{ (x_1, x_2, \cdots, x_n) \;\middle|\; \left|\frac{\bar{x} - \mu_0}{\sigma/\sqrt{n}}\right| > u_{\frac{\alpha}{2}} \right\},$$

临界值为 $-u_{\frac{\alpha}{2}} = -1.96$ 和 $u_{\frac{\alpha}{2}} = 1.96$.

8.2.2 两类错误

由于我们作出是否拒绝 H_0 的推断的依据是样本,而样本是在总体中随机选取的,因此假设检验不可能绝对准确,它可能犯错误,可能犯的错误有两类.

第一类错误:当原假设 H_0 成立时,根据样本拒绝了 H_0,这种错误称为**弃真错误**,犯第一类错误的概率等于显著性水平 α.

第二类错误:当原假设 H_0 不成立时,根据样本没有拒绝 H_0,这种错误称为**取伪错误**,犯第二类错误的概率记为 β.

对于一个检验来说,自然希望犯两类错误的概率 α 和 β 越小越好. 然而,当样本容量 n 确定后,犯两类错误的概率 α 和 β 不可能同时减小,α 变小则 β 变大,β 变小则 α 变大. 在实际应用中,一般控制犯第一类错误的概率 α,常用的 α 有 0.1,0.05,0.01,0.005,0.001 等. 当有足够资料时,可以考虑选取适当的 α 和 β,使检验效果达到最佳,本章不对此问题深入讨论.

由于在假设检验问题中仅仅控制了犯弃真错误的概率 α,而没有控制取伪错误的概率 β,因此,在实际应用中究竟选哪一个作为原假设 H_0,哪一个假设作为备择假设 H_1,必须进行认真分析后再确定. 一般来说,要分析两类错误带来的后果,例如,我们检验的目的是判断某个求医者是否患有某种致命性疾病,如果用 H_0 假设此人有此病,那么犯第一类错误意味着把有病当作无病,从而可能延误治疗而导致死亡,而犯第二类错误意味着把无病当有病,从而造成经济上的损失及不必要的精神负担;如果把"此人无病"作为原假设 H_0,那么"有病当作无病"是取伪错误,由于假设检验没有控制犯取伪错误的概率,因而产生严重后果的概率有可能较大. 一般地,在选择原假设 H_0 时,应根据以下三个原则:

(1) 尽量使后果严重的错误成为弃真错误. 这是因为显著性检验可以有效地控制犯弃真错误的概率 α. 例如在上例中,应尽量把"此人患有该病"作为原假设 H_0.

(2) 当我们希望从样本观测值获得对某一结论强有力的支持时,尽量把这一结果否定作为原假设 H_0. 例如,某制药公司研制一种新药,希望通过临床试验证明这种药确实有效. 此时,应提出假设 H_0:此药无效. 如果在显著性水平 $\alpha = 0.01$ 下拒绝了 H_0,由于控制了犯第一类错误的概率 $\alpha = 0.01$,所以可以认为该药有效,或称该药效果显著;反之,如果显著性检验的结果没有拒绝 H_0,我们就不认为该药有效,暂不考虑批量生产. 实际上,由于显著性检验没有控制犯第二类错误的概率 β,H_0 没有被拒绝并不意味着该药一定无效,只是表明还没有充分的证据断定该药有效. 这样做的原因是对新药鉴定取审慎态度,除非有充分证据,不轻易判断其有效而推广.

(3) 尽量把历史资料提供的结论作为原假设 H_0. 它的好处是: 当检验结果为拒绝原假设时, 由于犯第一类错误的概率 α 已经控制而使结果很有说服力; 当检验结论是不拒绝 H_0, 尽管没能控制住犯第二类错误的概率, 但不妨就接受历史资料提供的结论.

合理地提出原假设, 是把实际问题转化成检验问题的桥梁, 只有经过大量实践, 才能深入体会和合理运用上述原则.

8.3 单个正态总体参数的假设检验

8.3.1 单个正态总体均值 μ 的检验

1. 方差 σ^2 已知时均值 μ 检验

在 8.1 节例 8.1 中, 我们讨论过正态总体 $N(\mu,\sigma^2)$ 当 σ^2 已知时关于假设

$$H_0: \mu = \mu_0; \quad H_1: \mu \neq \mu_0 \tag{8.1}$$

的检验问题. 我们根据假设检验的基本思想和概念, 把假设检验的步骤总结如下:

① 给定显著性水平 α;
② 根据实际问题的要求, 提出原假设 H_0 及备择假设 H_1;
③ 确定检验统计量 J 及其分布;
④ 确定拒绝域;
⑤ 根据样本观测值和拒绝域确定接受还是拒绝 H_0.

在实际问题中, 有时我们只关心总体均值是否增大, 例如, 在试验新工艺是否提高材料的强度时, 所考虑的均值应越大越好. 如果我们能判断在新工艺下总体均值较以往正常生产的大, 则可考虑采用新工艺, 此时, 我们需要检验假设

$$H_0: \mu \leqslant \mu_0; \quad H_1: \mu > \mu_0. \tag{8.2}$$

形如 (8.2) 的假设检验, 称为**右边检验**. 类似地, 有时我们需要检验假设

$$H_0: \mu \geqslant \mu_0; \quad H_1: \mu < \mu_0. \tag{8.3}$$

形如 (8.3) 的假设检验称为**左边检验**. 右边检验和左边检验统称为**单边检验**, 而形如 (8.1) 的假设检验则称为**双边检验**.

下面以单个正态总体 $X \sim N(\mu,\sigma_0^2)$, 且 σ_0^2 已知的情形为例, 讨论均值 μ 的右边检验问题. 假定 $X_1, X_2, \cdots, X_n$ 是取自 X 的一个样本, μ_0 是一个给定的数, 给定显著性水平 α, 提出假设

$$H_0: \mu \leqslant \mu_0; \quad H_1: \mu > \mu_0.$$

由于 $\overline{X}$ 是 μ 的无偏估计, 故当 H_0 成立时, 检验统计量 $U = \dfrac{\overline{X} - \mu_0}{\sigma_0/\sqrt{n}}$ 不应太大, 而当 H_1 为真时, U 有变大的趋势, 故拒绝域的形式为

$$U = \frac{\overline{x} - \mu_0}{\sigma_0/\sqrt{n}} > C,$$

其中 C 待定. U 的分布依赖于未知参数 μ. 事实上, 容易验证

$$U = \frac{\overline{X} - \mu_0}{\sigma_0/\sqrt{n}} \sim N\left(\frac{\mu - \mu_0}{\sigma_0/\sqrt{n}}, 1\right),$$

$$\frac{\overline{X}-\mu}{\sigma_0/\sqrt{n}} \sim N(0,1),$$

由此可得临界值 u_α,使

$$P\left\{\frac{\overline{X}-\mu}{\sigma_0/\sqrt{n}} > u_\alpha\right\} = \alpha.$$

当 H_0 成立时,即 $\mu \leqslant \mu_0$ 时,

$$\left\{\frac{\overline{X}-\mu_0}{\sigma_0/\sqrt{n}} > u_\alpha\right\} \subset \left\{\frac{\overline{X}-\mu}{\sigma_0/\sqrt{n}} > u_\alpha\right\},$$

因此,只要 $\left\{\frac{\overline{X}-\mu_0}{\sigma_0/\sqrt{n}} > u_\alpha\right\}$ 发生,则 $\left\{\frac{\overline{X}-\mu}{\sigma_0/\sqrt{n}} > u_\alpha\right\}$ 也发生,即小概率事件发生. 如果根据所给的样本观测值 $x_1,x_2,\cdots,x_n$ 算出 $u=\frac{\overline{x}-\mu_0}{\sigma_0/\sqrt{n}} > u_\alpha$,则应否定原假设 H_0,即拒绝域为

$$W_1 = \left\{(x_1,x_2,\cdots,x_n) \mid \frac{\overline{x}-\mu_0}{\sigma_0/\sqrt{n}} > u_\alpha\right\};$$

当 $\left\{\frac{\overline{x}-\mu_0}{\sigma_0/\sqrt{n}} \leqslant u_\alpha\right\}$ 时,我们不拒绝原假设 $H_0:\mu \leqslant \mu_0$.

对于左边检验问题

$$H_0:\mu \geqslant \mu_0;\quad H_1:\mu < \mu_0.$$

仍取 $U=\frac{\overline{X}-\mu_0}{\sigma_0/\sqrt{n}}$ 为检验统计量,经过类似的讨论可得拒绝域

$$W_1 = \left\{(x_1,x_2,\cdots,x_n) \mid \frac{\overline{x}-\mu_0}{\sigma_0/\sqrt{n}} < -u_\alpha\right\}.$$

即根据样本观测值算出 $\frac{\overline{x}-\mu_0}{\sigma_0/\sqrt{n}} < -u_\alpha$ 时拒绝 H_0,而当 $\frac{\overline{x}-\mu_0}{\sigma_0/\sqrt{n}} \geqslant -u_\alpha$ 时不拒绝 H_0.

由上述讨论知,当方差已知时,单个正态总体均值的检验统计量服从正态分布,这样的检验方法称为 U 检验法.

2. 方差 σ^2 未知时均值 μ 的检验

设总体 $X \sim N(\mu,\sigma^2)$,其中 μ,σ^2 未知,我们讨论检验问题

$$H_0:\mu = \mu_0;\quad H_1:\mu \neq \mu_0.$$

假定 $X_1,X_2,\cdots,X_n$ 是取自 X 的样本,给定显著性水平 α,由于 σ^2 未知,现在不能用 $\frac{\overline{x}-\mu_0}{\sigma/\sqrt{n}}$ 确定拒绝域. 注意到 S^2 是 σ^2 的无偏估计. 我们用 S 代替 σ,采用

$$T = \frac{\overline{X}-\mu_0}{S/\sqrt{n}}$$

作为检验统计量,当 $|T|$ 的观测值 $|t| = \left|\frac{\overline{x}-\mu_0}{s/\sqrt{n}}\right|$ 过分大时拒绝 H_0,拒绝域的形式为

$$|t| = \left|\frac{\overline{x}-\mu_0}{s/\sqrt{n}}\right| > C,$$

其中 C 待定. 由于 H_0 为真时, 即均值 $\mu=\mu_0$ 时

$$\frac{\overline{X}-\mu_0}{S/\sqrt{n}} \sim t(n-1).$$

故由
$$P\left\{\left|\frac{\overline{X}-\mu_0}{S/\sqrt{n}}\right|>C\right\}=\alpha$$

得 $C=t_{\frac{\alpha}{2}}(n-1)$, 从而拒绝域为

$$W_1=\left\{(x_1,x_2,\cdots,x_n)\ \Big|\ \left|\frac{\overline{x}-\mu_0}{s/\sqrt{n}}\right|>t_{\frac{\alpha}{2}}(n-1)\right\}.$$

类似地, 对于正态总体 $N(\mu,\sigma^2)$, 当 σ^2 未知时, 关于 μ 的单边检验的检验统计量仍然是 $T=\dfrac{\overline{X}-\mu_0}{S/\sqrt{n}}$, 其拒绝域在表 8.1 中给出.

在上述检验法中, 检验统计量服从 t 分布, 这样的检验法称为 t **检验法**.

8.3.2 单个正态总体方差 σ^2 的检验

1. 均值 μ 未知时方差 σ^2 的检验

设总体 $X \sim N(\mu,\sigma^2)$, μ,σ^2 均未知. 假定 $X_1,X_2,\cdots,X_n$ 是取自 X 的样本, 给定显著性水平 α, 要求检验假设

$$H_0: \sigma^2=\sigma_0^2; \qquad H_1: \sigma^2 \neq \sigma_0^2.$$

其中 σ_0 为已知常数.

由于 S^2 是 σ^2 的无偏估计, 所以当 H_0 为真时, 比值 $\dfrac{S^2}{\sigma_0^2}$ 应在 1 附近波动, 通常不过分大于 1 或过分小于 1. 当 H_0 不成立则相反. 例如 $\sigma^2 > \sigma_0^2$ 时, $\dfrac{S^2}{\sigma_0^2}$ 有变大的趋势; $\sigma^2 < \sigma_0^2$ 时 $\dfrac{S^2}{\sigma_0^2}$ 有变小的趋势. 因为当 H_0 为真时,

$$\frac{(n-1)S^2}{\sigma_0^2} \sim \chi^2(n-1),$$

所以我们取 $\chi^2=\dfrac{(n-1)S^2}{\sigma_0^2}$ 作为检验统计量, 上述检验问题的拒绝域具有以下形式:

$$\frac{(n-1)S^2}{\sigma_0^2}<C_1 \quad \text{或} \quad \frac{(n-1)S^2}{\sigma_0^2}>C_2.$$

其中 C_1 和 C_2 的值由下式确定

$$P\left\{\left[\frac{(n-1)S^2}{\sigma_0^2}<C_1\right] \cup \left[\frac{(n-1)S^2}{\sigma_0^2}>C_2\right]\right\}=\alpha.$$

为计算方便起见, 习惯上取

$$P\left\{\left[\frac{(n-1)S^2}{\sigma_0^2}<C_1\right]\right\}=\frac{\alpha}{2}, \quad P\left\{\left[\frac{(n-1)S^2}{\sigma_0^2}>C_2\right]\right\}=\frac{\alpha}{2}.$$

故得 $C_1=\chi^2_{1-\frac{\alpha}{2}}(n-1)$, $C_2=\chi^2_{\frac{\alpha}{2}}(n-1)$, 从而拒绝域为

$$W_1=\left\{(x_1,x_2,\cdots,x_n)\ \Big|\ \frac{(n-1)s^2}{\sigma_0^2}<\chi^2_{1-\frac{\alpha}{2}}(n-1) \text{ 或 } \frac{(n-1)s^2}{\sigma_0^2}>\chi^2_{\frac{\alpha}{2}}(n-1)\right\} \tag{8.4}$$

上述检验法称为 χ^2 **检验法**. 当均值 μ 未知时关于方差 σ^2 的单边检验的拒绝域在表 8.1 中给出.

2. 均值 μ 已知时方差 σ^2 的检验

设总体 $X \sim N(\mu,\sigma^2)$，其中 μ 已知，σ^2 未知，$X_1,X_2,\cdots,X_n$ 是取自总体 X 的样本. 给定显著性水平 α，检验假设

$$H_0: \sigma^2 = \sigma_0^2; \quad H_1: \sigma^2 \neq \sigma_0^2.$$

其中 σ_0^2 为已知常数.

此问题与前一个问题不同的是 μ 为已知. 虽然我们不考虑这一点而仍然沿用前面的方法处理，取(2.4)式作为 H_0 的拒绝域，但这种处理由于没有充分利用 μ 已知这一信息而不够精细. 事实上，只需将上面的推导稍加修改，把检验统计量 χ^2 中的 S^2 换成 $\frac{1}{n}\sum_{i=1}^{n}(X_i-\mu)^2$，把 $n-1$ 换成 n，就可以得到此问题的检验统计量 $\chi^2 = \sum_{i=1}^{n}(X_i-\mu)^2/\sigma_0^2$，容易证明

$$\chi^2 = \frac{\sum_{i=1}^{n}(X_i-\mu)^2}{\sigma_0^2} \sim \chi^2(n).$$

类似地可得到原假设 H_0 的拒绝域

$$W_1 = \left\{(x_1,x_2,\cdots,x_n) \,\bigg|\, \frac{\sum_{i=1}^{n}(x_i-\mu)^2}{\sigma_0^2} < \chi_{1-\frac{\alpha}{2}}^2(n) \text{ 或 } \frac{\sum_{i=1}^{n}(x_i-\mu)^2}{\sigma_0^2} > \chi_{\frac{\alpha}{2}}^2(n)\right\}.$$

当均值 μ 已知时方差 σ^2 的单边检验的拒绝域在表 8.1 中给出.

表 8.1

被检参数	其他参数	假设 H_0	假设 H_1	检验统计量 J	H_0 中等号成立时 J 的分布	拒绝域
μ	σ^2 已知	$\mu = \mu_0$	$\mu \neq \mu_0$	$U = \dfrac{\overline{X}-\mu_0}{\sigma/\sqrt{n}}$	$N(0,1)$	$\|U\| > u_{\frac{\alpha}{2}}$
		$\mu \leqslant \mu_0$	$\mu > \mu_0$			$U > u_\alpha$
		$\mu \geqslant \mu_0$	$\mu < \mu_0$			$U < -u_\alpha$
μ	σ^2 未知	$\mu = \mu_0$	$\mu \neq \mu_0$	$T = \dfrac{\overline{X}-\mu_0}{S/\sqrt{n}}$	$t(n-1)$	$\|T\| > t_{\frac{\alpha}{2}}(n-1)$
		$\mu \leqslant \mu_0$	$\mu > \mu_0$			$T > t_\alpha(n-1)$
		$\mu \geqslant \mu_0$	$\mu < \mu_0$			$T < -t_\alpha(n-1)$
σ^2	μ 已知	$\sigma^2 = \sigma_0^2$	$\sigma^2 \neq \sigma_0^2$	$\chi^2 = \dfrac{\sum_{i=1}^{n}(X_i-\mu)^2}{\sigma_0^2}$	$\chi^2(n)$	$\chi^2 < \chi_{1-\frac{\alpha}{2}}^2(n)$ 或 $\chi^2 > \chi_{\frac{\alpha}{2}}^2(n)$
		$\sigma^2 \leqslant \sigma_0^2$	$\sigma^2 > \sigma_0^2$			$\chi^2 > \chi_\alpha^2(n)$
		$\sigma^2 \geqslant \sigma_0^2$	$\sigma^2 < \sigma_0^2$			$\chi^2 < \chi_{1-\alpha}^2(n)$
σ^2	μ 未知	$\sigma^2 = \sigma_0^2$	$\sigma^2 \neq \sigma_0^2$	$\chi^2 = \dfrac{(n-1)S^2}{\sigma_0^2}$	$\chi^2(n-1)$	$\chi^2 < \chi_{1-\frac{\alpha}{2}}^2(n-1)$ 或 $\chi^2 > \chi_{\frac{\alpha}{2}}^2(n-1)$
		$\sigma^2 \leqslant \sigma_0^2$	$\sigma^2 > \sigma_0^2$			$\chi^2 > \chi_\alpha^2(n-1)$
		$\sigma^2 \geqslant \sigma_0^2$	$\sigma^2 < \sigma_0^2$			$\chi^2 < \chi_{1-\alpha}^2(n-1)$

例 8.2 某厂生产的固体燃料推进器的燃烧率服从正态分布 $N(\mu,\sigma^2)$，其中 $\mu = 40 \text{ cm/s}$，$\sigma = 2 \text{ cm/s}$. 现在用新方法生产了一批推进器，从中随机取 $n = 25$ 只，测得燃烧率的样本均值

为 $\bar{x}=41.25$ cm/s. 设在新方法下总体均方差仍为 2 cm/s,问这批推进器的燃烧率是否较以前生产的推进器的燃烧率有显著性提高? 取显著性水平 $\alpha=0.05$.

解 这是关于正态总体均值的单侧假设检验问题. 按题意需检验假设

$$H_0: \mu \leqslant \mu_0 = 40; \quad H_1: \mu > \mu_0 = 40.$$

显著性水平 $\alpha=0.05$,因为已知方差 $\sigma^2=2^2$,采用 U 检验法,取 $U=\dfrac{\overline{X}-\mu_0}{\sigma/\sqrt{n}}$ 为检验统计量,查表 8.1 可得拒绝域为

$$u=\frac{\bar{x}-\mu_0}{\sigma/\sqrt{n}} > u_\alpha = u_{0.05} = 1.645.$$

由题意 $n=25,\bar{x}=41.25$,从而有

$$u=\frac{\bar{x}-\mu_0}{\sigma/\sqrt{n}}=\frac{41.25-40}{2/\sqrt{25}}=3.125 > 1.645,$$

故拒绝 H_0,即认为这批推进器的燃烧率比以前生产的有显著提高.

例 8.3 车辆厂生产的螺杆直径服从正态分布 $N(\mu,\sigma^2)$,现从中取 5 支,测得直径(单位:mm)为

$$22.3 \quad 21.5 \quad 22.0 \quad 21.8 \quad 21.4,$$

如果 σ^2 未知,试问螺杆直径的均值 $\mu=21$ 是否成立? 取显著性水平 $\alpha=0.05$.

解 这是关于正态总体均值的双侧假设检验问题. 在显著性水平 $\alpha=0.05$ 下检验假设

$$H_0: \mu = \mu_0 = 21; \quad H_1: \mu \neq 21.$$

因为方差 σ^2 未知,采用 t 检验法,取 $T=\dfrac{|\overline{X}-\mu_0|}{S/\sqrt{n}}$ 为检验统计量,查表 8.1 可得拒绝域为

$$|T| > t_{\frac{\alpha}{2}}(n-1) = t_{0.025(4)} = 2.776.$$

由样本观测值算得

$$|t|=\frac{|\bar{x}-\mu_0|}{s/\sqrt{n}}=\frac{|21.8-21|}{\sqrt{0.135}/\sqrt{5}}=4.87 > 2.776,$$

故拒绝 H_0,即认为螺杆直径均值不是 21 mm.

在 MATLAB 统计工具箱中,提供了函数实现上述检验,代码如下:

```
clear all
x=[22.3,21.5,22.0,21.8,21.4];
[h,p,ci,stats]=ttest(x,21,0.05)
```

运行结果:

h = %h=0 接受原假设,h=1 拒绝原假设
1
p = %显著性水平大于 p,拒绝原假设,显著性水平小于 p,接受原假设
0.0082
ci = %参数的区间估计
21.3438 22.2562
stats=
    tstat: 4.8686 %检验统计量的观测值
    df: 4
    sd: 0.3674

例 8.4 从某厂生产的一批电子元件中抽取 6 个，测得电阻（单位：Ω）如下：

$$14.0 \quad 13.8 \quad 14.3 \quad 14.2 \quad 14.4 \quad 13.7,$$

设这批元件的电阻 ξ 服从正态分布 $N(\mu,\sigma^2)$，其中 μ 与 σ^2 均未知. 问这批元件的电阻的方差是否为 0.04？取显著性水平 $\alpha=0.05$.

解 这是关于正态总体方差的双侧假设检验问题. 在显著性水平 $\alpha=0.05$ 下检验假设

$$H_0: \sigma^2=\sigma_0^2=0.04; \qquad H_1: \sigma^2 \neq 0.04.$$

按题意 μ 未知，取 $\chi^2=\dfrac{(n-1)S^2}{\sigma_0^2}$ 为检验统计量. 查表 8.1 可得拒绝域

$$\frac{(n-1)s^2}{\sigma_0^2} < \chi^2_{1-\frac{\alpha}{2}}(n-1) = \chi^2_{0.975}(5) = 0.831.$$

或

$$\frac{(n-1)s^2}{\sigma_0^2} > \chi^2_{\frac{\alpha}{2}}(n-1) = \chi^2_{0.025}(5) = 12.833.$$

由样本观测值算得

$$\bar{x} = \frac{1}{6}\sum_{i=1}^{6} x_i = 14.067, \quad s^2 = \frac{1}{5}\sum_{i=1}^{6}(x_i-\bar{x})^2 = 0.079.$$

由于

$$0.831 < \frac{(n-1)s^2}{\sigma_0^2} = \frac{5 \times 0.079}{0.04} = 9.833 < 12.833.$$

所以不拒绝 H_0，即可以认为这批元件的方差为 0.04.

8.4 两个正态总体参数的假设检验

8.4.1 两个正态总体均值的检验

1. 方差已知时两个正态总体均值的检验

设有两个总体 X 和 Y，$X \sim N(\mu_1,\sigma_1^2)$，$Y \sim N(\mu_2,\sigma_2^2)$，其中 σ_1^2 和 σ_2^2 均已知. $X_1, X_2, \cdots, X_m$ 和 $Y_1, Y_2, \cdots, Y_n$ 分别取自 X 和 Y 的样本且相互独立. 给定显著性水平 α，要求检验假设

$$H_0: \mu_1=\mu_2; \qquad H_1: \mu_1 \neq \mu_2.$$

检验假设 $\mu_1=\mu_2$，等价于检验假设 $\mu_1-\mu_2=0$. 取检验统计量 $U=(\overline{X}-\overline{Y})\bigg/\sqrt{\dfrac{\sigma_1^2}{m}+\dfrac{\sigma_2^2}{n}}$，当 H_0 为真时，

$$U = (\overline{X}-\overline{Y})\bigg/\sqrt{\frac{\sigma_1^2}{m}+\frac{\sigma_2^2}{n}} \sim N(0,1),$$

类似于本章 8.3 节，可得原假设 H_0 的拒绝域

$$W_1 = \left\{(x_1,x_2,\cdots,x_m;\ y_1,y_2,\cdots,y_n)\ \bigg|\ |\bar{x}-\bar{y}|\bigg/\sqrt{\frac{\sigma_1^2}{m}+\frac{\sigma_2^2}{n}} > u_{\frac{\alpha}{2}}\right\},$$

简记为

$$W_1 = \left\{|\bar{x}-\bar{y}|\bigg/\sqrt{\frac{\sigma_1^2}{m}+\frac{\sigma_2^2}{n}} > u_{\frac{\alpha}{2}}\right\}.$$

单边假设
$$H_0: \mu_1 \leqslant \mu_2; \quad H_1: \mu_1 > \mu_2$$
和
$$H_0: \mu_1 \geqslant \mu_2; \quad H_1: \mu_1 < \mu_2$$
的拒绝域也可类似得到,由表 8.2 给出.

2. 方差未知时两个正态总体均值的检验

(1) 设 $X \sim N(\mu_1, \sigma^2)$, $Y \sim N(\mu_2, \sigma^2)$, 其中 μ_1, μ_2 和 σ^2 均未知(注意:两个总体的方差相同). 假定 $X_1, X_2, \cdots, X_m$ 和 $Y_1, Y_2, \cdots, Y_n$ 分别是取自 X 和 Y 的样本且相互独立,给定显著性水平 α,要求检验假设
$$H_0: \mu_1 = \mu_2; \quad H_1: \mu_1 \neq \mu_2.$$
取检验统计量
$$T = (\overline{X} - \overline{Y}) / \left(S_W \sqrt{\frac{1}{m} + \frac{1}{n}}\right).$$
其中
$$S_W = \sqrt{\frac{(m-1)S_1^2 + (n-1)S_2^2}{m+n-2}}$$
当 H_0 为真时, $T \sim t(m+n-2)$. 由此可得拒绝域
$$W_1 = \left\{ |\overline{x} - \overline{y}| / \left(s_W \sqrt{\frac{1}{m} + \frac{1}{n}}\right) > t_{\frac{\alpha}{2}}(m+n-2) \right\}.$$

类似地可得单边检验的拒绝域(见表 8.2).

(2) 逐对比较法. 在实际问题中,有时为了比较两种产品、两种仪器、两种方法等差异,我们常在相同条件下做对比试验,得到成对的样本 $(X_1, Y_1), (X_2, Y_2), \cdots, (X_n, Y_n)$ 及其观测值
$$(x_1, y_1), (x_2, y_2), \cdots, (x_n, y_n),$$
然后根据观测值作出推断,这一类问题常称作**配对问题**. 令
$$Z_i = X_i - Y_i \quad (i = 1, 2, \cdots, n),$$
把这两个样本之差看作一个取自正态问题的样本,记
$$E(Z_i) = E(X_i - Y_i) = \mu,$$
$$D(Z_i) = D(X_i - Y_i) = \sigma^2 (未知).$$
给定显著性水平 α,要求检验假设
$$H_0: \mu = 0; \quad H_1: \mu \neq 0.$$
由于方差 σ^2 未知. 所以取检验统计量
$$T = \frac{\overline{Z}}{S/\sqrt{n}},$$
其中
$$\overline{Z} = \frac{1}{n} \sum_{i=1}^{n} Z_i, \quad S^2 = \frac{1}{n-1} \sum_{i=1}^{n} (Z_i - \overline{Z})^2.$$
当 H_0 为真时, $T \sim t(n-1)$, 由此可得 H_0 的拒绝域
$$W_1 = \left\{ (z_1, z_2, \cdots, z_n) \ \bigg| \ \frac{|\overline{z}|}{s/\sqrt{n}} > t_{\frac{\alpha}{2}}(n-1) \right\}.$$

类似地可得单边检验的拒绝域(见表 8.2). 上述方法常称为**逐对比较法**.

(3) 设 $X \sim N(\mu_1, \sigma_1^2)$, $Y \sim N(\mu_2, \sigma_2^2)$, 其中 $\mu_1, \mu_2, \sigma_1^2, \sigma_2^2$ 均未知,也不能确定 $\sigma_1^2 = \sigma_2^2$. 假定 $X_1, X_2, \cdots, X_m$ 和 $Y_1, Y_2, \cdots, Y_n$ 分别是取自 X 和 Y 的样本且相互独立, m 和 n 都是很大的自

然数(一般要求 $m,n \geq 40$). 给定显著性水平 α, 要求检验假设
$$H_0: \mu_1 = \mu_2; \quad H_1: \mu_1 \neq \mu_2.$$

由于 S_1^2, S_2^2 分别是 σ_1^2, σ_2^2 的无偏估计量且具有一致性, 选取检验统计量
$$T = \frac{\overline{X} - \overline{Y}}{\sqrt{S_1^2/m + S_2^2/n}},$$

其分布可用
$$T' = \frac{\overline{X} - \overline{Y}}{\sqrt{\sigma_1^2/m + \sigma_2^2/n}}$$

的分布去近似. 当 H_0 成立时, T' 服从正态分布. 由此可得原假设 H_0 的显著水平(近似)为 α 的拒绝域为
$$W_1 = \left\{ |\overline{x} - \overline{y}| \Big/ \sqrt{\frac{s_1^2}{m} + \frac{s_2^2}{n}} > u_{\frac{\alpha}{2}} \right\}.$$

单边检验的拒绝域由表 8.2 给出.

(4) 设 $X \sim N(\mu_1, \sigma_1^2), Y \sim N(\mu_2, \sigma_2^2)$, 其中 $\mu_1, \mu_2, \sigma_1^2, \sigma_2^2$ 均未知, 也不能确定 $\sigma_1^2 = \sigma_2^2$. 假定 $X_1, X_2, \cdots, X_m$ 和 $Y_1, Y_2, \cdots, Y_n$ 分别是取自 X 和 Y 的样本, m 和 n 中至少有一个不很大. 给定显著性水平 α, 要求检验假设
$$H_0: \mu_1 = \mu_2; \quad H_1: \mu_1 \neq \mu_2.$$

我们仍取检验统计量
$$T = \frac{\overline{X} - \overline{Y}}{\sqrt{\frac{S_1^2}{m} + \frac{S_2^2}{n}}}, \tag{8.5}$$

当 H_0 为真时, T 一般来说既不服从 $N(0,1)$ 分布, 也不服从 t 分布, 但 T 的分布与自由度为 k 的 t 分布很接近, 其中 k 是与
$$k_0 = \left(\frac{s_1^2}{m} + \frac{s_2^2}{n}\right) \Big/ \left(\frac{s_1^2}{m^2(m-1)} + \frac{s_2^2}{n^2(n-1)}\right) \tag{8.6}$$

最接近的整数, 于是把 $t(k)$ 分布作为 T 的近似分布, 从而得到原假设 H_0 的显著性水平(近似)为 α 的拒绝域
$$W_1 = \left\{ |\overline{x} - \overline{y}| \Big/ \sqrt{\frac{s_1^2}{m} + \frac{s_2^2}{n}} > t_{\frac{\alpha}{2}}(k) \right\}.$$

单边检验的拒绝域由表 8.2 给出.

表 8.2

被检参数	其他参数	假设 H_0	假设 H_1	检验统计量 J	H_0 中等号成立时 J 的分布	拒绝域
μ_1, μ_2	σ_1^2, σ_2^2 已知	$\mu_1 = \mu_2$	$\mu_1 \neq \mu_2$	$U = \dfrac{\overline{X} - \overline{Y}}{\sqrt{\dfrac{\sigma_1^2}{m} + \dfrac{\sigma_2^2}{n}}}$	$N(0,1)$	$|U| > u_{\frac{\alpha}{2}}$
		$\mu_1 \leq \mu_2$	$\mu_1 > \mu_2$			$U > u_\alpha$
		$\mu_1 \geq \mu_2$	$\mu_1 < \mu_2$			$U < -u_\alpha$
μ_1, μ_2	$\sigma_1^2 = \sigma_2^2$ 未知	$\mu_1 = \mu_2$	$\mu_1 \neq \mu_2$	$T = \dfrac{\overline{X} - \overline{Y}}{S_W \sqrt{\dfrac{1}{m} + \dfrac{1}{n}}}$	$t(m+n-2)$	$|T| > t_{\frac{\alpha}{2}}(m+n-2)$
		$\mu_1 \leq \mu_2$	$\mu_1 > \mu_2$			$T > t_\alpha(m+n-2)$
		$\mu_1 \geq \mu_2$	$\mu_1 < \mu_2$			$T < -t_\alpha(m+n-2)$

续表

被检参数	其他参数	假设 H_0	假设 H_1	检验统计量 J	H_0 中等号成立时 J 的分布	拒绝域
μ_1,μ_2	配对问题	$\mu_1=\mu_2$	$\mu_1\neq\mu_2$	$T=\dfrac{\bar{Z}}{S/\sqrt{n}}$	$t(n-1)$	$\|T\|>t_{\frac{\alpha}{2}}(n-1)$
		$\mu_1\leqslant\mu_2$	$\mu_1>\mu_2$			$T>t_\alpha(n-1)$
		$\mu_1\geqslant\mu_2$	$\mu_1<\mu_2$			$T<-t_\alpha(n-1)$
μ_1,μ_2	σ_1^2,σ_2^2 未知 m,n 很大	$\mu_1=\mu_2$	$\mu_1\neq\mu_2$	$U=\dfrac{\bar{X}-\bar{Y}}{\sqrt{\dfrac{S_1^2}{m}+\dfrac{S_2^2}{n}}}$	$N(0,1)$ (近似)	$\|U\|>u_{\frac{\alpha}{2}}$(近似)
		$\mu_1\leqslant\mu_2$	$\mu_1>\mu_2$			$U>u_\alpha$(近似)
		$\mu_1\geqslant\mu_2$	$\mu_1<\mu_2$			$U<-u_\alpha$(近似)
μ_1,μ_2	σ_1^2,σ_2^2 未知 m,n 不都很大	$\mu_1=\mu_2$	$\mu_1\neq\mu_2$	$T=\dfrac{\bar{X}-\bar{Y}}{\sqrt{\dfrac{S_1^2}{m}+\dfrac{S_2^2}{n}}}$	$t(k)$ (近似)	$\|T\|>t_{\frac{\alpha}{2}}(k)$(近似)
		$\mu_1\leqslant\mu_2$	$\mu_1>\mu_2$			$T>t_\alpha(k)$(近似)
		$\mu_1\geqslant\mu_2$	$\mu_1<\mu_2$			$T<-t_\alpha(k)$(近似)

例 8.5 在平炉上进行一项试验以确定改变操作方法的建议是否会增加钢的得率. 试验是在同一只平炉上进行的. 每炼一炉钢时除操作方法外其他条件都尽可能做到相同. 先用标准方法炼一炉, 然后用建议方法炼一炉, 以后交替进行, 各炼了 10 炉, 其得率分别为

(1) 标准方法: 78.1 72.4 76.2 74.3 77.4 78.4 76.0 75.5
          76.7 77.3
(2) 建议方法: 79.1 81.0 77.3 79.1 80.0 79.1 79.1 77.3
          80.2 82.1

设两个样本相互独立, 分别来自正态总体 $N(\mu_1,\sigma^2)$ 和 $N(\mu_2,\sigma^2)$, μ_1,μ_2,σ^2 均未知. 问建议方法能否提高得率? 取显著性水平 $\alpha=0.05$.

解 这是方差未知时, 两个正态总体均值的单边检验问题. 根据题意应检验假设
$$H_0:\mu_1\geqslant\mu_2;\quad H_1:\mu_1<\mu_2.$$

显著性水平 $\alpha=0.05$, 由于两个样本的方差相同, 取 $(\bar{X}-\bar{Y})\Big/\left(S_W\sqrt{\dfrac{1}{m}+\dfrac{1}{n}}\right)$ 为检验统计量, 查表 8.2 可得拒绝域为

$$W_1=\left\{(\bar{x}-\bar{y})\Big/\left(s_W\sqrt{\dfrac{1}{m}+\dfrac{1}{n}}\right)<-t_{0.05}(m+n-2)\right\}.$$

查表得 $t_{0.05}(10+10-2)=t_{0.05}(18)=1.7341$. 由样本观测值分别求出标准方法和建议方法下的样本均值和样本方差如下:

  标准方法: $m=10, \bar{x}=76.23, \quad s_1^2=3.325$;
  建议方法: $n=10, \bar{y}=79.43, \quad s_2^2=2.225$.

由此可得

$$s_W^2=\dfrac{(10-1)s_1^2+(10-1)s_2^2}{10+10-2}=2.775,$$

$$t=\dfrac{\bar{x}-\bar{y}}{s_W\sqrt{\dfrac{1}{m}+\dfrac{1}{n}}}=\dfrac{76.23-79.43}{\sqrt{2.775}\cdot\sqrt{\dfrac{1}{10}+\dfrac{1}{10}}}=-4.295<-1.7341.$$

故拒绝 H_0, 即认为建议方法较原来的方法增加了钢的得率.

例 8.6 有两台仪器 A 和 B，用来测量某矿石的含铁量，为鉴定他们的测量结果有无显著差异，挑选了 8 件试块（它们的成分、含铁量、均匀性等均各不相同），现在分别用这两台仪器对每一试块测量一次，得到 8 对观测值：

A：49.0　52.2　55.0　60.2　63.4　76.6　86.5　48.7
B：49.3　49.0　51.4　57.0　61.1　68.8　79.3　50.1

问能否认为这两台仪器的测量结果有显著差异（取显著性水平 $\alpha=0.05$）？

解 由题意，这是配对问题，把两种测量结果之差看作来自一个正态总体. 8 对数据之差为

$$-0.3\quad 3.2\quad 3.6\quad 3.2\quad 2.3\quad 7.8\quad 7.2\quad -1.4.$$

需检验假设

$$H_0: \mu=0;\quad H_1: \mu\neq 0.$$

显著性水平 $\alpha=0.05$，取 $\dfrac{\overline{Z}}{S/\sqrt{n}}$ 为检验统计量，查表 8.2 可得拒绝域为

$$W_1=\left\{\left|\dfrac{\overline{z}}{s/\sqrt{n}}\right|>t_{0.025}(n-1)\right\}.$$

查表得 $t_{0.025}(7)=2.365$，由 8 对数据之差得

$$\left|\dfrac{\overline{z}}{s/\sqrt{n}}\right|=2.83>t_{0.025}(7)=2.365,$$

故否定 H_0. 即认为两台仪器的测量结果有显著差异.

问题 例 8.6 可否用例 8.5 的方法进行检验？

8.4.2 两个正态总体方差的检验

方差是随机变量的一个数字特征，它刻画了随机变量取值的分散程度. 例如，如果 X 表示某种产品的质量指示，则 $D(X)$ 表示这种产品的质量稳定性. 因此，比较两个随机变量的方差大小是有重要实际意义的.

1. 均值已知时两正态总体方差的检验

设有两个总体 $X\sim N(\mu_1,\sigma_1^2)$，$Y\sim N(\mu_2,\sigma_2^2)$，其中 μ_1 和 μ_2 已知，$X_1,X_2,\cdots,X_m$ 和 $Y_1,Y_2,\cdots,Y_n$ 分别是取自 X 和 Y 的样本，它们相互独立. 给定显著性水平 α，要求检验假设

$$H_0: \sigma_1^2=\sigma_2^2;\quad H_1: \sigma_1^2\neq\sigma_2^2.$$

由于 $\dfrac{1}{m}\sum_{i=1}^{m}(X_i-\mu_1)^2$ 和 $\dfrac{1}{n}\sum_{i=1}^{n}(Y_i-\mu_2)^2$ 分别是 σ_1^2 和 σ_2^2 的无偏估计量，所以我们选取检验统计量

$$F=\dfrac{\dfrac{1}{m}\sum_{i=1}^{m}(X_i-\mu_1)^2}{\dfrac{1}{n}\sum_{i=1}^{n}(Y_i-\mu_2)^2},$$

当 H_0 为真时，$F\sim F(m,n)$. 对显著性水平 α，确定临界值 $F_{\frac{\alpha}{2}}(m,n)$ 和 $F_{1-\frac{\alpha}{2}}(m,n)$，使

$$P\{F>F_{\frac{\alpha}{2}}(m,n)\}=P\{F<F_{1-\frac{\alpha}{2}}(m,n)\}=\dfrac{\alpha}{2}.$$

可得原假设 H_0 的拒绝域

$$W_1 = \left\{ \frac{\frac{1}{m}\sum_{i=1}^{m}(x_i-\mu_1)^2}{\frac{1}{n}\sum_{i=1}^{n}(y_i-\mu_2)^2} < F_{1-\frac{\alpha}{2}}(m,n) \text{ 或 } \frac{\frac{1}{m}\sum_{i=1}^{m}(x_i-\mu_1)^2}{\frac{1}{n}\sum_{i=1}^{n}(y_i-\mu_2)^2} > F_{\frac{\alpha}{2}}(m,n) \right\}.$$

单边检验的拒绝域由表 8.3 给出.

2. 均值未知时两个正态总体的方差的检验

设有两个总体 $X \sim N(\mu_1, \sigma^2)$,$Y \sim N(\mu_2, \sigma^2)$,其中 $\mu_1, \mu_2, \sigma_1^2, \sigma_2^2$ 均未知,$X_1, X_2, \cdots, X_m$ 和 $Y_1, Y_2, \cdots, Y_n$ 分别是取自 X 和 Y 的样本且相互独立. 给定显著性水平 α,要求检验假设

$$H_0: \sigma_1^2 = \sigma_2^2; \quad H_1: \sigma_1^2 \neq \sigma_2^2.$$

由于 S_1^2 和 S_2^2 是 σ_1^2 和 σ_2^2 的无偏估计,因此我们选取统计量 $F = \frac{S_1^2}{S_2^2}$,当 H_0 为真时,$F = \frac{S_1^2}{S_2^2} \sim F(m-1, n-1)$,对于显著性水平 α,确定临界值 $F_{\frac{\alpha}{2}}(m-1, n-1)$ 和 $F_{1-\frac{\alpha}{2}}(m-1, n-1)$,使

$$P\{F > F_{\frac{\alpha}{2}}(m-1, n-1)\} = P\{F < F_{1-\frac{\alpha}{2}}(m-1, n-1)\} = \frac{\alpha}{2}.$$

即得拒绝域

$$W_1 = \left\{ \frac{s_1^2}{s_2^2} > F_{\frac{\alpha}{2}}(m-1, n-1) \text{ 或 } \frac{s_1^2}{s_2^2} < F_{1-\frac{\alpha}{2}}(m-1, n-1) \right\}.$$

单边检验的拒绝域由表 8.3 给出.

由于上述检验法中采用的检验统计量服从 F 分布,因此常称之为 F **检验**.

表 8.3

被检参数	其他参数	假设 H_0	假设 H_1	检验统计量 F	H_0 中等号成立时 F 的分布	拒绝域
σ_1^2, σ_2^2	μ_1, μ_2 已知	$\sigma_1^2 = \sigma_2^2$	$\sigma_1^2 \neq \sigma_2^2$	$\dfrac{\frac{1}{m}\sum_{i=1}^{m}(X_i-\mu_1)^2}{\frac{1}{n}\sum_{i=1}^{n}(Y_i-\mu_2)^2}$	$F(m,n)$	$F < F_{1-\frac{\alpha}{2}}(m,n)$ 或 $F > F_{\frac{\alpha}{2}}(m,n)$
		$\sigma_1^2 \leq \sigma_2^2$	$\sigma_1^2 > \sigma_2^2$			$F > F_\alpha(m,n)$
		$\sigma_1^2 \geq \sigma_2^2$	$\sigma_1^2 < \sigma_2^2$			$F < F_{1-\alpha}(m,n)$
σ_1^2, σ_2^2	μ_1, μ_2 未知	$\sigma_1^2 = \sigma_2^2$	$\sigma_1^2 \neq \sigma_2^2$	$\dfrac{S_1^2}{S_2^2}$	$F(m-1, n-1)$	$F < F_{1-\frac{\alpha}{2}}(m-1, n-1)$ 或 $F > F_{\frac{\alpha}{2}}(m-1, n-1)$
		$\sigma_1^2 \leq \sigma_2^2$	$\sigma_1^2 > \sigma_2^2$			$F > F_\alpha(m-1, n-1)$
		$\sigma_1^2 \geq \sigma_2^2$	$\sigma_1^2 < \sigma_2^2$			$F < F_{1-\alpha}(m-1, n-1)$

例 8.7 为了研究由机器 A 和机器 B 生产钢管的内径,随机抽取机器 A 生产的钢管 18 只,测得样本方差 $S_1^2 = 0.34 (\text{mm}^2)$;抽取机器 B 生产的钢管 13 只,测得样本方差 $S_2^2 = 0.29 (\text{mm}^2)$. 设两样本相互独立,且由机器 A 和机器 B 生产的钢管的内径分别服从正态分布 $N(\mu_1, \sigma_1^2)$ 和 $N(\mu_2, \sigma_2^2)$,这里 $\mu_1, \mu_2, \sigma_1^2, \sigma_2^2$ 均未知,试问两台机器生产的钢管内径的精度有无显著差异(取 $\alpha = 0.05$)?

解 这是两个正态总体方差的检验问题. 由题意,要求检验假设

$$H_0: \sigma_1^2 = \sigma_2^2; \quad H_1: \sigma_1^2 \neq \sigma_2^2.$$

因为 μ_1, μ_2 均未知,显著性水平 $\alpha=0.05$,取 $F=\dfrac{S_1^2}{S_2^2}$ 为检验统计量,查表 8.3 可得拒绝域

$$\left\{\frac{S_1^2}{S_2^2}<F_{0.975}(17,12) \text{ 或 } \frac{S_1^2}{S_2^2}>F_{0.025}(17,12)\right\}.$$

查表可得 $F_{0.025}(17,12)=3.14, F_{0.025}(12,17)=2.82$,从而可得

$$F_{0.975}(17,12)=\frac{1}{F_{0.025}(12,17)}=0.35.$$

由两个样本方差可得

$$0.35<\frac{s_1^2}{s_2^2}=\frac{0.34}{0.29}=1.17<3.14,$$

故不拒绝 H_0,即认为两台机器生产的钢管内径的精度无显著差异.

8.5 分布拟合检验

前面介绍的各种检验方法都是在假定总体分布形式为已知的前提下进行讨论的. 这些关于总体分布的假定往往只是凭经验或根据某种定性的理论作出的. 它们是否符合实际情况,还需要根据样本进行检验. 本节介绍总体分布假设的 χ^2 检验法.

设总体 X 的分布函数 $F(x)$ 未知,$X_1,X_2,\cdots,X_n$ 为取自总体 X 的样本,给定显著性水平 α,要求检验假设

$$H_0: F(x)=F_0(x); \quad H_1: F(x)\neq F_0(x), \tag{8.7}$$

其中 $F_0(x)$ 为已知分布函数(在分布拟合检验中 H_1 常不写出).

检验假设 H_0 的步骤是:

(1) 根据样本观测值的取值范围,把总体 X 的一切可能取值的集合 $\mathbf{R}=(-\infty,+\infty)$ 分成互不相交的 k 个子区间:$R_1=(-\infty,t_1], R_2=(t_1,t_2],\cdots,(t_{k-2},t_{k-1}],(t_{k-1},+\infty)$. 如果 X 的取值的集合 D 是 $\mathbf{R}$ 的子集,则取上述区间与 D 的交集作为 k 个子区间,计算出样本观测值出现在第 i 个小区间 R_i 中的频数 n_i 和频率 $\dfrac{n_i}{n}(i=1,2,\cdots,k)$. n_i 和 $\dfrac{n_i}{n}$ 分别称为**经验频数**和**经验频率**;

(2) 求出当 H_0 为真时总体 X 取值于第 i 个小区间 R_i 的概率

$$p_i=F_0(t_i)-F_0(t_{i-1}),$$

其中 $0<p_i<1, i=1,2,\cdots,k, \sum_{i=1}^{k}p_i=1$. np_i 称为**理论频数**,p_i 称为**理论频率**.

(3) 选取检验统计量

$$\chi^2=\sum_{i=1}^{k}\frac{(n_i-np_i)^2}{np_i}, \tag{8.8}$$

由 (8.8) 式可以看出,当 $n_i=np_i(i=1,2,\cdots,k)$ 时,即经验频数与理论频数完全相符时,则 $\chi^2=0$;当 n_i 与 np_i 相差越大时,χ^2 也就越大. 因此 χ^2 可作为检验分布与总体分布之间差异的一种度量,当它的值大于某个临界值时,意味着经验频数与 H_0 确定的理论频数有相当大的差异,就应该拒绝原假设 H_0,否则可以接受 H_0. 如何确定临界值呢? 这就需要求出统计量 χ^2 的分布,皮尔逊证明了如下定理.

皮尔逊定理 设 $F_0(x)$ 是不含未知参数的任意分布函数. 如果 H_0 为真,则当 $n\to\infty$ 时,

$$\chi^2 = \sum_{i=1}^{k} \frac{(n_i - np_i)^2}{np_i}$$

的极限分布为 $\chi^2(k-1)$. 即当 n 充大时,χ^2 渐近于 $\chi^2(k-1)$.

如果 $F_0(x)$ 含有 l 个未知参数 $\theta_1,\theta_2,\cdots,\theta_l$,这时需用这些参数的极大似然估计代替它们. 在这种情况下,费歇尔推广了皮尔逊定理,证明了 χ^2 渐近服从 $\chi^2(k-l-1)$ 分布,其中 k 为小区间的个数,l 为待估参数的个数.

一般地,当样本容量 $n \geqslant 50$ 时,统计量 χ^2 就可近似地认为服从 $\chi^2(n-l-1)$ 分布,因此,对给定的显著性水平 α,查表可得临界值 $\chi^2_\alpha(k-l-1)$,使得

$$P\{\chi^2 > \chi^2_\alpha(k-l-1)\} = \alpha.$$

由此得原假设 H_0 的拒绝域

$$\left\{\sum_{i=1}^{k} \frac{(n_i - np_i)^2}{np_i} > \chi^2_\alpha(k-l-1)\right\}.$$

(4) 由样本观测值计算出统计量 χ^2 的观测值,若 $\chi^2 > \chi^2_\alpha(k-l-1)$,则拒绝 H_0;反之,则接受 H_0.

由于总体分布的 χ^2 检验法是在 $n\to\infty$ 时推导出来的,所以使用时应满足 n 足够大及 np_i 不太小这两个条件. 根据实践经验,要求 $n \geqslant 50, np_i \geqslant 5(i=1,2,\cdots,k)$,否则应适当增加样本容量或合并小区间,以使 n 和 np_i 满足要求. 另外,人们在应用上述检验法时,常使 k 满足 $5 \leqslant k \leqslant 10$.

例 8.8 自 1965 年 1 月 1 日至 1971 年 2 月 9 日共 2 231 天中,全世界记录的里氏 4 级和 4 级以上地震共 162 次,统计如下:

相继两次地震间隔天数 x	0~4	5~9	10~14	15~19	20~24	25~29	30~34	35~39	$\geqslant 40$
出现的频数	50	31	26	17	10	8	6	6	8

试检验相继两次地震间隔天数是否服从指数分布 ($\alpha=0.05$).

解 根据题意,要求检验假设

$$H_0: X \text{ 的概率密度为 } f(x) = \begin{cases} \dfrac{1}{\theta}\mathrm{e}^{-\frac{x}{\theta}} & \text{当 } x > 0 \\ 0 & \text{当 } x \leqslant 0 \end{cases}.$$

由于概率密度 $f(x)$ 中有未知参数 θ,先由极大似然估计法求得 θ 的估计值

$$\hat{\theta} = \bar{x} = \frac{2\,231}{162} = 13.77.$$

X 是连续型随机变量,将 X 可能取值的区间 $(0,+\infty)$ 分为 $k=9$ 个互不重叠的子区间 $A_1, A_2, \cdots, A_9$,如表 8.4 所示.

当 H_0 为真时,X 的分布函数和估计式为

$$\hat{F}(x) = \begin{cases} 1 - \mathrm{e}^{-\frac{x}{13.77}} & \text{当 } x > 0 \\ 0 & \text{当 } x \leqslant 0 \end{cases}.$$

由上式可得概率 $p_i = P\{X \in A_i\}$ 的估计值 $\hat{p}_i$,将计算结果列于表 8.4 中.

表 8.4

i	A_i	n_i	$\hat{p}_i$	$n\hat{p}_i$	$n\hat{p}_i-n_i$	$\dfrac{(n\hat{p}_i-n_i)^2}{n\hat{p}_i}$
1	$(0,4.5]$	50	0.278 8	45.165 6	$-4.834\ 4$	0.517 5
2	$(4.5,9.5]$	31	0.219 6	35.575 2	4.575 2	0.588 4
3	$(9.5,14.5]$	26	0.152 7	24.737 4	$-1.262\ 6$	0.064 4
4	$(14.5,19.5]$	17	0.106 2	17.204 4	0.204 4	0.002 4
5	$(19.5,24.5]$	10	0.073 9	11.971 8	1.971 8	0.324 8
6	$(24.5,29.5]$	8	0.051 4	8.326 8	0.326 8	0.012 6
7	$(29.5,34.5]$	6	0.035 8	5.799 6	$-0.200\ 4$	0.006 9
8	$(34.5,39.5]$	6	0.024 8	4.017 6	$\Big\}-0.780\ 8$	0.046 1
9	$(39.5,+\infty)$	8	0.056 8	9.201 6		
Σ						1.563 1

因为

$$\chi_\alpha^2(k-l-1)=\chi_{0.05}^2(9-1-1)=\chi_{0.05}^2(7)=14.067$$
$$\chi^2=1.563\ 1<14.067,$$

故在显著性水平 $\alpha=0.05$ 下接受 H_0,即认为 X 服从指数分布.

当总体 X 是离散型随机变量时,假设(1)相当于

H_0:总体 X 的分布律为 $P\{X=a_i\}=p_i$, $i=1,2,\cdots$,

根据每一类理论频数都不小于 5 的原则,将 X 的取值分成若干类 $A_1,A_2,\cdots,A_k$. 如果 X 的分布律中有未知参数,则先根据样本观测值用极大似然估计法估计这些参数的值,然后计算每一类的概率 $\hat{p}_i=P\{X\in A_i\}$, $i=1,2,\cdots,k$ 和 $n\hat{p}_i$,根据样本观测值 $x_1,x_2,\cdots,x_n$ 计算每一类中的实际频数 n_i,进而计算 χ^2 的观测值并推断 H_0 是否成立.

例 8.9 在某一实验中,每隔一定时间观测一次某种铀所放射的到达计数器上的 α 粒子数 X,共观测了 100 次,得结果如下表所示.

i	0	1	2	3	4	5	6	7	8	9	10	11	Σ
n_i	1	5	16	17	26	11	9	9	2	1	2	1	100

其中 n_i 为观测到 i 个 α 粒子的次数. 从理论上考虑,X 应服从泊松分布

$$P\{X=i\}=\frac{\mathrm{e}^{-\lambda}\lambda^i}{i!},\ i=0,1,2,\cdots.$$

问这种理论上的推断是否符合实际(取显著性水平 $\alpha=0.05$)?

解 根据题意,要求检验假设

H_0:X 服从泊松分布,$P\{X=i\}=\dfrac{\mathrm{e}^{-\lambda}\lambda^i}{i!}$, $i=0,1,2,\cdots$.

因为 H_0 中参数 λ 未知,所以先用极大似然法估计它:$\hat{\lambda}=\bar{x}=4.2$. 当 H_0 为真时,$P\{X=i\}$ 的估计值为 $\dfrac{\mathrm{e}^{-4.2}\times 4.2^i}{i!}$, $i=0,1,2,\cdots$. χ^2 的计算见表 8.5.

查表可得 $\chi_\alpha^2(k-l-1)=\chi_{0.05}^2(6)=12.592.$

由于 $\chi^2 = 6.2815 < 12.592$,
故在显著性水平 $\alpha = 0.05$ 下接受 H_0, 即认为理论上的推断符合实际.

表 8.5

i	n_i	$\hat{p}_i$	$n\hat{p}_i$	$n\hat{p}_i - n_i$	$\dfrac{(n\hat{p}_i - n_i)^2}{n\hat{p}_i}$
0	1	0.015	1.5	} 1.8	0.415
1	5	0.063	6.3		
2	16	0.132	13.2	−2.8	0.594
3	17	0.185	18.5	1.5	0.122
4	26	0.194	19.4	−6.6	2.245
5	11	0.163	16.3	5.3	1.723
6	9	0.114	11.4	2.4	0.505
7	9	0.069	6.9	−2.1	0.639
8	2	0.036	3.6	} 0.5	0.0385
9	1	0.017	1.7		
10	2	0.007	0.7		
11	1	0.003	0.3		
≥12	0	0.002	0.2		
Σ					6.2815

8.6 秩和检验简介

设有两个连续型总体 X 和 Y 相互独立, $E(X) = \mu_1, E(Y) = \mu_2$, 它们的分布函数分别为 $F(x)$ 和 $G(x)$, 其中 $\mu_1, \mu_2, F(x)$ 和 $G(x)$ 均未知, 但已知 $F(x) = G(x-a)$, a 为未知常数, 即 $F(x)$ 与 $G(x)$ 之间最多只差一个平移, 我们要检验下述各项假设:

(1) $H_0: \mu_1 = \mu_2,\quad H_1: \mu_1 \neq \mu_2$; (8.9)

(2) $H_0: \mu_1 \leqslant \mu_2,\quad H_1: \mu_1 > \mu_2$; (8.10)

(3) $H_0: \mu_1 \geqslant \mu_2,\quad H_1: \mu_1 < \mu_2$. (8.11)

下面我们简单介绍用来检验上述假设的秩和检验法, 首先引入秩的概念.

设 X 为一总体, 将一容量为 n 的样本观测值按从小到大的次序编号, 排列成

$$x_{(1)}, x_{(2)}, \cdots, x_{(n)},$$

称 $x_{(i)}$ 的下标 i 为 $x_{(i)}$ 的**秩**, $i = 1, 2, \cdots, n$.

设 $X_1, X_2, \cdots, X_m$ 和 $Y_1, Y_2, \cdots, Y_n$ 分别是取自 X 和 Y 的样本, 并且 $m \leqslant n$. 将 $m + n$ 个样本观测值 $x_1, x_2, \cdots, x_m, y_1, y_2, \cdots, y_n$ 放在一起, 按从小到大的次序排列, 求出每一个观测值的秩, 然后将来自总体 X 的样本观测值的秩相加, 其和记为 r_1; 将来自总体 Y 的样本观测值的秩相加, 其和记为 r_2. 显然, r_1 和 r_2 是离散型随机变量, 且

$$r_1 + r_2 = \frac{1}{2}(m+n)(m+n+1).$$

因此，我们仅考虑统计量 r_1 即可.

从直观上看，当假设(1)的 H_0 为真时，即 $F(x)=G(x)$ 时，这两个独立样本相当于来自同一个总体，因此，第一个样本中各个元素和秩应该随机地、分散地在自然数 $1\sim(m+n)$ 中取值，不应过分集中取较小的值或过分取较大的值，考虑到

$$\frac{1}{2}m(m+1) \leqslant r_1 \leqslant \frac{1}{2}m(m+2n+1),$$

易知当 H_0 为真时秩和 r_1 一般来说不应太靠近上述不等式两端的值，当 r_1 过分大或过分小时，我们都拒绝 H_0，因此，对于给定的显著性水平 α，双边检验(1)的拒绝域为

$$W_1 = \left\{ r_1 < c_1\left(\frac{\alpha}{2}\right) \text{ 或 } r_1 > c_2\left(\frac{\alpha}{2}\right) \right\},$$

其中临界值 $c_1\left(\frac{\alpha}{2}\right)$ 是满足 $P\left\{r_1 \leqslant c_1\left(\frac{\alpha}{2}\right)\right\} \leqslant \frac{\alpha}{2}$ 的最大整数，$c_2\left(\frac{\alpha}{2}\right)$ 是满足 $P\left\{r_1 \geqslant c_2\left(\frac{\alpha}{2}\right)\right\} \leqslant \frac{\alpha}{2}$ 的最小整数. 犯第一类错误的概率为

$$P\left\{r_1 \leqslant c_1\left(\frac{\alpha}{2}\right)\right\} + P\left\{r_1 \geqslant c_2\left(\frac{\alpha}{2}\right)\right\} \leqslant \frac{\alpha}{2} + \frac{\alpha}{2} = \alpha.$$

类似地，对于右边假设(2)，拒绝域为

$$W_1 = \{r_1 > c_2(\alpha)\},$$

其中 $c_2(\alpha)$ 为满足 $P\{r_1 \geqslant c_2(\alpha)\} \leqslant \alpha$ 的最小整数.

对于左边假设(3)，拒绝域为

$$W_1 = \{r_1 < c_1(\alpha)\},$$

其中 $c_1(\alpha)$ 为满足 $P\{r_1 \leqslant c_1(\alpha)\} \leqslant \alpha$ 的最大整数. 秩和检验的拒绝域见表 8.6.

表 8.6

样本容量	假设		拒绝域
	H_0	H_1	
$2 \leqslant m \leqslant n \leqslant 10$	$\mu_1 = \mu_2$	$\mu_1 \neq \mu_2$	$r_1 < c_1\left(\frac{\alpha}{2}\right)$ 或 $r_1 > c_2\left(\frac{\alpha}{2}\right)$
	$\mu_1 \leqslant \mu_2$	$\mu_1 > \mu_2$	$r_1 > c_2(\alpha)$
	$\mu_1 \geqslant \mu_2$	$\mu_1 < \mu_2$	$r_1 < c_1(\alpha)$
$10 \leqslant m \leqslant n\ (n > 10)$	$\mu_1 = \mu_2$	$\mu_1 \neq \mu_2$	$\left\|\frac{r_1 - \mu}{\sigma}\right\| > u_{\frac{\alpha}{2}}$
	$\mu_1 \leqslant \mu_2$	$\mu_1 > \mu_2$	$\frac{r_1 - \mu}{\sigma} > u_\alpha$
	$\mu_1 \geqslant \mu_2$	$\mu_1 < \mu_2$	$\frac{r_1 - \mu}{\sigma} < -u_\alpha$

当 $2 \leqslant m \leqslant n \leqslant 10$ 时，$c_1(\alpha)$ 和 $c_2(\alpha)$ 可查表 8.7 得到；当 $10 \leqslant m \leqslant n\ (n > 10)$ 且 $F(x) = G(x)$ 时，近似地有

$$U = \frac{r_1 - \mu}{\sigma} \sim N(0,1). \tag{8.12}$$

其中

$$\mu = \frac{m(m+n+1)}{2}; \quad \sigma = \sqrt{\frac{mn(m+n+1)}{12}}. \tag{8.13}$$

表 8.7

m	n	$\alpha=0.05$		$\alpha=0.025$		m	n	$\alpha=0.05$		$\alpha=0.025$	
		c_1	c_2	c_1	c_2			c_1	c_2	c_1	c_2
2	2	3	7	3	7	4	10	18	42	16	44
2	3	3	9	3	9	5	5	20	35	18	37
2	4	3	11	3	11	5	6	21	39	19	41
2	5	4	12	3	13	5	7	22	43	21	44
2	6	4	14	3	15	5	8	24	46	22	48
2	7	4	16	3	17	5	9	25	50	23	52
2	8	5	17	4	18	5	10	27	53	24	56
2	9	5	19	4	20	6	6	29	49	27	51
2	10	5	21	4	22	6	7	30	54	28	56
3	3	7	14	6	15	6	8	32	58	30	60
3	4	7	17	6	18	6	9	34	62	32	64
3	5	8	19	7	20	6	10	36	66	33	69
3	6	9	21	8	22	7	7	40	65	37	68
3	7	9	24	8	25	7	8	42	70	39	73
3	8	10	26	9	27	7	9	44	75	41	78
3	9	11	28	9	30	7	10	46	80	43	83
3	10	11	31	10	32	8	8	52	84	50	86
4	4	12	24	11	25	8	9	55	89	52	92
4	5	13	27	12	28	8	10	57	95	54	98
4	6	14	30	13	31	9	9	67	104	63	103
4	7	15	33	14	34	9	10	70	110	66	114
4	8	16	36	15	37	10	10	83	127	79	131
4	9	17	39	15	41						

在显著性水平 α 下的双边检验、右边检验、左边检验的拒绝域分别为

$$\{|u|>u_{\frac{\alpha}{2}}\}, \quad \{u>u_\alpha\}, \quad \{u<-u_\alpha\}. \tag{8.14}$$

这里,u 表示 U 的观测值.

例 8.10 某种羊毛在进行某种工艺处理之前与处理之后,各随机抽取了一定容量的样本,测得其含脂率如下:

处理前: 0.20 0.24 0.66 0.42 0.12;

处理后: 0.13 0.07 0.21 0.08 0.19.

问经过该工艺处理后含脂率是否下降($\alpha=0.05$)?

注:当第一样本容量 m' 大于第二样本容量 n' 时,取 $m=n'$,$n=m'$,从表 8.7 中查出 c_1,c_2,此时的秩和检验的临界值为

$$c_1' = \frac{1}{2}(m+n)(m+n+1) - c_2;$$

$$c_1' = \frac{1}{2}(m+n)(m+n+1) - c_2.$$

解 根据题意,要求检验处理后含脂率是否下降,分别以 μ_1,μ_2 表示处理前后羊毛的平均含脂率,提出假设

$$H_0: \mu_1 \leqslant \mu_2; \quad H_1: \mu_1 > \mu_2.$$

查表 8.6 可得拒绝域为 $W_1 = \{r_1 > c_2(\alpha)\}$. 将 2 个样本观测值合在一起,按从小到大的顺序排列,由下表所示:

x_i			0.12			0.20		0.24	0.42	0.66
y_i	0.07	0.08		0.13	0.19		0.21			
秩	1	2	3	4	5	6	7	8	9	10

由上表易得
$$r_1 = 3+6+8+9+10 = 36.$$
由 $m=n=5, \alpha=0.05$，查表可得 $c_2(0.05)=35$. 因为
$$r_1 = 36 > c_2(0.05) = 35,$$
故拒绝 H_0，即认为处理后羊毛含脂率下降了．

例 8.11 某商店为了确定向公司 A 或公司 B 购买某种商品，将 A,B 公司以往各次进货的次品率进行比较，得数据如下：

A: 7.0 3.5 9.6 8.1 6.2 5.1 10.4 4.0 2.0 10.5

B: 5.7 3.2 4.2 11.0 9.7 6.9 3.6 4.8 5.6 8.4 10.1
    5.5 12.3.

问两公司的商品质量有无显著差异（取显著性水平 $\alpha=0.05$）？

解 设 A,B 公司的商品的平均次品率为 μ_1, μ_2，要求检验假设
$$H_0: \mu_1 = \mu_2; \quad H_1: \mu_1 \neq \mu_2.$$
查表 8.6 可知拒绝域
$$W_1 = \left\{ \left| \frac{r_1 - \mu}{\sigma} \right| > u_{\frac{\alpha}{2}} \right\}.$$
将数据按从小到大次序排列，可得
$$r_1 = 1+3+5+8+12+14+15+17+20+21 = 116.$$
因为 $m=10, n=13$，易得
$$\mu = \frac{1}{2}m(m+n+1) = \frac{1}{2} \times 10 \times (10+13+1) = 120;$$
$$\sigma = \sqrt{\frac{1}{12}mn(m+n+1)} = \sqrt{260}.$$
$$\left| \frac{r_1 - \mu}{\sigma} \right| = \left| \frac{116-120}{\sqrt{260}} \right| = 0.248.$$
查表可得 $u_{\frac{\alpha}{2}} = u_{0.025} = 1.96$. 因为
$$\left| \frac{r_1 - \mu}{\sigma} \right| = 0.248 < u_{0.05} = 1.96.$$
故接受 H_0，即认为两个公司商品质量无显著差异．

习 题 8A

1. 某自动机生产一种铆钉，尺寸误差 $X \sim N(\mu,1)$，该机正常工作与否的标志是检验 $\mu=0$ 是否成立．一日抽检容量为 $n=10$ 的样本，测得样本均值 $\bar{x}=1.01$，在显著性水平 $\alpha=0.05$ 下，该自动机工作是否正常？

2. 某批矿砂的 5 个样品中的镍含量，经测定为(%)
$$3.25 \quad 3.27 \quad 3.24 \quad 3.26 \quad 3.24$$
设测定值总体服从正态分布，问在显著水平 $\alpha=0.01$ 下能否接受假设：这批矿砂的镍含量的均值为 3.25.

3. 岩石密度的测量误差 $X \sim N(0,\sigma^2)$，在某次岩石密度的测定过程中，检查了 12 块标本，计算出测量误

差的平均值 $\bar{x} = 0.1 \text{ g/cm}^2$,标准差 $s = 0.2 \text{ g/cm}^2$,对于显著性水平 $\alpha = 0.05$,试检测密度测量误差的均值是否为 0?

4. 已知正常情况下生产某种汽车零件的质量(单位:g)服从正态分布 $N(54, 0.75^2)$.在某日生产的零件中抽取 10 件,测得质量如下:

54.0 55.1 53.8 54.2 52.1 54.2 55.0 55.8 55.1 55.3

如果标准差不变,该日生产的零件质量的均值与正常生产时是否有显著差异?(取显著性水平 $\alpha = 0.05$)

5. 从某厂生产的一批电子元件中抽取 6 个,测得电阻的样本均值和方差分别为 $\bar{x} = 14.067, s^2 = 0.097$,设这批元件的电阻 $\xi \sim N(\mu, \sigma^2)$,问这批元件的电阻的方差是否为 0.04?(取显著性水平 $\alpha = 0.05$)

6. 某种药品质量服从正态分布,规定其质量的方差 $\sigma^2 = 0.025$,现从某天的产品中抽取 16 袋,测得样本方差 $s^2 = 0.036$,问该天生产的药品质量的方差是否符合标准?(取显著性水平 $\alpha = 0.05$)

习 题 8B

1. 要求一种元件平均寿命不得低于 1 000 h,今从一批这种元件中随机抽取 25 件,测得其寿命的平均值为 950 h,已知该种元件寿命服从标准差为 $\sigma = 100$ h 的正态分布.试在显著性水平 $\alpha = 0.05$ 下确定这批元件是否合格?

2. 下面列出的是某工厂随机选取的 20 只部件的装配时间(min):

9.8 10.4 10.6 9.6 9.7 9.9 10.9 11.1 9.6 10.2
10.3 9.6 9.9 11.2 10.6 9.8 10.5 10.1 10.5 9.7

设装配时间的总体服从正态分布,是否可以认为装配时间的均值显著地大于 10(取 $\alpha = 0.05$)?

3. 测定某种溶液中的水分,它的 10 个测定值给出 $s = 0.037\%$,设测定值总体为正态分布,σ^2 为总体方差,试在显著性水平 $\alpha = 0.05$ 下检验假设

$$H_0: \sigma \geq 0.04\%; \quad H_1: \sigma < 0.04\%.$$

4. 某种导线,要求其电阻的标准差不得超过 $0.005(\Omega)$.今在生产的一批导线中取样品 9 根,测得 $s = 0.007(\Omega)$.设总体为正态分布,问在水平 $\alpha = 0.05$ 下能否认为这批导线的标准差显著地偏大?

5. 有 2 台车床生产同一型号的滚珠,根据经验可以认为这 2 台车床生产的滚珠的直径都遵从正态分布,要比较 2 台车床所生产的滚珠的直径的方差.现从这 2 台车床的产品中分别抽出 8 个和 9 个,测得滚珠的直径如下:

甲车床	15	14.5	15.2	15.5	14.8	15.1	15.2	14.8	
乙车床	15.2	15	14.8	15.2	15	15	14.8	15.1	14.8

问乙车床产品的方差是否比甲车床的小?

6. 甲、乙两厂生产的钢丝总体 X, Y 均服从正态分布,各取 50 根作拉力强度试验,得 $\bar{x} = 1\,208$ MPa,$\bar{y} = 1\,282$ MPa,已知 $\sigma_1 = 80$ MPa,$\sigma_2 = 94$ MPa,问甲、乙两厂钢丝的抗拉强度是否有显著差异?($\alpha = 0.05$)

7. 今有 2 台机床加工同一种零件,分别抽取 6 个和 9 个零件,测得其口径后经计算得

$$\sum_{i=1}^{6} x_i = 204.6; \quad \sum_{i=1}^{6} x_i^2 = 6\,978.93;$$
$$\sum_{j=1}^{9} y_j = 372.8; \quad \sum_{j=1}^{9} y_j^2 = 15\,280.17.$$

假定零件口径的尺寸服从正态分布,试问这 2 台机床加工零件口径的方差有无显著差异?($\alpha = 0.05$)

8. 一工厂的 2 个化验室每天同时从工厂的冷却水中取样,测量水中含氯量(μg),下面是 7 天的记录

| 化验室 $A(x_i)$ | 1.15 | 1.86 | 0.75 | 1.82 | 1.14 | 1.65 | 1.90 |
| 化验室 $B(y_i)$ | 1.00 | 1.90 | 0.90 | 1.80 | 1.20 | 1.70 | 1.95 |

设各对数据的差 $d_i = x_i - y_i, i = 1, 2, \cdots, 7$ 来自正态总体,问2化验室测定的结果之间有无显著异?($\alpha = 0.01$)

9. 为了试验两种不同的谷物的种子的优劣,选取10块土质不同的土地,并将每块土地分为面积相同的两部分,分别种植这两种种子.设在每块土地的两部分人工管理等条件完全一样.下面给出各块土地上的产量.

| 种子$A(x_i)$ | 23 | 35 | 29 | 42 | 39 | 29 | 37 | 34 | 35 | 28 |
| 种子$B(y_i)$ | 26 | 39 | 35 | 40 | 38 | 24 | 36 | 27 | 41 | 27 |

设 $d_i = x_i - y_i (i = 1, 2, \cdots, 10)$ 来自正态分布总体,问以这两种种子种植的谷物的产量是否有显著差异?(取 $\alpha = 0.05$)

10. 测得两批电子器件的样品的电阻(Ω) 为

| A批(x) | 0.140 | 0.138 | 0.143 | 0.142 | 0.144 | 0.137 |
| B批(y) | 0.135 | 0.140 | 0.142 | 0.136 | 0.138 | 0.140 |

设这两批器材的电阻值总体分别服从分布 $N(\mu_1, \sigma_1^2), N(\mu_2, \sigma_2^2)$,且两样本相互独立.
(1) 检验假设($\alpha = 0.05$)
$$H_0: \sigma_1^2 = \sigma_2^2; \quad H_1: \sigma_1^2 \neq \sigma_2^2.$$
(2) 在(1) 的基础上检验($\alpha = 0.05$) 假设
$$H_0': \mu_1 = \mu_2; \quad H_1': \mu_1 \neq \mu_2.$$

11. 有两台机器生产某种部件,分别在两台机器所生产的部件中取容量为 $n_1 = 60, n_2 = 40$ 的样本,测得部件重量的样本方差分别为 $s_1^2 = 15.46, s_2^2 = 9.66$.设两样本相互独立,两总体分别服从 $N(\mu_1, \sigma_1^2), N(\mu_2, \sigma_2^2)$,试在显著性水平 $\alpha = 0.05$ 下检验假设
$$H_0: \sigma_1^2 \leqslant \sigma_2^2; \quad H_1: \sigma_1^2 > \sigma_2^2.$$

12. 检查了一本书的 100 页,记录各页中的印刷错误的个数,其结果如下:

| 错误个数 i | 0 | 1 | 2 | 3 | 4 | 5 | 6 | $\geqslant 7$ |
| 含 i 个错误的页数 | 36 | 40 | 19 | 2 | 0 | 2 | 1 | 0 |

问能否认为一页的印刷错误个数服从泊松分布(取 $\alpha = 0.05$).

13. 在一批灯泡中抽取 300 只作寿命试验,其结果如下:

| 寿命 t(h) | $t < 100$ | $100 \leqslant t < 200$ | $200 \leqslant t < 300$ | $t \geqslant 300$ |
| 灯泡数 | 121 | 78 | 43 | 58 |

取 $\alpha = 0.05$,试检验假设
$$H_0: \text{灯泡寿命服从指数分布}, f(t) = \begin{cases} 0.005 e^{-0.005t} & \text{当 } t > 0 \\ 0 & \text{当 } t \leqslant 0 \end{cases}$$

14. 下面给出了某学校 6 年级 84 名女生的身高(cm),试检验这些数据是否来自正态总体(取 $\alpha = 0.1$).

158	141	148	132	138	154	142	150	146	155
150	140	147	148	144	150	149	145	149	158
143	141	144	144	126	140	144	142	141	140
145	135	147	146	141	136	140	146	142	137
148	154	137	139	143	140	131	143	141	149
148	135	148	152	143	144	141	143	147	146
150	132	142	142	143	153	149	146	149	138
142	149	142	137	134	144	146	147	140	142
140	137	152	145						

15. 假定6个整数1,2,3,4,5,6被随机地选取,重复60次独立试验中出现1,2,3,4,5,6的次数分别为13,19,11,8,5,4. 问在显著性水平 $\alpha = 0.05$ 下是否可以认为下列假设成立：

$$H_0: P\{X = 1\} = P\{X = 2\} = \cdots = P\{X = 6\} = \frac{1}{6}.$$

16. 分别从2个球队中抽查了部分队员的行李的重量(kg),得数据如下：

    1队   34 39 41 28 33

    2队   36 40 35 31 39 36

设两样本独立且1、2队队员行李重量总体的密度至多差一个平移. 记两总体的均值分别为 μ_1, μ_2,试检验假设(取 $\alpha = 0.05$)

$$H_0: \mu_1 \geq \mu_2; \quad H_1: \mu_1 < \mu_2.$$

17. 下面给出2种型号的计算器充电以后所能使用的时间(h).

    A 5.5 5.6 6.3 4.6 5.3 5.0 6.2 5.8 5.1 5.2 5.9

    B 3.8 4.3 4.2 4.0 4.9 4.5 5.2 4.8 4.5 3.9 3.7 4.6

设两样本独立且数据所属的两总体密度至多差一个平移,试问能否认为型号 A 的计算器平均使用时间比型号 B 来的长($\alpha = 0.01$)?

延展阅读

许宝騄

许宝騄,1910年出生于北京,1929年入清华大学数学系. 1936年赴英留学,派往伦敦大学学院在统计系攻读博士学位. 1938年他获得了哲学博士学位,从此开启了科学研究生涯. 之后两年,经系主任奈曼推荐,在伦敦大学任教. 1940年发表了3篇文章,其中两篇是数理统计学科的重要文献,在多元统计分析和奈曼-皮尔逊理论(Neyman-Pearson)中是奠基性的工作,因此获得了科学博士的学位.

1940年回到了祖国,赴昆明任教于西南联合大学数学系. 之后,许宝騄数次被邀请到美国知名高校任教. 1947年,他谢绝了一些大学的聘任,回到北京大学任教,直至1970年12月逝世.

许宝騄被公认为多元统计分析的奠基人之一. 他在内曼-皮尔逊理论、参数估计理论、多元分析、极限理论等方面取得卓越成就,其研究成果推动了概率论与数理统计的发展. 至今,"许方法"(多元分析统计学家 H. Scheffe 称为"数学严密性的范本")仍被认为是解决检验问题的最实用方法.

许宝騄不仅自己在多元分析方面有很多开创性的工作,在教学与治学方面也堪称典范. 他备课极为认真,讲授条理清晰,擅长于在课堂上强调一些细微之处. 许宝騄在教学中特别强调"直观地理解数学"的重要性,他主张要把数学定理及其证明的"原始思想"告知学生. 在分析问题时,他强调要有一种"内视"能力,认为数学中的抽象能力很重要. 正是这种精辟的教学思想,深深地影响了学生. 他们中一些人已经成为今日的数学栋梁,如钟开莱、冷生明、王寿仁、徐利治和张尧庭等,以及美国的比乌曼(I. Biumen)、布拉迪(R. Bradiey)、罗宾斯(H. Robbins)、鲍克(A. Bowker)、莱曼(E. Lehmann)和奥利金(I. Olikin)等.

许宝騄的照片悬挂在斯坦福大学统计系的走廊上,与世界著名的统计学家并列. 施普林格出版社刊印《徐宝騄全集》后,书评中有这样一句话:徐宝騄被公认为在数理统计和概率论方面第一个具有国际声望的中国数学家.

内曼

内曼(Jerzy Neyman,1894~1981)是美国统计学家,生于俄国宾杰里,卒于美国伯克利.

内曼 1921 年到波兰深造,曾师从于谢尔品斯基等数学家. 1923 年在华沙大学获博士学位,后辗转于伦敦、巴黎、华沙、斯德哥尔摩等大学任教. 内曼与卡尔·皮尔逊在 1928—1938 年间发表了一系列文章,建立了假设检验的一种严格的数学理论. 1938 年成为美国加州伯克利大学数学教授. 他是美国、法国、波兰、瑞典等国家的多个科学团体的成员. 1981 年 8 月任兰哈尔科夫理工学院讲师.

内曼是假设检验的统计理论的创始人之一. 他与卡尔·皮尔逊的儿子 E.S. 皮尔逊合著《统计假设试验理论》,发展了假设检验的数学理论,其要旨是把假设检验问题作为一个最优化问题来处理. 他们把所有可能的总体分布族看作一个集合,其中考虑了一个与解消假设相对应的备择假设,引进了检验功效函数的概念,以此作为判断检验程序好坏的标准. 这种思想使统计推断理论变得非常明确. 内曼还想从数学上定义可信区间,提出了置信区间的概念,建立置信区间估计理论. 内曼对抽样引进某些随机操作,以保证所得结果的客观性和可靠性,在统计理论中有以他的姓氏命名的内曼置信区间法、内曼-皮尔逊引理、内曼结构等. 内曼将统计理论应用于遗传学、医学诊断、天文学、气象学、农业统计学等方面,取得丰硕的成果. 他获得过国际科学奖,并在加利福尼亚大学创建了一个研究机构,后来发展成为世界著名的数理统计中心.

许宝騄是 E.S. 皮尔逊和内曼在英国最杰出的弟子. 尤其是内曼,特别欣赏许宝騄. 20 世纪 40 年代,他在伯克利最想招募的人就是许宝騄. 但由于国内战乱,通信受阻,许宝騄一直没收到内曼的聘书,而哥伦比亚大学的聘书却寄到了. 许宝騄去了哥伦比亚之后才得知恩师内曼一直召唤他去伯克利,于是就一半时间在哥伦比亚,一半时间在伯克利.

内曼于 1981 年去世,享年 87 岁. 他不仅因为卓越而高产的学术成就为后世铭记;更是作为统计界的一代宗师,永载史册.

第 9 章　方差分析

9.1　单因素方差分析

9.1.1　引言

在改造社会和自然的过程中,研究对象的数量指标往往与若干个因素有关. 为简单起见,因素常用 A、B、C、$\cdots$表示. 每个因素又有若干个状态可供选择,因素可供选择的每个状态称为因素的一个**水平**,因素 A 的 r 个水平用 $A_1,A_2,\cdots,A_r$表示. 例如:某地区玉米平均亩产量这个数量指标与品种、肥料两个因素有关,而品种这个因素又有甲种玉米、乙种玉米和丙种玉米这三个水平可选,肥料有氮肥、钾肥、磷肥和复合肥四个水平可选. 工厂产品的产量指标和质量指标与设备、工人、原料等因素有关,工人这一因素又有初级工、中级工、高级工三个水平可选,设备又有国产设备和进口设备两个水平可选,原料这一因素又有五种配方即五个水平可选. 为找出各因素的最佳水平组合确定最佳实施方案,就必须进行试验.

若仅考察一个因素 A 的 r 个水平 $A_1,A_2,\cdots,A_r$ 对数量指标的影响,从而在 $A_1,A_2,\cdots,A_r$ 中选出最佳水平,那么我们首先必须研究 A 的 r 个水平对数量指标的影响是完全相同还是有显著的差异. 因为数量指标在水平 A_i 下的值的全体构成一个总体 $X_i,i=1,2,\cdots,r$,所以要研究 A 的 r 个水平对数量指标的影响是否有显著的差异等价于研究总体 $X_1,X_2,\cdots,X_r$ 是否有显著的差异. 为此我们保持其他因素的水平固定不变,在 A 的每个水平 A_i 下进行试验,得样本 $X_{i1},X_{i2},X_{i3},\cdots,X_{in_i},i=1,2,\cdots,r$. 称这种其他因素水平保持不变,只在一个因素各水平下进行的试验为**单因素试验**. 通过对样本的分析确定总体 $X_1,X_2,\cdots,X_r$ 是否有显著的差异. 若无显著的差异则使费用低又易实施的那个水平为最佳水平;若有显著差异,则称因素 A 是**显著**的. 因素 A 是显著的并不意味着任何两个水平的影响都有显著差异,这时我们需进一步做多重比较才能选出最佳水平. 确定最佳水平后还需估计每个水平下总体的均值和方差等参数. 单因素方差分析正是能对数据进行科学分析解决这些问题的方法.

9.1.2　基本假设及数学模型

1. 基本假设

设因素 A 有 r 个水平 $A_1,A_2,\cdots,A_r$. 在水平 A_i 下数量指标值全体构成的总体 $X_i \sim N(\mu_i,\sigma^2)$,在 A_i 下进行 n_i 次独立试验得样本 $X_{i1},X_{i2},\cdots,X_{in_i},i=1,2,\cdots,r$. 不同水平下的样本互相独立. 将假设及有关符号列表 9.1:

表 9.1

水　平	A_1	A_2	A_3	$\cdots$	A_r
样本	X_{11}	X_{21}	X_{31}	$\cdots$	X_{r1}
	X_{12}	X_{22}	X_{32}	$\cdots$	X_{r2}
	$\vdots$	$\vdots$	$\vdots$		$\vdots$
	X_{1n_1}	X_{2n_2}	X_{3n_3}	$\cdots$	X_{rn_r}
样本和	$X_1.$	$X_2.$	$X_3.$	$\cdots$	$X_r.$
样本均值	$\overline{X}_1$	$\overline{X}_2$	$\overline{X}_3$	$\cdots$	$\overline{X}_r$
总　体	X_1	X_2	X_3	$\cdots$	X_r
总体分布	$N(\mu_1,\sigma^2)$	$N(\mu_2,\sigma^2)$	$N(\mu_3,\sigma^2)$	$\cdots$	$N(\mu_r,\sigma^2)$

2. 数学模型

记 $\varepsilon_{ij}=X_{ij}-\mu_i$，则 $X_{ij}=\mu_i+\varepsilon_{ij}$，$\varepsilon_{ij}\sim N(0,\sigma^2)$，$j=1,2,\cdots,n_i;i=1,2,\cdots,r$. 称 ε_{ij} 为**试验误差**，数据的数学模型为

$$\begin{cases} X_{ij}=\mu_i+\varepsilon_{ij} \\ \varepsilon_{ij}\sim N(0,\sigma^2) \quad j=1,2,\cdots,n_i;\quad i=1,2,\cdots,r \\ \text{各 } \varepsilon_{ij} \text{ 互相独立} \end{cases} \tag{9.1}$$

3. 需解决的问题

(1) 检验假设

$$\begin{aligned} H_{0A}&: \mu_1=\mu_2=\cdots=\mu_r; \\ H_{1A}&: \mu_1,\mu_2,\cdots,\mu_r \text{ 不全相等.} \end{aligned} \tag{9.2}$$

(2) 参数估计

(3) 在 H_{1A} 成立时对 $\mu_1,\mu_2,\cdots,\mu_r$ 进行多重比较.

4. 模型的等价形式

令 $n=\sum_{i=1}^r n_i,\mu=\frac{1}{n}\sum_{i=1}^i n_i\mu_i,\mu$ 为所有样本均值的数学期望. 称 μ 为一般平均. 令 $a_i=\mu_i-\mu,a_i$ 表示水平 A_i 下的总体均值与一般平均的差异，它是水平 A_i 的影响造成的总体均值相对于一般平均的偏离，称 a_i 为水平 A_i 的**效应**，$i=1,2,\cdots,r$. 显然有 $n_1a_1+n_2a_2+\cdots+n_ra_r=0$.

引入上述符号后，模型(1.1)变为

$$\begin{cases} X_{ij}=\mu+a_i+\varepsilon_{ij} \quad j=1,2,\cdots,n_i;i=1,2,3,\cdots,r \\ \sum_{i=1}^r n_ia_i=0 \\ \varepsilon_{ij}\sim N(0,\sigma^2),\text{各 }\varepsilon_{ij}\text{ 互相独立} \end{cases}$$

假设(1.2)变为

$$\begin{aligned} H_{0A}&: a_1=a_2=\cdots=a_r=0; \\ H_{1A}&: a_1,a_2,\cdots,a_r \text{ 不全为 } 0. \end{aligned}$$

因为 $\mu_i=\mu+a_i,i=1,2,\cdots,r$，所以 μ_i 的估计等于 μ 的估计与 a_i 的估计之和.

9.1.3 统计分析

1. 假设检验

(1) 平方和分解

为导出检验统计量,引入总平方和的概念并将其分解.

令 $\overline{X} = \dfrac{1}{n}\sum\limits_{i=1}^{r}\sum\limits_{j=1}^{n_i} X_{ij}$, $S_T = \sum\limits_{i=1}^{r}\sum\limits_{j=1}^{n_i}(X_{ij}-\overline{X})^2$, 称 $\overline{X}$ 为所有样本的**总平均**, S_T 为**总平方和**, 它反映了所有数据之间的差异.

定理 9.1 (平方和分解定理) 令 $\overline{X}_i = \dfrac{1}{n_i}\sum\limits_{j=1}^{n_i} X_{ij}$ 为水平 A_i 下的样本均值, $i=1,2,\cdots,r$. 则

$$S_T = \sum_{i=1}^{r}\sum_{j=1}^{n_i}(X_{ij}-\overline{X}_i)^2 + \sum_{i=1}^{r} n_i(\overline{X}_i - \overline{X})^2.$$

证

$$\begin{aligned}
S_T &= \sum_{i=1}^{r}\sum_{j=1}^{n_i}(X_{ij}-\overline{X})^2 = \sum_{i=1}^{r}\sum_{j=1}^{n_i}[(X_{ij}-\overline{X}_i)+(\overline{X}_i-\overline{X})]^2 \\
&= \sum_{i=1}^{r}\sum_{j=1}^{n_i}(X_{ij}-\overline{X}_i)^2 + 2\sum_{i=1}^{r}\sum_{j=1}^{n_i}(X_{ij}-\overline{X}_i)(\overline{X}_i-\overline{X}) + \sum_{i=1}^{r}\sum_{j=1}^{n_i}(\overline{X}_i-\overline{X})^2 \\
&= \sum_{i=1}^{r}\sum_{j=1}^{n_i}(X_{ij}-\overline{X}_i)^2 + 2\sum_{i=1}^{r}(\overline{X}_i-\overline{X})\sum_{j=1}^{n_i}(X_{ij}-\overline{X}_i) + \sum_{i=1}^{r} n_i(\overline{X}_i-\overline{X})^2 \\
&= \sum_{i=1}^{r}\sum_{j=1}^{n_i}(X_{ij}-\overline{X}_i)^2 + 2\sum_{i=1}^{r}(\overline{X}_i-\overline{X})\Big(\sum_{j=1}^{n_i} X_{ij} - n_i\overline{X}_i\Big) + \sum_{i=1}^{r} n_i(\overline{X}_i-\overline{X})^2 \\
&= \sum_{i=1}^{r}\sum_{j=1}^{n_i}(X_{ij}-\overline{X}_i)^2 + \sum_{i=1}^{r} n_i(\overline{X}_i-\overline{X})^2.
\end{aligned}$$

令

$$S_e = \sum_{i=1}^{r}\sum_{j=1}^{n_i}(X_{ij}-\overline{X}_i)^2, \quad S_A = \sum_{i=1}^{r} n_i(\overline{X}_i - \overline{X})^2,$$

记

$$\overline{\varepsilon}_i = \frac{1}{n_i}\sum_{j=1}^{n_i}\varepsilon_{ij}; \quad \overline{\varepsilon} = \frac{1}{n}\sum_{i=1}^{r}\sum_{j=1}^{n_i}\varepsilon_{ij}.$$

将 $X_{ij} = \mu + a_i + \varepsilon_{ij}$, $\overline{X}_i = \mu + a_i + \overline{\varepsilon}_i$, $\overline{X} = \mu + \overline{\varepsilon}$ 代入 S_e 和 S_A 得

$$S_e = \sum_{i=1}^{r}\sum_{j=1}^{n_i}(\varepsilon_{ij}-\overline{\varepsilon}_i)^2, \quad S_A = \sum_{i=1}^{r} n_i(a_i + \overline{\varepsilon}_i - \overline{\varepsilon})^2.$$

由此看出 S_e 只与试验误差有关, S_A 既与各水平下的效应有关又与试验误差有关. 称 S_e 为**误差平方和**, 称 S_A 为因素 A 的**效应平方和**, 当 H_{0A} 成立时, S_A 也只与试验误差有关.

(2) S_e 与 S_A 的统计特性

定理 9.2 $\dfrac{S_e}{\sigma^2} \sim \chi^2(n-r)$; $ES_e = (n-r)\sigma^2$.

证 由于

$$\sum_{j=1}^{n_i}(X_{ij}-\overline{X}_i)^2$$

为水平 A_i 下总体 $N(\mu_i,\sigma^2)$ 的样本方差的 n_i-1 倍,所以

$$\sum_{j=1}^{n_i}(X_{ij}-\overline{X}_i)^2/\sigma^2 \sim \chi^2(n_i-1).$$

又因为各样本互相独立,所以 $\sum_{j=1}^{n_i}(X_{ij}-\overline{X}_i)^2/\sigma^2$. 其中 $i=1,2,\cdots,r$ 互相独立. 由 χ^2 分布可加性有

$$\frac{S_e}{\sigma^2}=\frac{1}{\sigma^2}\sum_{i=1}^{r}\sum_{j=1}^{n_i}(X_{ij}-\overline{X}_i)^2 \sim \chi^2(\sum_{i=1}^{r}(n_i-1)),$$

即
$$\frac{S_e}{\sigma^2} \sim \chi^2(n-r),$$

故
$$ES_e=(n-r)\sigma^2.$$

定理 9.3 $ES_A=(r-1)\sigma^2+\sum_{i=1}^{r}n_ia_i^2$,当 H_{0A} 成立时,$\frac{S_A}{\sigma^2}\sim\chi^2(r-1)$ 且 S_A 与 S_e 独立.

证 因为

$$\overline{X}\sim N\left(\mu,\frac{\sigma^2}{n}\right), \quad \overline{X}_i\sim N\left(\mu+a_i,\frac{\sigma^2}{n_i}\right), \quad \sum_{j=1}^{n_i}n_ia_i=0.$$

所以
$$ES_A=E\Big[\sum_{i=1}^{r}n_i(\overline{X}_i-\overline{X})^2\Big]=E\Big[\sum_{i=1}^{r}n_i\overline{X}_i^2-n\overline{X}^2\Big]$$

$$=\sum_{i=1}^{r}n_iE\overline{X}_i^2-nE\overline{X}^2$$

$$=\sum_{i=1}^{r}n_i\Big[(\mu+a_i)^2+\frac{\sigma^2}{n_i}\Big]-n\Big(\mu^2+\frac{\sigma^2}{n}\Big)$$

$$=(r-1)\sigma^2+\sum_{i=1}^{r}n_ia_i^2.$$

又由于 S_A 是 r 个变量 $\sqrt{n_i}(\overline{X}_i-\overline{X}), i=1,2,\cdots,r$ 的平方和,而它们之间只有一个线性约束条件

$$\sum_{i=1}^{r}\sqrt{n_i}[\sqrt{n_i}(\overline{X}_i-\overline{X})]=0,$$

所以 S_A 的自由度为 $r-1$. 由柯赫伦(Cochran)定理可证明当 H_{0A} 成立时 S_e 与 S_A 独立且

$$\frac{S_A}{\sigma^2}\sim\chi^2(r-1).$$

由于 S_T 是 n 个变量 $X_{ij}-\overline{X},j=1,2,\cdots,n_i;i=1,2,\cdots,r$ 的平方和,而这 n 个变量只有一个线性约束条件 $\sum_{i=1}^{r}\sum_{j=1}^{n_i}(X_{ij}-\overline{X})=0$,所以 S_T 的自由度为 $n-1$,正好等于 S_e 与 S_A 的自由度之和. 把 S_e,S_A,S_T 的特点总结如下:

$S_A=\sum_{i=1}^{r}n_i(\overline{X}_i-\overline{X})^2$ 中的第 i 项 $n_i(\overline{X}_i-\overline{X})$ 为 A_i 下的样本均值与所有样本均值差的 n_i 倍,n_i 为 A_i 下的样本容量,自由度 $r-1$ 为 A 的水平数减 1,其分布当 H_{0A} 成立时服从 $\chi^2(r-1)$.

$S_e = \sum_{i=1}^{r}\sum_{j=1}^{n_i}(X_{ij}-\overline{X}_i)^2$ 的自由度 $n-r$ 为所有样本容量 n 与 A 的水平数 r 的差,其分布服从 $\chi^2(n-r)$ 与假设 H_{0A} 是否成立无关.

S_T 的自由度 $n-1$ 为总样本容量减 1,正好等于 S_e 与 S_A 的自由度之和.

(3) 假设检验的拒绝域及方差分析表

定理 9.4 在显著性水平 α 下假设 H_{0A} 的拒绝域为 $F = \dfrac{S_A/(r-1)}{S_e/(n-r)} \geqslant F_\alpha(r-1,n-r)$.

证 因为 $\dfrac{S_e}{\sigma^2} \sim \chi^2(n-r)$,而当 H_{0A} 成立时 $\dfrac{S_A}{\sigma^2} \sim \chi^2(r-1)$ 且与 $\dfrac{S_e}{\sigma^2}$ 互相独立,

所以,当 H_{0A} 成立时 $F = \dfrac{S_A/(r-1)}{S_e/(n-r)} \sim F(r-1,n-r)$.

又因为分母 $\dfrac{S_e}{(n-r)}$ 分布与 H_{0A} 无关,其数学期望为 σ^2,而分子 $\dfrac{S_A}{(r-1)}$ 的数学期望 $E\left(\dfrac{S_A}{r-1}\right) = \sigma^2 + \dfrac{1}{r-1}\sum_{i=1}^{r}n_i a_i^2$,当 H_{1A} 成立时分子的取值有偏大的趋势.

因此,在显著性水平 α 下,检验假设的拒绝域为:

$$F = \dfrac{S_A/(r-1)}{S_e/(n-r)} \geqslant F_\alpha(r-1,n-r).$$

令 $\overline{S}_A = \dfrac{S_A}{(r-1)}$,$\overline{S}_e = \dfrac{S_e}{(n-r)}$,分别称 $\overline{S}_A$ 和 $\overline{S}_e$ 为**效应均方和**与**误差均方和**. 把上述结果列表,称为**方差分析表**(表 9.2).

表 9.2

方差来源	平方和 S	自由度 f	均方和	F	显著性
因素 A	S_A	$r-1$	$\overline{S}_A = \dfrac{S_A}{r-1}$	$F = \dfrac{\overline{S}_A}{\overline{S}_e}$	
误差 e	S_e	$n-r$	$\overline{S}_e = \dfrac{S_e}{n-r}$		
总和	S_T	$n-1$			

若 $F \geqslant F_{0.01}(r-1,n-r)$,则称 A **高度显著**,用 $**$ 表示;

若 $F_{0.05}(r-1,n-r) \leqslant F < F_{0.01}(r-1,n-r)$,则称 A **显著**,用 $*$ 表示;

若 $F_{0.1}(r-1,n-r) \leqslant F < F_{0.05}(r-1,n-r)$,则称 A **一般显著**,用 $(*)$ 表示;

若 $F < F_{0.1}(r-1,n-r)$,则称 A **不显著**.

计算 S_T 与 S_A 的简便公式.

令 $X_{i\cdot} = \sum_{j=1}^{n_i} X_{ij}$,$X_{i\cdot}$ 为水平 A_i 下的样本和,$i=1,2,\cdots,r$;

$T = \sum_{i=1}^{r}\sum_{j=1}^{n_i} X_{ij}$ 为所有样本和,

则 $S_T = \sum_{i=1}^{r}\sum_{j=1}^{n_i} X_{ij}^2 - n\overline{X}^2 = \sum_{i=1}^{r}\sum_{j=1}^{n_i} X_{ij}^2 - \dfrac{T^2}{n}$;

$S_A = \sum_{i=1}^{r} n_i \overline{X}_i^2 - n\overline{X}^2 = \sum_{i=1}^{r}\dfrac{X_{i\cdot}^2}{n_i} - \dfrac{T^2}{n}$;

(4) 数据的变换

当 X_{ij} 较大时,计算比较复杂,为了减少计算量,往往对 X_{ij} 先做变换.
选适当的数 $a,b(a\neq 0)$ 使 $\xi_{ij}=aX_{ij}+b(j=1,2,\cdots,n_i;i=1,2,\cdots,r)$,化为较小的数,于是
$$\bar{\xi}=a\bar{X}+b;\quad \bar{\xi}_i=a\bar{X}_i+b.$$
$$(S_A)_{\xi}=a^2(S_A)_x,\quad (S_e)_{\xi}=a^2(S_e)_x,$$
$$F_{\xi}=\frac{\dfrac{(S_A)_{\xi}}{(r-1)}}{\dfrac{(S_e)_{\xi}}{(n-r)}}=\frac{\dfrac{a^2(S_A)_x}{(r-1)}}{\dfrac{a^2(S_e)_x}{(n-r)}}=\frac{(\bar{S}_A)_x}{(\bar{S}_e)_x}=F_x,$$

两组数据的 F 值相同,因此只需用简化的数 ξ_{ij} 去检验原假设 H_{0A} 即可. 但求参数估计时要注意:
$$\bar{X}=\frac{\bar{\xi}-b}{a};\quad \bar{X}_i=\frac{\bar{\xi}_i-b}{a};\quad (S_e)_x=\frac{(S_e)_{\xi}}{a^2}.$$

例 9.1 某灯泡厂用 4 种不同材料的灯丝生产了 4 批灯泡,每批灯泡的寿命服从正态分布且方差相等,在每批灯泡中随机抽取若干只观测其使用寿命(单位:h),观测数据如表 9.3.

表 9.3

灯泡编号	甲	乙	丙	丁
1	1 600	1 580	1 460	1 510
2	1 610	1 640	1 550	1 520
3	1 650	1 640	1 600	1 530
4	1 680	1 700	1 620	1 570
5	1 700	1 750	1 640	1 600
6	1 720		1 660	1 680
7	1 800		1 740	
8			1 820	

问这四批灯泡的使用寿命有无显著差异?

解 把各数据都减去 1 600,简化后的数据计算见表 9.4.

表 9.4

灯泡编号	甲	乙	丙	丁
1	0	−20	−140	−90
2	10	40	−50	−80
3	50	40	0	−70
4	80	100	20	−30
5	100	150	40	0

续表

灯泡编号	甲	乙	丙	丁	
6	120		60	80	
7	200		140		
8			220		
n_i	7	5	8	6	$n=26$
$X_i.$	560	310	290	-190	$T=970$
$\frac{1}{n_i}X_{i.}^2$	44 800	19 220	10 512.5	6 016.7	$\sum \frac{X_{i.}^2}{n_i}=80\,549.2$
$\sum_{j=1}^{n_i} X_{ij}^2$	73 400	36 100	95 700	26 700	$\sum\sum X_{ij}^2 = 231\,900$

$\frac{T^2}{n}=36\,188.5; S_A=44\,360.7; S_e=151\,350.8$,得表 9.5.

表 9.5

方差来源	平方和 S	自由度 f	均方和 $\overline{S}$	F	显著性
因素	44 360.7	3	14 786.9	2.15	
误差	151 350.8	22	6 879.6		
总和	195 711.54	25			

$F_{0.1}(3,22)=2.35$.

故这四批灯泡的使用寿命无显著差异.

2. 参数估计

(1) 点估计

定理 9.5 $\hat{\sigma}^2 = \frac{S_e}{n-r}$ 为 σ^2 的无偏估计,$\hat{\mu}=\overline{X}=\frac{1}{n}\sum_{i=1}^{r}\sum_{j=1}^{n_i}X_{ij}$ 为 μ 的无偏估计. 当 H_{1A} 成立时,$\hat{\mu}_i=\overline{X}_i=\frac{1}{n_i}\sum_{j=1}^{n_i}X_{ij}$ 为 μ_i 的无偏估计,$\hat{a}_i=\overline{X}_i-\overline{X}$ 为 a_i 的无偏估计且 $\sum_{i=1}^{r}n_i\hat{a}_i=0$,使 $\hat{\mu}_i$ 达到最优的水平为最优水平,当 H_{0A} 成立时,一切 $a_i=0$ 不需估计,选使费用低易实施的水平为最佳水平.

(2) 区间估计

定理 9.6 σ^2 的置信度为 $1-\alpha$ 的置信区间为 $\left(\frac{S_e}{\chi_{\frac{\alpha}{2}}^2(n-r)}, \frac{S_e}{\chi_{1-\frac{\alpha}{2}}^2(n-r)}\right)$. 当 H_{1A} 成立时,

μ_i 的 $1-\alpha$ 置信区间为 $\left(\overline{X}_i \pm \sqrt{\dfrac{S_e}{(n-r)n_i}F_\alpha(1,n-r)}\right)$，$\mu_k-\mu_l=a_k-a_l$ 的置信区间为

$\left((\overline{X}_k-\overline{X}_l)\pm t_{\frac{\alpha}{2}}(n-r)\sqrt{\dfrac{S_e}{n-r}\left(\dfrac{1}{n_k}+\dfrac{1}{n_l}\right)}\right)$.

证 由 $\dfrac{S_e}{\sigma^2}\sim\chi^2(n-r)$ 易得 σ^2 的 $1-\alpha$ 的置信区间.

因为
$$\dfrac{\overline{X}_i-\mu_i}{\sigma/\sqrt{n_i}}\sim N(0,1),$$

所以
$$\left(\dfrac{\overline{X}_i-\mu_i}{\sigma/\sqrt{n_i}}\right)^2\sim\chi^2(1).$$

由各水平下的样本独立性假设，又由正态总体均值与样本方差的独立性，可知 $\left(\dfrac{\overline{X}_i-\mu_i}{\sigma/\sqrt{n_i}}\right)^2$ 与 $\dfrac{S_e}{\sigma^2}$ 相互独立，所以

$$F=\dfrac{\left(\dfrac{\overline{X}_i-\mu_i}{\sigma/\sqrt{n_i}}\right)^2}{\dfrac{S_e}{\sigma^2(n-r)}}=\dfrac{n_i(\overline{X}_i-\mu_i)^2}{S_e/(n-r)}\sim F(1,n-r).$$

由此易得 μ_i 的 $1-\alpha$ 置信区间.

因为
$$\dfrac{(\overline{X}_k-\overline{X}_l)-(\mu_k-\mu_l)}{\sigma\sqrt{\dfrac{1}{n_k}+\dfrac{1}{n_l}}}\sim N(0,1)\text{ 且与 }\dfrac{S_e}{\sigma^2}\text{ 独立},$$

所以
$$t=\dfrac{(\overline{X}_k-\overline{X}_l)-(\mu_k-\mu_l)}{\sqrt{\dfrac{S_e}{n-r}\left(\dfrac{1}{n_k}+\dfrac{1}{n_l}\right)}}\sim t(n-r).$$

由此易得 $\mu_k-\mu_l$ 的 $1-\alpha$ 置信区间.

虽然 μ_i 的置信区间可以只用 A_i 下的样本求得，$\mu_k-\mu_l$ 的置信区间可以只用 A_k 与 A_l 下的样本求得，但这里的公式能更充分地利用全部试验结果.

例 9.2 表 9.6 给出了小白鼠接种三种不同菌型的伤寒病菌存活日数，试问三种菌型对小白鼠的平均存活日数的影响是否有显著差异？并求各参数的点估计及区间估计. ($\alpha=0.05$)

$$\sum_{i=1}^{3}\sum_{j=1}^{n_i}X_{ij}^2=1\,349,\quad S_A=70.429\,3,\quad S_T=208.166\,7,\quad S_e=137.737\,4.$$

解 计算见表 9.7.

$F_{0.01}(2,27)=5.49,\quad F_{0.05}(2,27)=3.35,\quad t_{0.025}(27)=2.051\,8.$

参数估计

$$\hat{\mu}=\dfrac{1}{30}\sum_{i=1}^{3}\sum_{j=1}^{n_i}X_{ij}=6.167,\quad \hat{\sigma}^2=\dfrac{S_e}{n-r}=\dfrac{137.737\,4}{30-3}=5.101\,4;$$

$\hat{\mu}_1=\overline{X}_1=4,\quad \hat{\mu}_2=\overline{X}_2=7.22,\quad \hat{\mu}_3=\overline{X}_3=7.27.$

表 9.6

菌型	A_1	A_2	A_3		
存活日数	2 4 3 2 4 7 7 2 5 4	5 6 8 5 10 7 12 6 6	7 11 6 6 7 9 5 10 6 3 10		
n_i	10	9	11	$n=30$	
$X_{i\cdot}$	40	65	80	$T=185$	$\dfrac{T^2}{n}=1\,140.833\,3$
$\dfrac{X_{i\cdot}^2}{n_i}$	160	469.444\,4	581.818\,2	$\sum\limits_{i=1}^{3}\dfrac{X_{i\cdot}^2}{n_{i\cdot}}=1\,211.262\,6$	

表 9.7

方差来源	平方和 S	自由度 f	均方和 $\bar{S}$	F	显著性
因素 A	70.429\,3	2	35.214\,7	6.902\,9	**
误差 e	137.737\,4	27	5.101\,4		
总和	208.166\,7	29			

根据 $\mu_k-\mu_l$ 的 $1-\alpha$ 置信区间公式

$$\left((\overline{X}_k-\overline{X}_l)\pm t_{\frac{\alpha}{2}}(n-r)\sqrt{\frac{S_e}{n-r}\left(\frac{1}{n_k}+\frac{1}{n_l}\right)}\right)$$

得 $\mu_1-\mu_2,\mu_1-\mu_3,\mu_2-\mu_3$ 的 95% 的置信区间分别为：

$$\left((4-7.22)\pm t_{0.025}(27)\sqrt{5.101\,4\times\left(\frac{1}{10}+\frac{1}{9}\right)}\right)=\left(-3.22\pm 4.634\sqrt{\frac{1}{10}+\frac{1}{9}}\right)$$
$$=(-3.22\pm 2.129)$$
$$=(-5.35,-1.09);$$

$$\left((4-7.27)\pm t_{0.025}(27)\sqrt{5.101\,4\times\left(\frac{1}{10}+\frac{1}{11}\right)}\right)=(-3.27\pm 2.025)$$
$$=(-5.30,-1.25);$$

$$\left((7.22-7.27)\pm t_{0.025}(27)\sqrt{5.101\,4\times\left(\frac{1}{9}+\frac{1}{11}\right)}\right)=(-2.133,2.033).$$

σ^2 的 0.95 的置信区间为

$$\left(\frac{S_e}{\chi_{0.025}^2(27)},\frac{S_e}{\chi_{0.975}^2(27)}\right)=\left(\frac{137.737\,4}{43.194},\frac{137.737\,4}{14.573}\right)$$
$$=(3.188\,8,9.451\,5);$$

μ_1 的 0.95 的置信区间为

$$\left(\overline{X}_1 \pm \sqrt{\frac{S_e}{(n-r)n_1}F_\alpha(1,n-r)}\right) = \left(4 \pm \sqrt{\frac{137.7374}{27\times 10}\times 4.21}\right)$$
$$= (2.5345, 5.4655);$$

μ_2 的 0.95 的置信区间为
$$\left(7.22 \pm \sqrt{\frac{137.7374}{27\times 9}\times 4.21}\right) = (5.6752, 8.7648);$$

μ_3 的 0.95 的置信区间为
$$\left(7.27 \pm \sqrt{\frac{137.7374}{27\times 11}\times 4.21}\right) = (5.81727, 8.6673).$$

3. 多重比较

拒绝假设 H_{0A} 并不意味着 A 的任何两个水平下的总体都有显著差异,在这种情况下,我们还需进行多重比较,确定哪些水平下的总体有显著差异,哪些水平下的总体无显著差异,从而在最优水平及与其无显著差异的水平中,选费用低易实施的水平为最佳水平. 下面介绍两种多重比较的方法.

(1) T 法

T 法是托盖(Tukey)首先提出来的,这种方法适合于在每个水平下试验次数都相等的情况下任两水平下的总体均值的比较.

设因素 A 有 r 个水平 $A_1, A_2, \cdots, A_r$,水平 A_i 下的总体 $X_i \sim N(\mu_i, \sigma^2)$,在水平 A_i 下进行 t 次独立重复试验得样本 $X_{i1}, X_{i2}, \cdots, X_{it}$. 令 $\overline{X}_i = \frac{1}{t}\sum_{i=1}^{t}X_{ij}(i=1,2,\cdots,r)$,各样本互相独立,如何在显著性水平 α 下,同时检验 C_r^2 个假设 $H_{0A}^{ij}: \mu_i = \mu_j (i<j; i,j=1,2,\cdots,r)$?由于此检验的检验统计量比较复杂,所以我们直接给出检验的标准,若 C_r^2 个假设 H_{0A}^{ij} 同时成立,则所有的 $d_{ij} = |\overline{X}_i - \overline{X}_j|$ 都不应很大. 用 $d_T = q_\alpha(r, f_e)\sqrt{\frac{S_e}{tf_e}}$ 做比较的尺度,其中 S_e 为误差平方和,f_e 为其自由度,$q_\alpha(r, f_e)$ 可查表,可保证犯第一类错误的概率不超过 α. 由此得到:$d_{ij} = |\overline{X}_i - \overline{X}_j| < d_T (i<j; i,j=1,2,\cdots,r)$ 同时成立,则同时接受 H_{0A}^{ij};若 $d_{ij} \geqslant d_T$,则认为 X_i 与 X_j 有显著差异.

例 9.3 为考查本科 1~5 班概率统计选修课的成绩 X_1, X_2, X_3, X_4, X_5 是否有显著差异,今分别在各班参加选修课的同学中,有放回地抽取了 3 人的成绩,算得平均成绩 $\overline{X}_1, \overline{X}_2, \overline{X}_3, \overline{X}_4, \overline{X}_5$ 依次为 90, 94, 95, 85, 84,误差均方和为 $\overline{S}_e = 5$,在水平 $\alpha = 0.05$ 下,由 F 检验,班级对成绩有显著的影响. 试对各班参加选修课同学的成绩作多重比较. 各班级参加选修课同学的成绩服从方差相同的正态分布.

解 此处 $f_e = 10$,由附表得 $q_{0.05}(5, 10) = 4.65$,代入 d_T 得 $d_T = 4.65\sqrt{\frac{5}{3}} = 6.0$,各 $d_{ij} = |\overline{X}_i - \overline{X}_j|$ 值如表 9.8 所示.

表 9.8

d_{ij} 班级 \ 班级	1	2	3	4
2	4			
3	5	1		
4	5	9	10	
5	6	10	11	1

从表中数据可以看出:X_1,X_2,X_3 之间无显著差异 X_4,X_5 之间无显著差异,但 X_2,X_3 中的每一个与 X_4,X_5 中的每一个之间均有显著差异,X_1 与 X_4 之间无显著差异,X_1 与 X_5 之间有显著差异.

(2) S 法

上述 T 法仅适用于不同水平下重复试验次数相等的情况,当各水平下试验次数不等时需用歇费(Scheffe)提出的 S 法.

定理 9.7 水平 A_i 下总体 $X_i \sim N(\mu_i,\sigma^2)$,$X_{i1},X_{i2},\cdots,X_{in_i}$ 为取自 X_i 的样本,$\overline{X}_i = \frac{1}{n_i}\sum_{j=1}^{n_i}X_{ij}(i=1,2,\cdots,r)$,各样本互相独立,则在显著性水平 α 下,检验假设 $H_{0A}^{ij}:\mu_i=\mu_j(i<j;i,j=1,2,\cdots,r)$ 的拒绝域为:

$$d_{ij}=|\overline{X}_i-\overline{X}_j| \geqslant C_{ij}=\sqrt{(r-1)F_\alpha(r-1,f_e)\frac{S_e}{f_e}\left(\frac{1}{n_i}+\frac{1}{n_j}\right)}.$$

例 9.4 表 9.9 给出了随机选取的、用于计算器的四种类型电路的响应时间(以毫秒计),各类型的响应时间服从等方差的正态分布,四种类型电路的响应时间是否有显著差异?响应时间以越短越好,进行多重比较,选出最佳类型.

表 9.9

类型	甲	乙	丙	丁
响应时间	19	20	16	18
	22	21	15	22
	20	33	18	17
	18	27	26	
	15		17	

解 计算见表 9.10.

$$\sum_{i=1}^{4}\frac{X_{i\cdot}^2}{n_i}=8\,596.533;\quad \sum_{i=1}^{4}\sum_{j=1}^{n_i}X_{ij}^2=8\,992.$$

$S_A=318.98;\quad S_T=714.44;\quad S_e=395.46.$

得表 9.11.

$F_{0.05}(3,14)=3.34;\quad F_{0.01}(3,14)=5.56;\quad F_{0.1}(3,14)=2.52;$

$\overline{S}_e=28.25.$

表 9.10

类　型	甲	乙	丙	丁
响应时间	19 22 20 18 15	20 21 33 27 40	16 15 18 26 17	18 22 19
n_i	5	5	5	3
$X_i.$	94	141	92	59
$\frac{X_{i.}^2}{n_i}$	1 767.2	3 976.2	1 692.8	1 160.333
$\overline{X}_i$	18.8	28.2	18.4	19.667

表 9.11

方差来源	平方和	自由度	均方和	F	显著性
因素	318.98	3	106.33	3.76	*
误差	395.46	14	28.25		
总和	714.44	17			

在显著性水平 $\alpha=0.1$ 下，

$$C_{ij}=\sqrt{3\times 2.52\times 28.25\times\left(\frac{1}{n_i}+\frac{1}{n_j}\right)}=14.614\sqrt{\frac{1}{n_i}+\frac{1}{n_j}};$$

$C_{12}=C_{13}=C_{23}=9.243$；$C_{14}=C_{24}=C_{34}=10.673$；

$d_{ij}=|\overline{X}_i-\overline{X}_j|$．计算见表 9.12．

表 9.12

	1	2	3
2	9.4		
3	0.4	9.8	
4	0.867	8.833	1.267

由表中数据看出甲、丙、丁三种类型的电路响应时间无显著差异，而甲、乙，丙、乙之间有显著差异，所以可在甲、丙、丁三种类型中选一种造价低又易实施的为最佳类型．

9.2　双因素方差分析

9.2.1　引言

因素 A 有 r 个水平 $A_1,A_2,\cdots,A_r$，因素 B 有 s 个水平 $B_1,B_2,\cdots,B_s$，数量指标同时与两因素有关，A 的 r 个水平与 B 的 s 个水平又可构成 $s\times r$ 个不同的水平组合 $A_iB_j(i=1,2,\cdots,r;j=1,2,\cdots,s)$，所以研究因素 A 与 B 同时对数量指标的影响，就是研究它们的所有的水平组合对数量指标的影响，从而选出最佳水平组合．如果只让 A_i 作用于数量指标，A_i 会产生一个影响;如果只让 B_j 作用于数量指标,B_j 也会产生一个影响;如果让 A_i 与 B_j 同时作用于数量指标,也会产生一个影响,但 A_i 与 B_j 对数量指标的同时影响可能并不是各自影响的简单叠加,因为 A_i 与 B_j 联合起来可能会产生额外的新的影响,称这种额外的新的影响为 A_i 与 B_j 的**交互作用**. 例如:一种作物种在 4 块地力和面积都相同的小区上,其中一块小区不施任何肥料产量为 50 kg. 一块小区仅施氮肥,产量为 70 kg;一块小区仅施磷肥,产量为 60 kg,最后一块小区同时施氮肥和磷服,产量为 100 kg. 从这里看到,仅施氮肥增产 20 kg,仅施磷肥增产 10 kg,同时施氮肥磷肥增产 50 kg. 显然在这增产的 50 kg 中,扣除因施氮肥和磷肥各自增产的部分外,还剩 20 kg. 这 20 kg 便是氮肥和磷肥联合起来对作物产生的新的额外的影响,即交互作用. 既然在每个水平组合对数量指标的影响中除包含了两个水平的各自影响外,还可能包含交互作用,那么为了选出最佳的水平组合,我们首先应检验在 A 与 B 的所有水平组合的影响中,A 的 r 个水平的影响是否有显著的差异?B 的 s 个水平的影响是否有显著的差异?是否均不存在交互作用?根据检验结果做出进一步比较,确定最佳水平组合. 为此,在 A 与 B 的每个水平组合 A_iB_j 下进行独立试验. 称在两个因素的每个水平组合下进行的试验为**双因素试验**. 双因素方差分析正是一种能对试验结果进行科学的分析从而解决上述问题的方法. 同时考察多个因素对数量指标的影响与同时考察两个因素对数量指标的影响的方法类似. 若在各因素的每个水平组合下都进行试验,则称试验为**全因素试验**.

9.2.2 考虑交互作用的方差分析

1. 基本假设与数学模型

(1) 基本假设

设因素 A 有 r 个水平 $A_1, A_2, \cdots, A_r$,因素 B 有 s 个水平 $B_1, B_2, \cdots, B_s$. 数量指标在水平组合 A_iB_j 下的值的全体构成的总体为 $X_{ij} \sim N(\mu_{ij}, \sigma^2)(i=1,2,\cdots,r; j=1,2,\cdots,s)$. 在水平组合 A_iB_j 下进行 t 次独立重复试验得来自总体 X_{ij} 的样本 $X_{ijk}(k=1,2,\cdots,t(t \geqslant 2); i=1,2,\cdots,r; j=1,2,\cdots,s)$. 设各样本互相独立,将此假设列表如 9.13 所示.

表 9.13

	B_1	B_2	$\cdots$	B_s
A_1	$X_{111}, X_{112}, \cdots, X_{11t}$	$X_{121}, X_{122}, \cdots, X_{12t}$	$\cdots$	$X_{1s1}, X_{1s2}, \cdots, X_{1st}$
A_2	$X_{211}, X_{212}, \cdots, X_{21t}$	$X_{221}, X_{222}, \cdots, X_{22t}$	$\cdots$	$X_{2s1}, X_{2s2}, \cdots, X_{2st}$
$\vdots$	$\vdots$	$\vdots$		$\vdots$
A_r	$X_{r11}, X_{r12}, \cdots, X_{r1t}$	$X_{r21}, X_{r22}, \cdots, X_{r2t}$	$\cdots$	$X_{rs1}, X_{rs2}, \cdots, X_{rst}$

(2) 数学模型

$$\begin{cases} X_{ijk} \sim N(\mu_{ij}, \sigma^2) \\ \text{各 } X_{ijk} \text{ 独立} \end{cases} \quad i=1,2,\cdots,r;\ j=1,2,\cdots,s;\ k=1,2,\cdots,t.$$

或

$$\begin{cases} X_{ijk} = \mu_{ij} + \varepsilon_{ijk} \\ \varepsilon_{ijk} \sim N(0, \sigma^2) \\ \text{各 } \varepsilon_{ijk} \text{ 独立} \end{cases} \quad i=1,2,\cdots,r;\ j=1,2,\cdots,s;\ k=1,2,\cdots,t.$$

引入记号:

$$\mu = \frac{1}{rs} \sum_{i=1}^{r} \sum_{j=1}^{s} \mu_{ij};$$

$$\mu_{i.} = \frac{1}{s}\sum_{j=1}^{s}\mu_{ij}, i=1,2,\cdots,r; \quad \mu_{.j} = \frac{1}{r}\sum_{i=1}^{r}\mu_{ij}, j=1,2,\cdots,s;$$

$$a_i = \mu_{i.} - \mu, i=1,2,\cdots,r; \quad b_j = \mu_{.j} - \mu, j=1,2,\cdots,s;$$

$$(ab)_{ij} = \mu_{ij} - \mu - a_i - b_j, i=1,2,\cdots,r, j=1,2,\cdots,s.$$

显然,

$$\sum_{i=1}^{r}a_i = 0, \sum_{j=1}^{s}b_j = 0, \sum_{i=1}^{r}(ab)_{ij} = 0, \sum_{j=1}^{s}(ab)_{ij} = 0,$$

称 μ 为**一般平均**; a_i 为水平 A_i 的**效应**, $i=1,2,\cdots,r$; 称 b_j 为水平 B_j 的**效应**, $j=1,2,\cdots,s$; $(ab)_{ij}$ 称为水平 A_i 与 B_j 的**交互效应**, $a_i + b_j + (ab)_{ij}$ 为水平 A_i 与 B_j 的**总效应**, $i=1,2,\cdots,r$; $j=1,2,\cdots,s$.

引入上述记号后,模型变为

$$\begin{cases} X_{ijk} = \mu + a_i + b_j + (ab)_{ij} + \varepsilon_{ijk} \\ \varepsilon_{ijk} \sim N(0,\sigma^2) \\ \text{各 } \varepsilon_{ijk} \text{ 独立} \\ \sum_{i=1}^{r}a_i = 0, \sum_{j=1}^{s}b_j = 0, \sum_{i=1}^{r}(ab)_{ij} = 0, \sum_{j=1}^{s}(ab)_{ij} = 0 \end{cases} \begin{array}{l} i=1,2,\cdots,r; \\ j=1,2,\cdots,s; \\ k=1,2,\cdots,t. \end{array}$$

其中 $\mu, a_i, b_j, (ab)_{ij}$ 及 σ^2 为未知参数. 若所有 $(ab)_{ij} = 0$, 则 A 与 B 之间不存在交互作用;若 $(ab)_{ij}$ 不全为 0, 则 A 与 B 之间存在交互作用.

2. 待解决的问题

(1) 为了确定因素 A, B 是否显著及 A, B 之间是否有交互作用,需检验下面三个假设:

$$\begin{cases} H_{0A}: a_1 = a_2 = \cdots = a_r = 0 \\ H_{1A}: a_1, a_2, \cdots, a_r \text{ 不全为 } 0 \end{cases};$$

$$\begin{cases} H_{0B}: b_1 = b_2 = \cdots = b_s = 0 \\ H_{1B}: b_1, b_2, \cdots, b_s \text{ 不全为 } 0 \end{cases};$$

$$\begin{cases} H_{0A \times B}: (ab)_{ij} = 0 (i=1,2,\cdots,r; j=1,2,\cdots,s) \\ H_{1A \times B}: (ab)_{ij} (i=1,2,\cdots,r; j=1,2,\cdots,s) \text{ 不全为 } 0 \end{cases}.$$

备选假设 $H_{1A}, H_{1B}, H_{1A \times B}$ 经常省略不写.

(2) 各未知参数的估计.

(3) 选出最佳水平组合,求最佳水平组合下的参数估计.

3. 统计分析

(1) 假设检验

令 $\overline{X} = \frac{1}{rst}\sum_{i=1}^{r}\sum_{j=1}^{s}\sum_{k=1}^{t}X_{ijk}$ 为所有样本均值;

$\overline{X}_{ij.} = \frac{1}{t}\sum_{k=1}^{t}X_{ijk}$ 为水平组合 A_iB_j 下的样本均值,

$i=1,2,\cdots,r; j=1,2,\cdots,s.$

$\overline{X}_{i..} = \frac{1}{st}\sum_{j=1}^{s}\sum_{k=1}^{t}X_{ijk}$ 为水平 A_i 下的样本均值, $i=1,2,\cdots,r$;

$\overline{X}_{.j.} = \frac{1}{rt}\sum_{i=1}^{r}\sum_{k=1}^{t}X_{ijk}, j=1,2,\cdots,s.$

显然有 $E\overline{X} = \mu$, $E\overline{X}_{ij\cdot} = \mu_{ij}$, $E\overline{X}_{i\cdot\cdot} = \mu_{i\cdot}$, $E\overline{X}_{\cdot j\cdot} = \mu_{\cdot j}$.

定理 9.8（平方和分解定理） 若令

$$S_T = \sum_{i=1}^{r}\sum_{j=1}^{s}\sum_{k=1}^{t}(X_{ijk}-\overline{X})^2, \qquad S_e = \sum_{i=1}^{r}\sum_{j=1}^{s}\sum_{k=1}^{t}(X_{ijk}-\overline{X}_{ij\cdot})^2,$$

$$S_A = st\sum_{i=1}^{r}(\overline{X}_{i\cdot\cdot}-\overline{X})^2, \qquad S_B = rt\sum_{j=1}^{s}(\overline{X}_{\cdot j\cdot}-\overline{X})^2,$$

$$S_{A\times B} = t\sum_{i=1}^{r}\sum_{j=1}^{s}(\overline{X}_{ij\cdot}+\overline{X}-\overline{X}_{i\cdot\cdot}-\overline{X}_{\cdot j\cdot})^2,$$

则有
$$S_T = S_e + S_A + S_B + S_{A\times B}.$$

若把数据模型代入 $S_e, S_A, S_B, S_{A\times B}$ 中,可看到 S_e 只与试验误差有关,S_A 只与 A 的效应及试验误差有关. 当 H_{0A} 成立时,S_A 也只与试验误差有关,S_B 只与 B 效应及试验误差有关. 当 H_{0B} 成立时,S_B 也只与试验误差有关. $S_{A\times B}$ 只与交互效应及试验误差有关. 当 $H_{0A\times B}$ 成立时,$S_{A\times B}$ 也只与试验误差有关. 分别称 $S_T, S_e, S_A, S_B, S_{A\times B}$ 为**总平方和,误差平方和,因素 A 的效应平方和,因素 B 效应平方和,A 与 B 的交互效应平方和**. 可以证明它们有如下统计特性.

定理 9.9 $\dfrac{S_e}{\sigma^2} \sim \chi^2(f_e)$, $f_e = rs(t-1)$, S_T 的自由度为 $f_T = rst-1$, S_A 的自由度为 $f_A = r-1$. $E\left(\dfrac{S_A}{f_A}\right) = \sigma^2 + \dfrac{st\sum_{i=1}^{r}a_i^2}{f_A}$.

当 H_{0A} 成立时,$\dfrac{S_A}{\sigma^2} \sim \chi^2(f_A)$ 且与 $\dfrac{S_e}{\sigma^2}$ 独立. S_B 的自由度

$$f_B = s-1; \qquad E\left(\dfrac{S_B}{f_B}\right) = \sigma^2 + \dfrac{rt\sum_{j=1}^{s}b_j^2}{f_B}.$$

当 H_{0B} 成立时,$\dfrac{S_B}{\sigma^2} \sim \chi^2(f_B)$ 且与 $\dfrac{S_e}{\sigma^2}$ 独立. $S_{A\times B}$ 的自由度

$$f_{A\times B} = (r-1)(s-1); \qquad E\left(\dfrac{S_{A\times B}}{f_{A\times B}}\right) = \sigma^2 + \dfrac{t\sum_{i=1}^{r}\sum_{j=1}^{s}(ab)_{ij}^2}{f_{A\times B}}.$$

当 $H_{0A\times B}$ 成立时,$\dfrac{S_{A\times B}}{\sigma^2} \sim \chi^2(f_{A\times B})$ 且与 $\dfrac{S_e}{\sigma^2}$ 独立.

当 $H_{0A}, H_{0B}, H_{0A\times B}$ 同时成立时,$\dfrac{S_T}{\sigma^2} \sim \chi^2(f_T)$.

由定理 9.9 易得下面定理.

定理 9.10 令 $\overline{S}_e = \dfrac{S_e}{f_e}$, $\overline{S}_A = \dfrac{S_A}{f_A}$, $\overline{S}_B = \dfrac{S_B}{f_B}$, $\overline{S}_{A\times B} = \dfrac{S_{A\times B}}{f_{A\times B}}$, 则在显著性水平 α 下:

H_{0A} 的拒绝域为 $F_A = \dfrac{\overline{S}_A}{\overline{S}_e} \geqslant F_\alpha(f_A, f_e)$;

H_{0B} 的拒绝域为 $F_B = \dfrac{\overline{S}_B}{\overline{S}_e} \geqslant F_\alpha(f_B, f_e)$;

$H_{0A\times B}$ 的拒绝域为 $F_{A\times B} = \dfrac{\overline{S}_{A\times B}}{\overline{S}_e} \geqslant F_\alpha(f_{A\times B}, f_e)$.

把上面结果写成表格,称为双因素方差分析表,如表 9.14 所示.

表 9.14

方差来源	平方和 S	自由度 f	均方和 $\overline{S}$	F	显著性
因素 A	S_A	$r-1$	$\overline{S}_A = \dfrac{S_A}{r-1}$	$F_A = \dfrac{\overline{S}_A}{\overline{S}_e}$	
因素 B	S_B	$s-1$	$\overline{S}_B = \dfrac{S_B}{s-1}$	$F_B = \dfrac{\overline{S}_B}{\overline{S}_e}$	
交互作用 $A\times B$	$S_{A\times B}$	$(r-1)(s-1)$	$\overline{S}_{A\times B} = \dfrac{S_{A\times B}}{(r-1)(s-1)}$	$F_{A\times B} = \dfrac{\overline{S}_{A\times B}}{\overline{S}_e}$	
误差	S_e	$rs(t-1)$	$\overline{S}_e = \dfrac{S_e}{rs(t-1)}$		
总和	S_T	$rst-1$			

具体计算时,将所有对数量指标的影响明显不显著的因素或交互作用的平方和即 $\overline{S}_A, \overline{S}_B, \overline{S}_{A\times B}$ 中所有比 $\overline{S}_e$ 小的对应的平方和并入 S_e 中成为 $S_e^\triangle$;对应的自由度并入 f_e 中成为 $f_e^\triangle$;用合并后的 $S_e^\triangle$ 和 $f_e^\triangle$ 做检验,当 $\overline{S}_{A\times B} > \overline{S}_e$ 时,总是先检验 $H_{0A\times B}$,当 $H_{0A\times B}$ 成立时将 $A\times B$ 的误差平方和及自由度分别并入 $S_e^\triangle$ 及 $f_e^\triangle$ 中,重新计算 F_A, F_B;用新的 F_A, F_B 对因素 A, B 进行检验. 另外,如果试验误差 σ^2 很大(表现为 σ^2 的无偏估计 $\overline{S}_e$ 的观测值很大),那么即使因素 A 对指标的影响很大,也可能出现 $\overline{S}_A < \overline{S}_e$ 的情况,从而错误地把因素 A 的影响判为不显著. 因此,一定要尽可能降低试验误差 σ^2,如果降低 σ^2 很困难,那就适当地增加重复试验的次数 t,以增大 S_e 的自由度 f_e,使 $F_\alpha(f_A, f_e)$ 的值变小,从而提高检验的灵敏度,把影响较大的因素正确地判别出来. 所以,在条件许可的情况下,通常保证 f_e 在 5 以上,最好 $f_e \geqslant 10$. 如果降低 σ^2 和增加 f_e 都有困难,则在进行 F 检验时,可将 α 放宽到 0.1 到 0.2,并注意在实践中进一步检验方差分析所得的结论.

计算 $S_A, S_B, S_{A\times B}, S_T, S_e$ 的简便公式.

令 $T = \sum\limits_{i=1}^{r}\sum\limits_{j=1}^{s}\sum\limits_{k=1}^{t}X_{ijk}$; $X_{ij.} = \sum\limits_{k=1}^{t}X_{ijk}, i=1,2,\cdots,r; j=1,2,\cdots,s;$

$X_{i..} = \sum\limits_{j=1}^{s}\sum\limits_{k=1}^{t}X_{ijk}, i=1,2,\cdots,r;$ $X_{.j.} = \sum\limits_{i=1}^{r}\sum\limits_{k=1}^{t}X_{ijk}, j=1,2,\cdots,s.$

则得计算的简便公式:

$S_T = \sum\limits_{i=1}^{r}\sum\limits_{j=1}^{s}\sum\limits_{k=1}^{t}X_{ijk}^2 - \dfrac{T^2}{rst};$

$S_A = \dfrac{1}{st}\sum\limits_{i=1}^{r}X_{i..}^2 - \dfrac{T^2}{rst};$

$S_B = \dfrac{1}{rt}\sum\limits_{j=1}^{s}X_{.j.}^2 - \dfrac{T^2}{rst};$

$S_{A\times B} = \dfrac{1}{t}\sum\limits_{i=1}^{r}\sum\limits_{j=1}^{s}X_{ij.}^2 - \dfrac{T^2}{rst} - S_A - S_B;$

$S_e = S_T - S_A - S_B - S_{A\times B}.$

例 9.5 为考察合成纤维中收缩率与总拉伸倍数对纤维弹性有无影响,对收缩率因素 A 取四个水平,分别为 $A_1:0, A_2:4, A_3:8, A_4:12$. 总拉伸倍数因素 B 也取四个水平,分别为 $B_1:460, B_2:520, B_3:580, B_4:640$. 在每个搭配 A_iB_j 下做两次试验,其弹性数据见表 9.15.

表 9.15

d_{ij} A水平 / B水平	A_1 (0)	A_2 (4)	A_3 (8)	A_4 (12)	$X_{\cdot j \cdot}$	$X_{\cdot j \cdot}^2$
B_1 (460)	1,3 (4)	3,5 (8)	6,3 (9)	5,3 (8)	29	841
B_2 (520)	2,3 (5)	6,4 (10)	9,7 (16)	3,2 (5)	36	1 296
B_3 (580)	5,3 (8)	8,7 (15)	4,5 (9)	0,1 (1)	33	1 089
B_4 (640)	7,5 (12)	4,4 (8)	4,3 (7)	−1,−1 (−2)	25	625
$X_{i \cdot \cdot}$	29	41	41	12	$T=123$	
$X_{i \cdot \cdot}^2$	841	1 681	1 681	144		

(数据均已减去 70),试分析因素 A、因素 B 以及它们之间的交互作用对弹性是否有显著的影响.

解 在本例中 $r=4, s=4, t=2, rst=32, T=123, \dfrac{T^2}{rst}=472.781$,

$$\sum_{i=1}^{4}\sum_{j=1}^{4}\sum_{k=1}^{2}X_{ijk}^2=653, \quad \sum_i\sum_j X_{ij\cdot}^2=1\,263, \quad \sum_i X_{i\cdot\cdot}^2=4\,347, \quad \sum_j X_{\cdot j \cdot}^2=3\,851,$$

$S_T=180.219, S_A=70.594, S_B=8.594, S_{A\times B}=79.531, S_e=21.500$,得表 9.16.

表 9.16

来源	平方和 S	自由度 f	均方和 $\overline{S}$	F	显著性
A	70.594	3	23.531	17.5	**
B	8.594	3	2.865	2.1	
$A \times B$	79.531	9	8.837	6.6	**
e	21.500	16	1.344		
总和 T	180.219	31			

$F_{0.01}(3,16)=5.3, \quad F_{0.1}(3,16)=2.5, \quad F_{0.01}(9,16)=3.8.$

方差分析结果表明:因素 A 及交互作用 $A\times B$ 对纤维弹性的影响高度显著,而因素 B 对其影响不显著.

(2) 参数估计

容易证明如下定理.

定理 9.11 在考虑交互作用的两因素方差分析模型中,$\hat{\mu}=\overline{X}$ 是 μ 的无偏估计;$\hat{\mu}_{i\cdot}=\overline{X}_{i\cdot\cdot}$ 是 $\mu_{i\cdot}$ 的无偏估计,$i=1,2,\cdots,r$;$\hat{\mu}_{\cdot j}=\overline{X}_{\cdot j\cdot}$ 是 $\mu_{\cdot j}$ 的无偏估计,$j=1,2\cdots,s$;$\hat{\sigma}^2=\dfrac{S_e}{rs(t-1)}$ 是 σ^2 的无偏估计.

当因素 A 显著时,$\hat{a}_i=\overline{X}_{i\cdot\cdot}-\overline{X}$ 是 a_i 的无偏估计,$i=1,2,\cdots,r$,当因素 A 不显著时,一切

$a_i = 0$ 不需估计;

当因素 B 显著时,$\hat{b}_j = \overline{X}_{\cdot j \cdot} - \overline{X}$ 是 b_j 的无偏估计,当 B 不显著时,一切 $b_j = 0$ 不需估计;

当 $A \times B$ 显著时,$(\widehat{ab})_{ij} = \overline{X}_{ij\cdot} - \overline{X} - \hat{a}_i - \hat{b}_j$ 是 $(ab)_{ij}$ 的无偏估计,水平组合 A_iB_j 下的 μ_{ij} 的无偏估计为 $\hat{\mu}_{ij} = \hat{\mu} + \hat{a}_i + \hat{b}_j + (\widehat{ab})_{ij} = \overline{X}_{ij\cdot}$,$\mu_{ij}$ 的置信度为 $1-\alpha$ 的置信区间为 $(\hat{\mu}_{ij} - \delta, \hat{\mu}_{ij} + \delta)$,其中 $\delta = \sqrt{F_\alpha(1, f_e) \dfrac{S_e}{tf_e}}$ $(i=1,2,\cdots,r; j=1,2,\cdots,s)$. 若交互作用不显著,一切 $(ab)_{ij} = 0$ 不需估计,此时,一切估计公式用后面的无交互作用时的公式.

(3) 最佳水平组合的选择

在所有的水平组合中,使 μ_{ij} 达到最优的那个水平组合为最优水平组合. 但 μ_{ij} 只能估计,所以选择使 $\hat{\mu}_{ij}$ 达到最优的那个水平组合为最优水平组合. 当 $A \times B$ 显著时,由于 $\hat{\mu}_{ij} = \overline{X}_{ij\cdot}$,因此,使 $\overline{X}_{ij\cdot}$ 达到最优的那个水平组合为最优水平组合. 找出最优水平组合后,还可用多重比较找出与其无显著差异的所有水平组合,根据费用低易实施的原则,确定最佳水平组合.

例 9.6 在例 9.5 中 $A \times B$ 高度显著,若纤维的弹性越大越好,则 A_3B_2 为最优水平组合,此时 $\hat{\mu}_{32} = \overline{X}_{32\cdot} = \dfrac{16}{2} + 70 = 78$. 由 $f_e = 16$,$F_{0.05}(1,16) = 4.49$,$t = 2$,$\overline{S}_e = \dfrac{S_e}{f_e} = 1.334$,计算得 $\delta = \sqrt{4.49 \times 1.334/2} = 2.99$,因而最优组合下平均弹性 μ_{32} 的置信度为 0.95 的置信区间为 $(78 - 2.99, 78 + 2.99) = (75.01, 80.99)$.

下面对所有水平组合下的平均弹性作多重比较,找出所有与 A_3B_2 无显著差异的水平组合. 用 T 法进行比较,因为要比较的水平组合共 16 个,所以用 T 法时,水平数 $r' = 16$,$t = 2$,$f_e = 16$,$\overline{S}_e = 1.334$,对 $\alpha = 0.05$ 查表知 $q_{0.05}(16,16) = 5.65$,则 $d_T = q_{0.05}(r', f_e)\sqrt{\dfrac{\overline{S}_e}{t}} = 4.61$,而在各水平组合 A_iB_j 下平均值 $\overline{X}_{ij\cdot}$ 与 A_3B_2 下的平均值 $\overline{X}_{32\cdot}$ 的差的绝对值为 $d_{ij} = |\overline{X}_{ij\cdot} - \overline{X}_{32\cdot}|$,计算 d_{ij} 的值见表 9.17.

表 9.17

d_{ij} \ A 水平 B 水平	A_1	A_2	A_3	A_4
B_1	6	4	3.5	4
B_2	5.5	3	0	5.5
B_3	4	0.5	3.5	7.5
B_4	2	4	4.5	9

由表中数据看到,与 A_3B_2 无显著差异的水平组合有:A_1B_3,A_1B_4,A_2B_1,A_2B_2,A_2B_3,A_2B_4,A_3B_1,A_3B_3,A_3B_4,A_4B_1. 之所以有这么多水平组合与 A_3B_2 无显著差异,是因为 B 不显著的缘故.

9.2.3 无交互作用的方差分析

为了考虑两因素是否有交互作用,在因素 A 与 B 的每对水平组合 A_iB_j 下需至少做两次试验. 若只做一次试验,则由模型看出,$(ab)_{ij}$ 与 ε_{ij1} 总以结合在一起的形式 $(ab)_{ij} + \varepsilon_{ij1}$ 出现,无法将交互作用分离开来. 如果已经知道两因素之间不存在交互作用,那么在两因素的每个水平组合下只做一次试验,也能对因素 A、B 进行效应分析.

1. 基本假设及数学模型

因素 A 有 r 个水平 $A_1, A_2, \cdots, A_r$,因素 B 有 s 个水平 $B_1, B_2, \cdots, B_s$,因素 A, B 同时作用于数量指标,且两因素间不存在交互作用,数量指标在水平组合 $A_i B_j$ 下的值的全体构成总体 $X_{ij} \sim N(\mu_{ij}, \sigma^2)$,在水平组合 $A_i B_j$ 下做一次试验得样本 $X_{ij} (i = 1, 2, \cdots, r; j = 1, 2, \cdots, s)$,各 X_{ij} 互相独立.

数据的数学模型为

$$\begin{cases} X_{ij} = \mu_{ij} + \varepsilon_{ij} \\ \varepsilon_{ij} \sim N(0, \sigma^2) \\ \text{各 } \varepsilon_{ij} \text{ 互相独立} \end{cases} \quad i = 1, 2, \cdots, r; j = 1, 2, \cdots, s.$$

沿用前面的记号,注意到 AB 之间不存在交互作用即 $\mu_{ij} = \mu + a_i + b_j$,模型可变为

$$\begin{cases} X_{ij} = \mu + a_i + b_j + \varepsilon_{ij} \\ \text{各 } \varepsilon_{ij} \text{ 互相独立} \\ \sum_{i=1}^{r} a_i = 0, \quad \sum_{j=1}^{s} b_j = 0 \end{cases} \quad i = 1, 2, \cdots, r; j = 1, 2, \cdots, s.$$

2. 待解决的问题

(1) 检验假设:

$$\begin{cases} H_{0A}: a_1 = a_2 = \cdots = a_r = 0 \\ H_{1A}: a_1, a_2, \cdots, a_r \text{ 不全为 } 0 \end{cases},$$

$$\begin{cases} H_{0B}: b_1 = b_2 = \cdots = b_s = 0 \\ H_{1B}: b_1, b_2, \cdots, b_s \text{ 不全为 } 0 \end{cases};$$

(2) 求未知参数的估计;

(3) 选取最佳水平组合.

3. 统计分析

(1) 假设检验

令 $\overline{X} = \dfrac{1}{rs} \sum_{i=1}^{r} \sum_{j=1}^{s} X_{ij}$; $\quad \overline{X}_{i \cdot} = \dfrac{1}{s} \sum_{j=1}^{s} X_{ij}, i = 1, 2, \cdots, r;$

$\overline{X}_{\cdot j} = \dfrac{1}{r} \sum_{i=1}^{r} X_{ij}, j = 1, 2, \cdots, s.$

显然有

$$E\overline{X} = \mu;$$
$$E\overline{X}_{i \cdot} = \mu_{i \cdot}, i = 1, 2, \cdots, r;$$
$$E\overline{X}_{\cdot j} = \mu_{\cdot j}, j = 1, 2, \cdots, s.$$

容易证明下面定理.

定理 9.12(平方和分解定理) 若令

$$S_T = \sum_{i=1}^{r}\sum_{j=1}^{s}(X_{ij}-\overline{X})^2;$$

$$S_e = \sum_{i=1}^{r}\sum_{j=1}^{s}(X_{ij}-\overline{X}_{i\cdot}-\overline{X}_{\cdot j}+\overline{X})^2;$$

$$S_A = s\sum_{i=1}^{r}(\overline{X}_{i\cdot}-\overline{X})^2;$$

$$S_B = r\sum_{j=1}^{s}(\overline{X}_{\cdot j}-\overline{X})^2.$$

则
$$S_T = S_e + S_A + S_B.$$

将模型代入可知 S_e 只与试验误差有关,S_A 只与 A 的效应及试验误差有关,S_B 只与 B 的效应与试验误差有关. 它们有如下统计特性:

定理 9.13 $\dfrac{S_e}{\sigma^2}\sim\chi^2(f_e),f_e=(r-1)(s-1),S_T$ 的自由度 $f_T=rs-1$. S_A 的自由度

$$f_A = r-1, E\left(\frac{S_A}{f_A}\right) = \sigma^2 + \frac{s\sum_{i=1}^{r}a_i^2}{f_A}.$$

当 H_{0A} 成立时,$\dfrac{S_A}{\sigma^2}\sim\chi^2(f_A)$ 且 S_A 与 S_e 独立. S_B 的自由度

$$f_B = s-1, \quad E\left(\frac{S_B}{f_B}\right) = \sigma^2 + \frac{r\sum_{j=1}^{s}b_j^2}{f_B}.$$

当 H_{0B} 成立时,$\dfrac{S_B}{\sigma^2}\sim\chi^2(f_B)$ 且 S_B 与 S_e 独立.

当 H_{0A},H_{0B} 同时成立时,$\dfrac{S_T}{\sigma^2}\sim\chi^2(f_T)$.

定理 9.14 令 $\overline{S}_e=\dfrac{S_e}{f_e},\overline{S}_A=\dfrac{S_A}{f_A},\overline{S}_B=\dfrac{S_B}{f_B}$,则在显著性水平 α 下:

H_{0A} 的拒绝域为 $F_A=\dfrac{\overline{S}_A}{\overline{S}_e}\geqslant F_\alpha(f_A,f_e)$;

H_{0B} 的拒绝域为 $F_B=\dfrac{\overline{S}_B}{\overline{S}_e}\geqslant F_\alpha(f_B,f_e)$.

把上面的结果写成方差分析表 9.18.

表 9.18

方差来源	平方和 S	自由度 f	均方和 $\overline{S}$	F	显著性
因素 A	S_A	$r-1$	$\overline{S}_A=\dfrac{S_A}{r-1}$	$F_A=\dfrac{\overline{S}_A}{\overline{S}_e}$	
因素 B	S_B	$s-1$	$\overline{S}_B=\dfrac{S_B}{s-1}$	$F_B=\dfrac{\overline{S}_B}{\overline{S}_e}$	
误差	S_e	$(r-1)(s-1)$	$\overline{S}_e=\dfrac{S_e}{(r-1)(s-1)}$		
总和	S_T	$rs-1$			

令 $T = \sum_{i=1}^{r}\sum_{j=1}^{s}X_{ij}$; $\quad X_{i.} = \sum_{j=1}^{s}X_{ij}, i=1,2,\cdots,r$;

$$X_{.j} = \sum_{i=1}^{r}X_{ij}, j=1,2,\cdots,s.$$

得计算 S_A, S_B, S_e, S_T 的简便公式为

$$S_T = \sum_{i=1}^{r}\sum_{j=1}^{s}X_{ij}^2 - \frac{T^2}{rs}; \quad S_A = \frac{1}{s}\sum_{i=1}^{r}X_{i.}^2 - \frac{T^2}{rs}; \quad S_B = \frac{1}{r}\sum_{j=1}^{s}X_{.j}^2 - \frac{T^2}{rs};$$

$$S_e = S_T - S_A - S_B.$$

(2) 参数估计

定理 9.15 在无交互作用的双因素方差分析模型中,$\hat{\mu} = \overline{X}$ 是 μ 的无偏估计;$\hat{\mu}_{i.} = \overline{X}_{i.}$ 是 $\mu_{i.}$ 的无偏估计,$i=1,2,\cdots,r$;$\hat{\mu}_{.j} = \overline{X}_{.j}$ 为 $\mu_{.j}$ 的无偏估计,$j=1,2,\cdots,s$.

当 A 显著时,$\hat{a}_i = \overline{X}_{i.} - \overline{X}$ 为 a_i 的无偏估计,$i=1,2,\cdots,r$;当 A 不显著时一切 $a_i = 0$ 无须估计.

当 B 显著时,$\hat{b}_j = \overline{X}_{.j} - \overline{X}$ 为 b_j 的无偏估计,$j=1,2,\cdots,s$;当 B 不显著时一切 $b_j = 0$ 无须估计.

μ_{ij} 的估计为:$\hat{\mu}_{ij} = \overline{X} +$ 显著因素的效应估计之和;μ_{ij} 的置信度为 $1-\alpha$ 的置信区间为 $(\hat{\mu}_{ij}-\delta, \hat{\mu}_{ij}+\delta)$,其中 $\delta = \sqrt{F_\alpha(1, f_e')\dfrac{S_e'}{n_e f_e'}}$,而 $f_e' = f_e +$ 不显著因子的自由度之和,$S_e' = S_e +$ 不显著因素的效应平方和之和,

$$n_e = \frac{总试验次数}{1+显著因子的自由度之和}.$$

(3) 最佳水平的选取

由 μ_{ij} 的估计看出,当因素没有交互作用时,使显著因子的效应估计之和达到最优的水平组合即为最优水平组合,选最优水平后,还可进行多重比较,找出所有与其没有显著差异的所有水平组合,根据费用低易实施的原则确定最佳水平组合. 若因素均不显著,选择使费用低易实施水平为最佳水平.

例 9.7 为了考察蒸馏水中的 pH 值和硫酸铜溶液浓度对化验血清中白蛋白与球蛋白的影响,对蒸馏水中的 pH 值(A) 取了 4 个不同水平,对硫酸铜溶液的浓度(B) 取了 3 个不同水平,在不同水平组合下各测了一次白蛋白与球蛋白之比,其结果见表 9.19. A、B 不存在交互作用,试检验两因素对化验结果有无显著影响.

表 9.19

	B_1	B_2	B_3	$X_{i.}$	$X_{i.}^2$
A_1	3.5	2.3	2.0	7.8	60.48
A_2	2.6	2.0	1.9	6.5	42.25
A_3	2.0	1.5	1.2	4.7	22.09
A_4	1.4	0.8	0.3	2.5	6.25
$X_{.j}$	9.5	6.6	5.4	$T=21.5$	$\sum_{i=1}^{4}X_{i.}^2=131.43$
$X_{.j}^2$	90.25	43.56	29.16	$\sum_{j=1}^{3}X_{.j}^2=162.97$	

解 为了方便,把有关计算写入表 9.20 中.

$$\frac{T^2}{rs} = \frac{1}{12} \times 21.5^2 = 38.52; \quad \sum_{i=1}^{4}\sum_{j=1}^{3} X_{ij}^2 = 46.29;$$

$$S_T = 46.29 - 38.52 = 7.77;$$

$$S_A = \frac{1}{3}\sum_{i=1}^{4} X_{i\cdot}^2 - \frac{T^2}{12} = \frac{1}{3} \times 131.43 - 38.52 = 5.29;$$

$$S_B = \frac{1}{4} \times 162.97 - 38.52 = 2.22;$$

$$S_e = S_T - S_A - S_B = 7.77 - 5.29 - 2.22 = 0.26.$$

表 9.20

方差来源	平方和 S	自由度 f	均方和 $\overline{S}$	F	显著性
A	5.29	3	1.76	40.9	**
B	2.22	2	1.11	25.8	**
e	0.26	6	0.043		
总和	7.77	11			

$F_{0.01}(3,6) = 9.78, \quad F_{0.01}(2,6) = 10.9.$

由表 9.20 看到因素 A 与因素 B 对试验结果的影响高度显著. 若指标值越大越好,则 A_1B_1 为最优水平组合. 在 A_1B_1 下总体均值 μ_{11} 的无偏估计值为

$$\hat{\mu}_{11} = 2.6 + 2.375 - 1.8 = 3.175;$$

$$F(1,6) = 5.99, \quad \overline{S}_e = \frac{0.026}{6} = 0.043;$$

$$n_e = \frac{12}{6} = 2.$$

所以 $\delta = \sqrt{5.99 \times 0.043/2} = 0.359, \mu_{11}$ 的置信度为 0.95 的置信区间为

$$(3.175 - 0.359, 3.175 + 0.359) = (2.816, 3.534).$$

习 题 9

1. 由三位教师,对同一个班的作文试卷评分,分数如下:

教师	分 数											
A_1	73	89	82	43	80	73	65	62	47	95	60	77
A_2	88	78	48	91	54	85	74	77	50	78	65	76	96	80
A_3	68	80	55	93	72	71	87	42	61	68	53	79	15

设每位教师的试卷评分服从等方差的正态分布.
对数据进行方差分析,在给定水平 $\alpha = 0.05$ 下,试分析三位教师给出的平均分数有无显著差异?

2. 为测定一大型工厂对周围环境的污染,选了四个观测点 A_1, A_2, A_3, A_4,在每一观测点上各测定四次空气中 SO_2 的含量. 现得各测点上的平均含量 $\overline{X}_i$ 及样本标准差 S_i 如下:

观测点	A_1	A_2	A_3	A_4
$\overline{X}_i$	0.031	0.010	0.079	0.058
S_i	0.009	0.014	0.010	0.011

假设每一观测点 SO_2 的含量服从正态分布而且方差相等. 试问在 $\alpha=0.05$ 下,各观测点 SO_2 平均含量有无显著差异.

3. 试验六种农药,看它们杀虫率方面有无明显差异,试验结果如下:

农药	Ⅰ	Ⅱ	Ⅲ	Ⅳ	Ⅴ	Ⅵ
杀虫率	87.4	90.5	56.2	55.0	92.0	75.2
	85.0	88.5	62.4	48.2	99.2	72.3
	80.2	87.3			95.3	81.3
		94.3			91.5	

(1) 设每种农药杀虫率服从等方差的正态分布,对数据进行方差分析;
(2) 杀虫率越大越好,求出最优水平下平均值的点估计和区间估计;($\alpha=0.01$)
(3) 对各水平下的平均值做多重比较.

4. 将抗生素注入人体会产生抗生素与血浆蛋白结合的现象,以致减小了药效,下表列出了 5 种常用的抗生素注入牛的体内时,抗生素与血浆蛋白质结合的百分比.

青霉素	四环素	链霉素	红霉素	氯霉素
29.6	27.3	5.8	21.6	29.2
24.3	32.6	6.2	17.4	32.8
28.5	30.8	11.0	18.3	25.0
32.0	34.8	8.3	19.0	24.2

(1) 假设每种抗生素与血浆蛋白质结合的百分比服从等方差的正态分布,对数据进行方差分析;
(2) 百分比越小越好,找出最优水平并求此水平下百分比平均值的点估计和区间估计;($\alpha=0.10$)
(3) 进行多重比较.

5. 在某橡胶配方中,考虑了三种不同促进剂和四种不同分量的氧化锌. 同样的配方试验两次,测得300%的定强如下表,各种配方下的定强服从等方差的正态分布.

	B_1	B_2	B_3	B_4
A_1	31,33	34,36	35,36	39,38
A_2	33,34	36,37	37,39	38,41
A_3	35,37	37,38	39,40	42,44

(1) 对数据做方差分析;
(2) 定强越大越好,求出最优水平组合下平均定强的点估计和区间估计.($\alpha=0.10$)

6. 为提高某化工产品产量,需要寻求最优的反应温度与反应压力的组合,为此选择如下水平:
    A:反应温度(℃)   60   70   80
    B:反应压力(kg)   2   2.5   3
在每个水平组合下独立试验两次得其产量如下表,各水平组合下的产量服从等方差的正态分布.

	A_1	A_2	A_3
B_1	4.6 4.3	6.1 6.5	6.8 6.4
B_2	6.3 6.7	3.4 3.8	4.0 3.8
B_3	4.7 4.3	3.9 3.5	6.5 7.0

(1)对数据做方差分析;

(2)求最优水平组合下平均产量的点估计和区间估计;

(3)对各水平组合下的平均产量作多重比较.

7. 下面记录了三位操作工分别在四台不同机器上操作三天的日产量,每位操作工在每个机器上的日产量服从等方差的正态分布.

	B_1	B_2	B_3	B_4
A_1	15, 15, 17	17, 17, 17	15, 17, 16	18, 20, 22
A_2	19, 19, 16	15, 15, 15	18, 17, 16	15, 16, 17
A_3	16, 18, 21	19, 22, 22	18, 18, 18	17, 17, 17

(1)进行方差分析;

(2)选出最优水平组合,并求最优水平组合下平均日产量的点估计和区间估计($\alpha=0.1$).

8. 要试验 8 台同类机器是否相同,4 名工人的技术是否有显著差异,使每位工人在每台机器上操作一个工作日,得到日产量表如下:

	A_1	A_2	A_3	A_4	A_5	A_6	A_7	A_8
B_1	95	95	106	98	102	112	105	95
B_2	95	94	105	97	98	112	103	92
B_3	89	88	87	95	97	101	97	90
B_4	83	84	90	90	88	94	88	80

设各水平组合下的日产量服从等方差的正态分布,两因素之间不存在交互作用.

(1)进行方差分析;

(2)选出最优水平组合并求最佳水平组合下日产量平均值的估计和区间估计.($\alpha=0.1$)

延展阅读

罗纳德·艾尔默·费希尔

罗纳德·艾尔默·费希尔(Ronald Aylmer Fisher,R. A. Fisher,1890—1962),英国统计学家、生物进化学家、数学家、遗传学家和优生学家. 是现代统计科学的奠基人之一. 他对现代统计科学的重要贡献包括方差分析、试验设计、极大似然统计推断和许多抽样分布的导出.

1. 费希尔与洛桑农业试验站

1919 年,费希尔接受了洛桑农业试验站的一个工作职位——分析那里积累了 90 年的农业试验数据. 之后 7 年的辛苦工作,他发表了一系列重要结果《收成变动研究》. 在这些工作中,费希尔提出了数据分析的原创性工具,提供了这些工具的数学推导过程,描述了它们的应用领域,并把它们应用在洛桑 90 年的数据中,得到了诸如"随机对照试验""方差分析""自由度"这些对后世影响甚巨的概念和方法. 而这些全部发表在农业科学杂志. 费氏研究方法很快就在大多数英语国家的农学院占据了统治地位. 他的工作反响巨大,成为热点,引出了一大批数据处理、试验设计的科学文献,应用遍及农学以外的其他领域,包括医学、化学、工业质量控制等.

2. 费希尔与试验设计

"女士品茶"出自费希尔的经典名作《试验设计》,他在书中计算了在各种情况下,女士有分辨能力和没有分辨能力时出现不同结果的概率. 他的这些成果对后世影响深远,奠定了科学的试验设计思想,彻底改变了人们的"试验"观念,并广泛地应用于实际,指导各行各业的试验设计.

第 10 章　回归分析

在自然科学、工程技术、社会科学以及日常生活中,经常遇到处于同一体系中的若干个变量之间存在着某种依存关系,即确定性关系与非确定性关系.确定性关系是指变量之间具有某种函数关系.非确定性关系并不具有严格的函数关系,而是一种相关关系.例如:人的身高与体重;气温、降雨量与农作物的产量;水、水泥、砂、石的配合比与混凝土的抗压强度等.由于这些变量之间受某些随机因素的影响,不可能具有一定的函数关系,仅存在着某种相关关系.

回归[①]分析是研究一个变量与其他若干个变量之间的相关关系的一种数学工具.它是在一组试验数据或观测数据的基础上,寻找被随机性掩盖了的变量之间的依赖关系.粗略地讲,可以理解为用一种确定的函数关系去近似代替较为复杂的相关关系.这个函数称为**回归函数**(或**回归方程**),亦称**经验公式**.

本章将重点讨论一元线性回归问题(即两个变量之间线性回归问题)以及可化为线性回归的一元回归问题,简要介绍多元线性回归问题.

10.1　一元线性回归

10.1.1　散点图

设 (x,y) 是一个二维随机变量,对它作 n 次观测,得到 n 对数据 $(x_1,y_1),(x_2,y_2),\cdots,(x_n,y_n)$,把这 n 个点描在一个平面直角坐标系里,得到的图形称为**散点图**.

散点图可以帮助我们粗略地了解 x 与 y 之间的关系.

例 10.1　设在某一化学反应过程中,对温度 $x(℃)$ 与产品收率 $y(\%)$ 测得如下 10 对数据:

温度 $x(℃)$	100	110	120	130	140	150	160	170	180	190
收率 $y(\%)$	40	47	56	61	66	72	74	78	83	86

作散点图(见图 10.1),从图中可以大致看出 y 与 x 有线性相关关系.

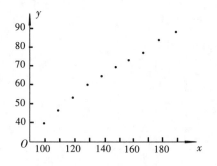

图　10.1

10.1.2　建立一元线性回归方程

1. 数学模型

变量 x 的值可以人为选定,称为控制变量或自变量;对于每个给定的 x,y 的取值不是唯一

---

①　"回归"一词是 1886 年高尔顿(F. Galton)首先提出的. 他在研究家庭成员之间的遗传规律时发现:虽然高个子的父亲确有生育高个子儿子的趋向,但一群高个子父亲的儿子们的平均身高却低于父亲们的平均身高;相反,一群低个子父亲的儿子们的平均身高却高于父亲们的平均身高. 高尔顿称这一现象为"向平均高度的回归".

确定的,它可以分解为两部分,一部分反映 x 对 y 的线性影响,是 y 的"主要部分";另一部分反映随机因素对 y 的影响,称为"随机误差部分",即 x 和 y 之间有

$$y = ax + b + \varepsilon. \tag{10.1}$$

其中 a、b 为常数,叫作**回归系数**. 通常假定随机误差 $\varepsilon \sim N(0, \sigma^2)$,则 $E(y) = ax + b, D(y) = \sigma^2$. 因此,在给定 x 的条件下,$y \sim N(ax + b, \sigma^2)$. 对于上述 n 对观测数据我们有

$$y_i = ax_i + b + \varepsilon_i, \quad i = 1, 2, \cdots, n.$$

其中 $\varepsilon_1, \varepsilon_2, \cdots, \varepsilon_n$ 独立同分布,$\varepsilon_i \sim N(0, \sigma^2), i = 1, 2, \cdots, n$.

2. 回归系数 a 和 b 的估计

称 $q_i = y_i - ax_i - b$ 为**离差**,则离差平方和

$$Q(a,b) = \sum_{i=1}^{n} q_i^2 = \sum_{i=1}^{n}(y_i - ax_i - b)^2,$$

使 $Q(a,b)$ 达到最小的 a 和 b 的值称为回归系数的**最小二乘估计**,分别记为 $\hat{a}$ 和 $\hat{b}$. 于是有回归方程

$$\hat{y} = \hat{a}x + \hat{b}. \tag{10.2}$$

称 $\hat{y}$ 为 y 的**回归值**.

令

$$\begin{cases} \dfrac{\partial Q(a,b)}{\partial a} = -2\sum_{i=1}^{n}(y_i - ax_i - b)x_i = 0 \\ \dfrac{\partial Q(a,b)}{\partial b} = -2\sum_{i=1}^{n}(y_i - ax_i - b) = 0 \end{cases}.$$

化简得

$$\begin{cases} a\sum_{i=1}^{n} x_i^2 + b\sum_{i=1}^{n} x_i = \sum_{i=1}^{n} x_i y_j \\ a\sum_{i=1}^{n} x_i + nb = \sum_{i=1}^{n} y_i \end{cases},$$

即

$$\begin{cases} a\sum_{i=1}^{n} x_i^2 + nb\bar{x} = \sum_{i=1}^{n} x_i y_j \\ a\bar{x} + b = \bar{y} \end{cases}.$$

解之得

$$\begin{cases} \hat{a} = \dfrac{\sum\limits_{i=1}^{n} x_i y_i - n\bar{x}\bar{y}}{\sum\limits_{i=1}^{n} x_i^2 - n\bar{x}^2} = \dfrac{l_{xy}}{l_{xx}} \\ \hat{b} = \bar{y} - \hat{a}\bar{x} \end{cases}. \tag{10.3}$$

其中

$$l_{xy} = \sum_{i=1}^{n}(x_i - \bar{x})(y_i - \bar{y}) = \sum_{i=1}^{n} x_i y_j - n\bar{x}\bar{y};$$

188 | 概率论与数理统计

$$l_{xx} = \sum_{i=1}^{n}(x_i - \bar{x})^2; \quad l_{yy} = \sum_{i=1}^{n}(y_i - \bar{y})^2.$$

对于 l_{xx} 及 l_{yy} 的计算可利用计算器中的统计功能直接得到.

由(10.3)式的第二式可知,回归直线通过散点图的几何重心 $(\bar{x}, \bar{y})$. 将 $\hat{b}$ 代入回归方程 (10.2) 式得

$$\hat{y} - \bar{y} = \hat{a}(x - \bar{x}). \tag{10.4}$$

例 10.2 (续例 10.1)求 y 关于 x 的线性回归方程.

解 计算如下表：

序号	x	y	xy
1	100	40	4 000
2	110	47	5 170
3	120	56	6 720
4	130	61	7 930
5	140	66	9 240
6	150	72	10 800
7	160	74	11 840
8	170	78	13 260
9	180	83	14 940
10	190	86	16 340
∑	1 450	663	100 240

$\bar{x} = 145$; $\bar{y} = 66.3$, $l_{xx} = 8\ 250$; $l_{xy} = 10\ 240 - 10 \times 145 \times 66.3 = 4\ 105$; $l_{yy} = 2\ 094.1.$

故 $\hat{a} = \dfrac{l_{xy}}{l_{xx}} = 0.497\ 58$; $\hat{b} = 66.3 - 0.497\ 58 \times 145 = -5.849\ 1.$

所求回归直线方程为

$$\hat{y} = 0.497\ 58x - 5.849\ 1.$$

回归直线如图 10.2 所示.

例 10.3 (续例 10.1)作变换

$$t = \frac{x - 150}{10};$$

$$v = y - 70.$$

求 y 关于 x 的线性回归方程.

对于变换

$$t = \frac{x - x_0}{m}, \quad v = \frac{y - y_0}{k},$$

容易证明(证明留给读者练习)：

$\bar{x} = m\bar{t} + x_0$; $\bar{y} = k\bar{v} + y_0$;

$l_{xx} = m^2 l_{tt}$; $l_{yy} = k^2 l_{vv}$; $l_{xy} = mk l_{tv}.$

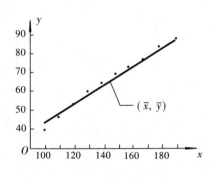

图 10.2

序号	$t=\dfrac{x-150}{10}$	$v=y-70$	tv
1	−5	−30	150
2	−4	−23	92
3	−3	−14	42
4	−2	−9	18
5	−1	−4	4
6	0	2	0
7	1	4	4
8	2	8	16
9	3	13	39
10	4	16	64
∑	−5	−37	429

$\bar{x}=10\times(-0.5)+150=145;\qquad \bar{y}=-3.7+70=66.3;$

$l_{xx}=100\times l_{tt}=8\,250;\qquad l_{xy}=10\times l_{tv}=4\,105;$

$l_{yy}=l_{vv}=2\,094.1.$

(以下同例 10.2).

本例说明对数据作些适当的变换,可以减少许多计算量,对于手算尤其有用. 在实际应用中多采用计算机编程计算,一般不必作变换,但有时观测数据的绝对值特别大,对数据进行变换也是必要的.

10.1.3 回归方程的显著性检验

线性回归的方法比较简单,因此在实际工作中经常被采用. 事实上,在一个较小的范围内,曲线总可以用直线近似地代替. 所以,只要数据在一个适当的范围内,通常可以考虑线性回归. 不过,按照最小二乘法对于任何一组观测数据,不管它们有没有线性相关关系,总可以得到一个线性回归方程,它是否反映了所讨论的变量之间的变化规律? 是否具有实用意义? 这就需要对回归方程进行显著性检验.

1. 离差平方和的分解

通过分析可知,观测值 $y_1,y_2,\cdots,y_n$ 之间的差异是由两方面原因造成的:

①y 对 x 有依存关系. 当 x 取不同的值时,y 应该不同. 这个差异正好反映了回归的效果.

②随机误差的影响. 这部分误差是人们无法定量控制的其他各种因素综合作用的结果,如测量误差、试验误差等.

下面我们利用离差平方和的分解式,确定上述两方面的原因分别对回归方程的影响程度.

总离差平方和:

$$S_{总}=l_{yy}=\sum_{i=1}^{n}(y_i-\bar{y})^2=\sum_{i=1}^{n}[(y_i-\hat{y}_i)+(\hat{y}_i-\bar{y})]^2$$

$$=\sum_{i=1}^{n}(y_i-\hat{y}_i)^2+\sum_{i=1}^{n}(\hat{y}_i-\bar{y})^2+2\sum_{i=1}^{n}(y_i-\hat{y}_i)(\hat{y}_i-\bar{y}).$$

又
$$\sum_{i=1}^n \hat{y}_i = \sum_{i=1}^n (\hat{a}x_i + \hat{b}) = n\hat{a}\bar{x} + n\hat{b} = n\hat{a}\bar{x} + n(\bar{y} - \hat{a}\bar{x}) = n\bar{y}$$
$$= \sum_{i=1}^n y_i,$$

即
$$\bar{\hat{y}} = \bar{y}.$$

再利用 $\hat{a} = \dfrac{l_{xy}}{l_{xx}}$，容易证明 $\sum_{i=1}^n (y_i - \hat{y}_i)(\hat{y}_i - \bar{y}) = 0$，所以

$$S_{总} = \sum_{i=1}^n (y_i - \hat{y}_i)^2 + \sum_{i=1}^n (\hat{y}_i - \bar{y})^2 = U + Q. \tag{10.5}$$

其中
$$U = \sum_{i=1}^n (\hat{y}_i - \bar{y})^2 = \hat{a}^2 \sum_{i=1}^n (x_i - \bar{x})^2 = \frac{l_{xy}^2}{l_{xx}} = \hat{a}l_{xy}; \qquad Q = \sum_{i=1}^n (y_i - \hat{y}_i)^2.$$

称 U 为**回归平方和**，它反映了回归值的分散程度；称 Q 为**误差平方和**，它是随机误差的反映。即：

$$\text{总离差平方和} = \text{回归平方和} + \text{误差平方和}.$$

2. 回归系数的显著性检验

若 x 与 y 不相关，则有 $a = 0$，即 x 取值对 y 不发生影响；若 $a \neq 0$，x 的取值必然要影响 y 的取值。如果所建立的方程有意义，当然 $a \neq 0$，并且希望 U 尽可能大，Q 尽可能小。下面我们将构造一个 F 统计量，用它来检验 a 是否等于 0。

检验假设： $H_0: a = 0$； $H_1: a \neq 0$.

设 $\varepsilon_1, \varepsilon_2, \cdots, \varepsilon_n$ 独立同分布，$\varepsilon_i \sim N(0, \sigma^2)(i = 1, 2, \cdots, n)$。可以证明：

① $\dfrac{Q}{\sigma^2} \sim \chi^2(n-2)$；

② 在 H_0 为真时，$\dfrac{Q}{\sigma^2} \sim \chi^2(1)$；

③ Q 与 U 相互独立。

于是，当 H_0 成立时，

$$F = \frac{U}{Q/(n-2)} = \frac{U}{S^2} \sim F(1, n-2). \tag{10.6}$$

这里 $S^2 = \dfrac{Q}{n-2}$，可以证明 S^2 是 σ^2 的无偏估计。

对于给定的显著性水平 α，可查表得到 $F_\alpha(1, n-2)$，满足 $P(F > F_\alpha) = \alpha$。当 $F > F_\alpha$ 时，说明在显著性水平 α 下回归平方和显著地大于误差平方和，否定 H_0，认为回归方程有意义。

检验表格的形式如下：

方差来源	自由度	离差平方和	F 值	临界值	显著性
回归	1	$U = \dfrac{l_{xy}^2}{l_{xx}}$	$F = \dfrac{U}{S^2}$	$F_\alpha(1, n-2)$	
随机误差	$n-2$	$Q = l_{yy} - U$			

当回归系数不显著时，可能有以下原因：

① 除 x 外，还有其他重要因素影响 y 的取值；

② y 与 x 没有线性相关关系；

③ y 与 x 无明显依存关系；

④ x 变动范围太小，使它对 y 的调节作用没能表现出来.

例 10.4 （续例 10.2）检验例 10.2 中所求回归方程的显著性.

解　$U = \dfrac{l_{xy}^2}{l_{xx}} = \dfrac{4\,105^2}{8\,250} = 2\,042.548\,5$;

$Q = l_{yy} - U = 2\,094.1 - 2\,042.548\,5 = 51.551\,5$;

$S^2 = \dfrac{Q}{10-2} = 6.443\,9$;

$F = \dfrac{2\,042.548\,5}{6.443\,9} = 316.97.$

方差来源	自由度	离差平方和	F 值	临界值	显著性
回归	1	2 042.548 5	$F = 316.97$	$F_{0.01} = 11.3$	显著
随机误差	8	51.551 5			

即在显著性水平 $\alpha = 0.01$ 下认为回归方程是有效的.

10.1.4　预测与控制

1. 预测

回归方程的一个重要应用就是对于给定的点 $x = x_0$ 对应的 y_0 是一个随机变量，虽然可以求得 $\hat{y}_0 = \hat{a} x_0 + \hat{b}$，但它只是 y_0 的期望值 $ax_0 + b$ 的一个点估计. 对给定的 α，我们希望求出 y_0 的置信度为 $1-\alpha$ 的一个区间估计（预测区间），即寻找一个 $\delta > 0$，使得 $P(|y_0 - \hat{y}_0| \leqslant \delta) = 1 - \alpha$.

在 $y_i = ax_i + b + \varepsilon_i, \varepsilon_i \sim N(0, \sigma^2)\ (i = 1, 2, \cdots, n), \varepsilon_1, \varepsilon_2, \cdots, \varepsilon_n$ 相互独立的假定下，可以证明

$$T = \dfrac{y_0 - \hat{y}_0}{\sqrt{1 + \dfrac{1}{n} + \dfrac{(x_0 - \bar{x})^2}{l_{xx}}} \cdot S} \sim t(n-2). \tag{10.7}$$

对于给定的 α，查表得 $t_\alpha(n-2)$ 满足 $P(|T| \leqslant t_\alpha(n-1)) = 1 - \alpha$，由此可得 y_0 的 $1-\alpha$ 的置信区间为：

$$(\hat{y}_0 - \delta(x_0), \hat{y}_0 + \delta(x_0)). \tag{10.8}$$

其中 $\delta(x_0) = t_\alpha(n-2) \sqrt{1 + \dfrac{1}{n} + \dfrac{(x_0 - \bar{x})^2}{l_{xx}}} \cdot S$.

例 10.5　（续例 10.4）对置信度 $1 - \alpha = 0.95, x_0 = 135$，求 y_0 的预测区间.

解　$\hat{y}_0 = 0.497\,58 \times 135 - 5.849\,1 = 61.324\,2$;

$\delta(x_0) = 2.306 \sqrt{1 + 0.1 + \dfrac{(135 - 145)^2}{8\,250}} \times 2.538\,5 = 6.173\,2.$

故 y_0 的预测区间为 $(55.15, 67.50)$，即当温度为 145℃ 时，收率在 55.15%～67.50% 之间（置信度为 95%）.

对于 $x_1 \leqslant x \leqslant x_n$（这里假定 $x_1 < x_2 < \cdots < x_n$），y 的置信度为 $1-\alpha$ 的置信带如图 10.3 所示.

由 $\delta(x)$ 的表达式可知,用回归方程对 y 作预测,其偏差 $\delta(x)$ 与 $x_1, x_2, \cdots, x_n$ 及 x、a、n 都有关.事实上:

① 当 n 增大时,区间的估计精度将提高;

② 当 l_{xx} 增大(即 $x_1, \cdots, x_n$ 分散)时,区间的估计精度将提高;

③ 当 n 与 l_{xx} 不变,x 在 $\bar{x}$ 附近时,y 的置信区间较短;

④ 利用回归直线作统计推断,一般应限制 $x_1 \leqslant x \leqslant x_n$,不能随意外推.从图 10.3 可知,在离开 $(\bar{x}, \bar{y})$ 较远时,预测的效果不会很好.如果必须外推,应有充分的依据或进一步做试验.

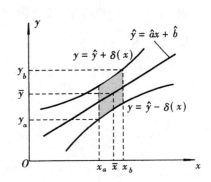

2. 控制

控制是预测的反问题.为了使 y 值落在给定的范围

图 10.3

(y_a, y_b) 内,寻找变量 x 应控制的范围.当回归直线的斜率 >0 时,控制范围为 (x_a, x_b);当回归直线的斜率 <0 时,控制范围为 (x_b, x_a).以图 10.3 所示的情形为例,由 $y = \hat{y} - \delta(x)$ 及 $y = \hat{y} + \delta(x)$ 可以分别解出 x_a 和 x_b,但计算较烦琐.

如果 n 较大,l_{xx} 也较大且 y 较接近 $\bar{y}$,就可以近似地认为 $y - \hat{y} \sim N(0, S^2)$.由正态分布知:

$$P(\hat{y} - 2S \leqslant y \leqslant \hat{y} + 2S) = 0.9544;$$
$$P(\hat{y} - 3S \leqslant y \leqslant \hat{y} + 3S) = 0.997.$$

由此可得控制区间示意图(见图 10.4).

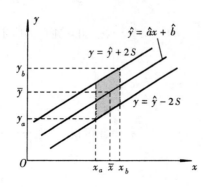 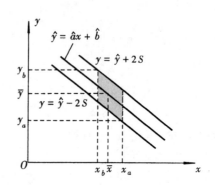

图 10.4

对于置信度为 0.9544,给定 $y_a < y_b$ 可由方程组

$$\begin{cases} y_a = \hat{a}x_a + \hat{b} - 2S \\ y_b = \hat{a}x_b + \hat{b} - 2S \end{cases}$$

确定控制区间的端点 x_a 和 x_b.

例 10.6 (续例 10.4)对置信度 $1-\alpha = 0.9544$,需将收率控制在 $63\% \sim 75\%$,则 x 应控制在什么范围?

解 由方程组 $\begin{cases} 63 = 0.49758 x_a - 5.8491 - 2 \times 2.5385 \\ 75 = 0.49758 x_b - 5.8491 - 2 \times 2.5385 \end{cases}$

得到 $\qquad x_a = 148.57, x_b = 152.28,$

即 x 的范围为 148.57～152.28℃.

10.1.5 综合例题

例 10.7 对某产品进行一项腐蚀加工试验,得到腐蚀时间(s)和腐蚀深度(μm)数据如下表:

腐蚀时间 x(s)	5	5	10	20	30	40	50	60	65	90	120
腐蚀深度 y(μm)	4	6	8	13	16	17	19	25	25	29	46

(1) 求回归直线方程;
(2) 检验回归方程的显著性($\alpha = 0.01$);
(3) 当 $x_0 = 75$s 时,求腐蚀深度 y 的 0.99 的置信区间;
(4) 要使腐蚀深度在 $10 \sim 20 \ \mu$m 之间,求腐蚀时间的控制区间(置信度为0.9544).

解 (1) 计算如下表:

$\bar{x} = 45, \qquad \bar{y} = 18.9091, \qquad l_{xx} = 13\,600,$
$l_{xy} = 13\,755 - 10 \times 45 \times 18.9091 = 4\,395, \qquad l_{yy} = 1\,464.91.$

序号	x	y	xy
1	5	4	20
2	5	6	30
3	10	8	80
4	20	13	260
5	30	16	480
6	40	17	680
7	50	19	950
8	60	25	1 500
9	65	25	1 625
10	90	29	2 610
11	120	46	5 520
$\sum$	495	208	13 755

故

$$\hat{a} = \frac{l_{xy}}{l_{xx}} = 0.323\,16; \quad \hat{b} = 18.9091 - 0.323\,16 \times 45 = 4.3669.$$

所求回归直线方程为

$$\hat{y} = 0.323\,16 x + 4.3669.$$

(2) $U = \dfrac{l_{xy}^2}{l_{xx}} = 1\,420.30;$

$Q = l_{yy} - U = 1\,464.91 - 1\,420.30 = 44.61;$

$$S^2 = \frac{44.61}{9} = 4.9567;$$

$$F = \frac{1\,420.30}{4.9567} = 286.54.$$

方差来源	自由度	离差平方和	F 值	临界值	显著性
回　归	1	1 420.30	$F = 286.54$	$F_{0.01} = 10.6$	显著
随机误差	9	44.61			

(3) $\hat{y}_0 = 0.323\,16 \times 75 + 4.366\,9 = 28.6$;

$$\delta(x_0) = 3.25\sqrt{1 + \frac{1}{11} + \frac{(75-45)^2}{13\,600}} \times 2.226\,4 = 7.78.$$

故 y_0 的预测区间为 $(20.82, 36.38)$，即当腐蚀时间为 75 s 时，腐蚀深度在 $20.82 \sim 36.38$ μm 之间（置信度为 99%）。

(4) 由方程组

$$\begin{cases} 10 = 0.323\,16 x_a + 4.366\,9 - 2 \times 2.226\,4 \\ 10 = 0.323\,16 x_b + 4.366\,9 + 2 \times 2.226\,4 \end{cases}$$

得到 $x_a = 31.21, x_b = 34.60$，即 x 的控制范围为 $31.21 \sim 34.60$ s。

由于计算量较大，在实际应用中回归分析一般采用计算机计算，有兴趣的读者可自编其计算程序，或利用统计软件包上机计算。

10.2 一元非线性回归

在实际应用中，两个变量之间往往具有某种曲线相关关系，如果自变量的变化范围又较大，就不能用直线近似，而必须用曲线回归。曲线的选择需要结合专业知识或散点图来确定。下面将介绍几种常见的曲线，并给出适当的变换，把它们变成直线。即将这些非线性回归变为线性回归，上节的所有结果都可移植过来。

10.2.1 几种常见的曲线及其变换

1. 双曲线

$\dfrac{1}{y} = b + \dfrac{a}{x}$（见图 10.5），令 $\begin{cases} t = \dfrac{1}{x} \\ v = \dfrac{1}{y} \end{cases}$，化为 $v = b + at$。

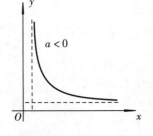
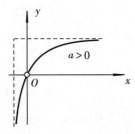

图　10.5

2. 幂函数

$y = bx^a$（见图 10.6），令 $\begin{cases} t = \ln x \\ v = \ln y \end{cases}$ 化为 $v = \tilde{b} + at$，$(\tilde{b} = \ln b)$.

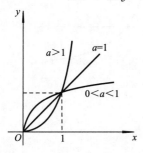
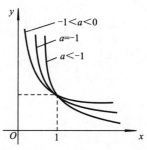

图 10.6

3. 指数函数

$y = be^{ax}$（见图 10.7），令 $v = \ln y$，化为 $v = \tilde{b} + ax$，$(\tilde{b} = \ln b)$

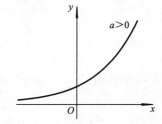
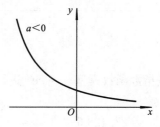

图 10.7

4. 指数函数

$y = be^{\frac{a}{x}}$（见图 10.8），令 $\begin{cases} t = \dfrac{1}{x} \\ v = \ln y \end{cases}$ 化为 $v = \tilde{b} + at$，$(\tilde{b} = \ln b)$

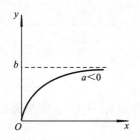
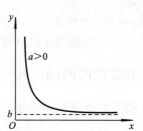

图 10.8

5. 对数函数

$y = b + a\ln x$（见图 10.9），令 $t = \ln x$，化为 $y = b + at$.

除此之外，对其他一些函数也可类似地进行线性化. 如 $y = b + ax^2$，只需令 $t = x^2$ 即可化为 $y = b + at$.

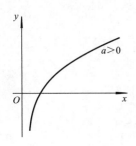
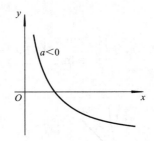

图 10.9

10.2.2 一元非线性回归举例

例 10.8 在研究棉花的病虫害时发现每只红铃虫的产卵数 y 与温度 t 有关,观测数据见下表.

t	21	23	25	27	29	32	35
y	7	11	21	24	66	115	325

图 10.9

解 先按指数函数模型 $y = ce^{at}$ 进行回归. 令 $v = \ln y$,化为 $v = at + b$ ($b = \ln c$),计算如下:

$n = 7$, $\bar{t} = 27.428\,6$
$l_{tt} = 147.714\,3$
$\bar{v} = 3.612\,1$, $\sum_{i=1}^{7} t_i v_i = 733.707\,9$
$l_{tv} = 40.184\,0$
$\hat{a} = 0.272\,0$
$\hat{b} = -3.848\,5$

即 $\hat{v} = 0.272\,0t - 3.848\,5$
$\hat{y} = 0.021\,3e^{0.272\,0t}$. 如图 10.10 所示.

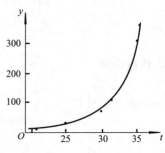

图 10.10

10.2.3 一元非线性回归的比较

因为非线性回归方程有多种选择方法,究竟哪一种更好一些?通常是做出两种或更多一些回归方程,对它们的误差标准差 $S = \sqrt{\sum_{i=1}^{n}(y_i - \hat{y}_i)^2/(n-2)}$ 进行比较,S 的值越小说明拟合效果越好,最后选取一个较好的方程.

例 10.9 (续例 10.1)根据散点图,除上述指数模型外,也可选择幂函数模型:$y = at^2 + b$,求出幂函数回归方程,并对两种模型进行比较.

解 令 $u = t^2$,则有 $y = au + b$.
$n = 7$, $\bar{u} = 773.428\,6$, $l_{uu} = 465\,527.714\,3$,

$$\bar{y} = 81.285\,7, \quad \sum_{i=1}^{7} u_i y_i = 610\,918, \quad l_{uy} = 170\,837.203\,9,$$
$$\hat{a} = 0.367\,0, \quad \hat{b} = -202.543\,5.$$

即
$$\hat{y} = 0.367\,0u - 202.543\,5;$$
$$\hat{y} = 0.367\,0t^2 - 202.543\,5.$$

S 值的计算见下表：

序号	y	$\hat{y}_{指}$	$\hat{y}_{幂}$	$y - \hat{y}_{指}$	$y - \hat{y}_{幂}$
1	7	6.442 7	−40.696 5	0.557 3	47.696 5
2	11	11.100 1	−8.400 5	−0.100 1	19.400 5
3	21	19.124 1	26.831 5	1.875 9	−5.831 5
4	24	32.948 7	64.999 5	−8.948 7	−40.999 5
5	66	56.766 8	106.103 5	9.233 2	−40.103 5
6	115	128.374 5	173.264 5	−13.374 5	−58.264 5
7	325	290.310 7	247.031 5	34.683	77.968 5

由上表可知，$S_{幂} \gg S_{指}$，因此，指数模型较好.

10.3 多元线性回归

在实际问题中，经常涉及一个随机变量与多个普通变量有相关关系，这就需要研究多元线性回归问题，还有许多非线性问题也可以通过某种变换化为多元线性回归或者用多元线性回归去近似.

设有 n 组观测数据：
$$(x_{i1}, x_{i2}, \cdots, x_{im}, y_i), i = 1, 2, \cdots, n.$$

假设 y_i 具有下列形式：
$$y_i = \beta_0 + \beta_1 x_{i1} + \cdots + \beta_m x_{im} + \varepsilon_i, \quad i = 1, 2, \cdots, n. \tag{10.9}$$

其中 $\beta_0, \beta_1, \cdots, \beta_m$ 为 $m+1$ 个未知参数，称为**回归系数**，$x_1, x_2, \cdots, x_m$ 为可以控制的变量，$\varepsilon_1, \varepsilon_2, \cdots, \varepsilon_n$ 是 n 个相互独立的随机变量，且 $E(\varepsilon_i) = 0, D(\varepsilon_i) = \sigma^2$. 在需检验或预测时，还进一步假定 $\varepsilon \sim N(0, \sigma^2)$.

设 $b_0, b_1, \cdots, b_m$ 分别是参数 $\beta_0, \beta_1, \cdots, \beta_m$ 的最小二乘估计，则回归方程为
$$\hat{y} = b_0 + b_1 x_1 + b_2 x_2 + \cdots + b_m x_m. \tag{10.10}$$

由最小二乘法知道，就是要选择 $b_0, b_1, \cdots, b_m$，使得全部观察值 y_i 与回归值 $\hat{y}_i$ 的偏差平方和 Q 达到最小. 即使得
$$Q = \sum_{i=1}^{n}(y_i - \hat{y}_i)^2 = \sum_{i=1}^{n}(y_i - b_0 - b_1 x_{i1} - b_2 x_{i2} - \cdots - b_m x_{im})^2 \tag{10.11}$$
最小.

由于 Q 是 $b_0, b_1, \cdots, b_m$ 的非负二次式，所以最小值一定存在. 由多元函数求极值的方法，$b_0, b_1, \cdots, b_m$ 应是下列方程组的解：

$$\begin{cases} \dfrac{\partial Q}{\partial b_0} = -2\sum_{i=1}^{n}(y_i - \hat{y}_i) = 0 \\ \dfrac{\partial Q}{\partial b_j} = -2\sum_{i=1}^{n}(y_i - \hat{y}_i)x_{ij} = 0 \quad j=1,2,\cdots,m \end{cases}, \tag{10.12}$$

即

$$\begin{cases} \sum_{i=1}^{n}(y_i - b_0 - b_1 x_{i1} - b_2 x_{i2} - \cdots - b_m x_{im}) = 0 \\ \sum_{i=1}^{n}(y_i - b_0 - b_1 x_{i1} - b_2 x_{i2} - \cdots - b_m x_{im})x_{ij} = 0 \quad j=1,2,\cdots,m \end{cases}.$$

进一步有

$$\begin{cases} nb_0 + b_1 \sum_{i=1}^{n} x_{i1} + \cdots + b_m \sum_{i=1}^{n} x_{im} = \sum_{i=1}^{n} y_i \\ b_0 \sum_{i=1}^{n} x_{i1} + b_1 \sum_{i=1}^{n} x_{i1}^2 + \cdots + b_m \sum_{i=1}^{n} x_{i1} x_{im} = \sum_{i=1}^{n} x_{i1} y_i \\ \quad\vdots \qquad\qquad \vdots \qquad\qquad \vdots \qquad\qquad \vdots \\ b_0 \sum_{i=1}^{n} x_{im} + b_1 \sum_{i=1}^{n} x_{im} x_{i1} + \cdots + b_m \sum_{i=1}^{n} x_{im}^2 = \sum_{i=1}^{n} x_{im} y_i \end{cases}. \tag{10.13}$$

若记 $\quad \bar{y} = \dfrac{1}{n}\sum_{i=1}^{n} y_i, \quad \bar{x}_j = \dfrac{1}{n}\sum_{i=1}^{n} x_{ij} \quad (j=1,2,\cdots,m),$

由(10.13)式的第一个方程得

$$b_0 = \bar{y} - b_1 \bar{x}_1 - \cdots - b_m \bar{x}_m. \tag{10.14}$$

将(10.14)式代入(10.13)式的后 m 个方程,得到

$$\begin{cases} b_1 \sum_{i=1}^{n} x_{i1}(x_{i1} - \bar{x}_1) + \cdots + b_m \sum_{i=1}^{n} x_{i1}(x_{i1} - \bar{x}_m) = \sum_{i=1}^{n} x_{i1}(y_i - \bar{y}) \\ \quad\vdots \qquad\qquad \vdots \qquad\qquad \vdots \\ b_1 \sum_{i=1}^{n} x_{im}(x_{im} - \bar{x}_1) + \cdots + b_m \sum_{i=1}^{n} x_{im}(x_{im} - \bar{x}_m) = \sum_{i=1}^{n} x_{im}(y_i - \bar{y}) \end{cases}.$$

记

$$\begin{cases} l_{ij} = \sum_{k=1}^{n}(x_{ki} - \bar{x}_i)(x_{kj} - \bar{x}_j) = \sum_{k=1}^{n} x_{ki}(x_{kj} - \bar{x}_j) \quad i,j=1,2,\cdots,m \\ l_{i0} = \sum_{k=1}^{n}(x_{ki} - \bar{x}_i)(y_k - \bar{y}) = \sum_{k=1}^{n} x_{ki}(y_k - \bar{y}) \quad i=1,2,\cdots,m \\ l_{00} = l_{yy} = \sum_{k=1}^{n}(y_k - \bar{y})^2 \end{cases},$$

则有

$$\begin{cases} l_{11}b_1 + l_{12}b_2 + \cdots + l_{1m}b_m = l_{10} \\ l_{21}b_1 + l_{22}b_2 + \cdots + l_{2m}b_m = l_{20} \\ \quad\vdots \qquad \vdots \qquad \vdots \qquad \vdots \\ l_{m1}b_1 + l_{m2}b_2 + \cdots + l_{mm}b_m = l_{m0} \end{cases}. \tag{10.15}$$

记

$$L = \begin{pmatrix} l_{11} & l_{12} & \cdots & l_{1m} \\ l_{21} & l_{22} & \cdots & l_{2m} \\ \vdots & \vdots & & \vdots \\ l_{m1} & l_{m2} & \cdots & l_{mm} \end{pmatrix}, \quad B = \begin{pmatrix} b_1 \\ b_2 \\ \vdots \\ b_m \end{pmatrix}, \quad l = \begin{pmatrix} l_{10} \\ l_{20} \\ \vdots \\ l_{m0} \end{pmatrix}.$$

则(10.15)式的矩阵形式为

$$LB = l. \tag{10.16}$$

可以证明 L 是一个实对称正定矩阵(记 $L^{-1} = C = (c_{ij})_{m \times m}$),则有

$$\begin{cases} (b_1, b_2, \cdots, b_m)^T = B = L^{-1}l = Cl \\ b_0 = \bar{y} - b_1\bar{x}_1 - \cdots - b_m\bar{x}_m \end{cases}. \tag{10.17}$$

回归方程为

$$\hat{y} = b_0 + (x_1, x_2, \cdots, x_m)Cl. \tag{10.18}$$

例 10.10 某种水泥在凝固时放出的热量 y(cal/g) 与水泥中含有下列化学成分有关:

x_1 表示含有 $3CaO \cdot Al_2O_3$ 的百分数;

x_2 表示含有 $3CaO \cdot SiO_2$ 的百分数;

x_3 表示含有 $4CaO \cdot Al_2O_3 \cdot Fe_2O_3$ 的百分数;

x_4 表示含有 $2CaO \cdot SiO_2$ 的百分数.

今有 13 组观察数据(如下表),求 y 对 x_1, x_2, x_3, x_4 的线性回归方程.

编号	x_1	x_2	x_3	x_4	y
1	7	26	6	60	7.5
2	1	29	15	52	74.3
3	11	56	8	20	104.3
4	11	31	8	47	87.6
5	7	52	6	33	95.9
6	11	55	9	22	109.2
7	3	71	17	6	102.7
8	1	31	22	44	72.5
9	2	54	18	22	93.1
10	21	47	4	26	115.9
11	1	40	23	34	83.8
12	11	66	9	12	113.3
13	10	68	8	12	109.4

解 由上表数据经计算得到:

$\bar{x}_1 = 7.462, \bar{x}_2 = 48.154, \bar{x}_3 = 11.769, \bar{x}_4 = 30.000, \bar{y} = 95.423.$

$$L = \begin{pmatrix} 415.23 & 251.08 & -372.62 & -290.00 \\ 251.08 & 2\,905.69 & -166.54 & -3\,041.00 \\ -372.62 & -166.54 & 492.31 & 38.00 \\ -290.00 & -3\,041.00 & 38.00 & 3\,362.00 \end{pmatrix};$$

$$l = \begin{pmatrix} 775.96 \\ 2\,292.95 \\ -618.23 \\ -2\,481.70 \end{pmatrix}.$$

由公式(3.9) 得到

$$b_1 = 1.551\,1, \quad b_2 = 0.510\,1, \quad b_3 = 0.101\,9, \quad b_4 = -0.144\,1,$$
$$b_0 = \bar{y} - b_1\bar{x}_1 - b_2\bar{x}_2 - b_3\bar{x}_3 - b_4\bar{x}_4 = 62.405\,2.$$

所求回归方程为

$$\hat{y} = 62.405\,2 + 1.551\,1 x_1 + 0.510\,1 x_2 + 0.101\,9 x_3 - 0.144\,1 x_4.$$

与一元线性回归一样,由一组观测数据总可以求出一个多元线性回归方程,但所建立的回归方程的回归效果是否显著,还需要进行显著性检验,这里仅简要介绍了回归方程的求法,有关问题的处理请参阅有关多元统计分析教材或专著. 由于多元统计分析的计算复杂,建议采用多元统计分析软件包,可以比较轻松而有效地解决问题.

习 题 10

1. 在研究硫酸铜在水中的溶解度 y 与温度 x 的关系时,取得 9 组数据:

温度 x(℃)	0	10	20	30	40	50	60	70	80
溶解度 y(g)	14.0	17.5	21.2	26.1	29.2	33.3	40.0	48.0	54.8

求线性回归方程 $\hat{y} = a + \hat{b}x$,并在显著性水平 $\alpha = 0.05$ 下检验回归效果是否显著.

2. 考察温度对产品的影响,测得下列 10 组数据:

温度 x(℃)	20	25	30	35	40	45	50	55	60	65
产量 y(kg)	13.2	15.1	16.4	17.1	17.9	18.7	19.6	21.2	22.5	24.3

求线性回归方程 $\hat{y} = a + \hat{b}x$,并在显著性水平 $\alpha = 0.05$ 下检验回归效果的显著性;预测当 $x = 42$℃时产量的估计量及置信度为 95% 的预测区间.

3. 混凝土的抗压强度随养护时间的延长而增加. 今有某批混凝土的 12 个试块. 在养护时间为 x(天)时,测得其抗压强度 y(kg/cm^2),数据如下:

x	2	3	4	5	7	12	14	17	21	28	56
y	35	42	47	53	59	65	68	73	76	82	86	99

求 $y = a + b\ln x$ 型回归方程,并求剩余标准差 S.

延展阅读

高尔顿与回归分析的起源

"回归"是由英国著名生物学家兼统计学家高尔顿(Francis Galton,1822—1911,生物学家达尔文的表弟)在研究人类遗传问题时提出来的. 为了研究父代与子代身高的关系,高尔顿搜集了 1 078 对父亲及其儿子的身高数据. 他发现这些数据的散点图大致呈直线状态,也就是说,总的趋势是父亲的身高增加时,儿子的身高也倾向于增加. 但是,高尔顿对试验数据进行了深入的分析,发现了一个很有趣的现象——回归效应. 因为当父亲高于平均身高时,他们的儿子身高比他更高的概率要小于比他更矮的概率;父亲矮于平均身高时,他们的儿子身高比他更矮的概率要小于比他更高的概率.它反映了一个规律,即这两种身高父亲的儿子的身高,有向他们父辈的平均身高回归的趋势.对于这个一般结论的解释是:大自然具有一种约束力,使人类身高的分布相对稳定而不产生两极分化,这就是所谓的回归效应.

1855年,高尔顿发表《遗传的身高向平均数方向的回归》一文,他和他的学生卡尔·皮尔逊通过观察1 078对夫妇的身高数据,以每对夫妇的平均身高作为自变量,取他们的一个成年儿子的身高作为因变量,分析儿子身高与父母身高之间的关系,发现父母的身高可以预测子女的身高,两者近乎一条直线.当父母越高或越矮时,子女的身高会比一般儿童高或矮,他将儿子与父母身高的这种现象拟合出一种线性关系,分析出儿子的身高 y 与父亲的身高 x 大致可归结为以下关系:

$$y = 33.73 + 0.516x(单位为英寸).$$

根据换算公式 1 英寸=0.025 4 m,1 m=39.37 英寸.单位换算成米后:

$$Y = 0.856\ 7 + 0.516X(单位为米).$$

假如父母辈的平均身高为 1.75 m,则预测子女的身高为 1.759 7 m.

这种趋势及回归方程表明父母身高每增加一个单位时,其成年儿子的身高平均增加 0.516 个单位.这就是回归一词最初在遗传学上的含义.

有趣的是,通过观察,高尔顿还注意到,尽管这是一种拟合较好的线性关系,但仍然存在例外现象:矮个父母所生的儿子比其父要高,身材较高的父母所生子女的身高却回降到多数人的平均身高.换句话说,当父母身高走向极端,子女的身高不会像父母身高那样极端化,其身高要比父母的身高更接近平均身高,即有"回归"到平均数去的趋势,这就是统计学上最初出现"回归"时的涵义,高尔顿把这一现象称为"向平均数方向的回归"(regression toward mediocrity).虽然这是一种特殊情况,与线性关系拟合的一般规则无关,但"线性回归"的术语却因此沿用下来,作为根据一种变量(父母身高)预测另一种变量(子女身高)或多种变量关系的描述方法.

附录

附表 A 标准正态分布表

$$\Phi(z) = \int_{-\infty}^{z} \frac{1}{\sqrt{2\pi}} e^{-\frac{x^2}{2}} dx = P(Z \leqslant z)$$

z	0	1	2	3	4	5	6	7	8	9
0.0	0.500 0	0.504 0	0.508 0	0.512 0	0.516 0	0.519 9	0.523 9	0.527 9	0.531 9	0.535 9
0.1	0.539 8	0.543 8	0.547 8	0.551 7	0.555 7	0.559 6	0.563 6	0.567 5	0.571 4	0.575 3
0.2	0.579 3	0.583 2	0.587 1	0.591 0	0.594 8	0.598 7	0.602 6	0.606 4	0.610 3	0.614 1
0.3	0.617 9	0.621 7	0.625 5	0.629 3	0.633 1	0.636 8	0.640 4	0.644 3	0.648 0	0.651 7
0.4	0.655 4	0.659 1	0.662 8	0.666 4	0.670 0	0.673 6	0.677 2	0.680 8	0.684 4	0.687 9
0.5	0.691 5	0.695 0	0.698 5	0.701 9	0.705 4	0.708 8	0.712 3	0.715 7	0.719 0	0.722 4
0.6	0.725 7	0.729 1	0.732 4	0.735 7	0.738 9	0.742 2	0.745 4	0.748 6	0.751 7	0.754 9
0.7	0.758 0	0.761 1	0.764 2	0.767 3	0.770 3	0.773 4	0.776 4	0.779 4	0.782 3	0.785 2
0.8	0.788 1	0.791 0	0.793 9	0.796 7	0.799 5	0.802 3	0.805 1	0.807 8	0.810 6	0.813 3
0.9	0.815 9	0.818 6	0.821 2	0.823 8	0.826 4	0.828 9	0.831 5	0.834 0	0.836 5	0.838 9
1.0	0.841 3	0.843 8	0.846 1	0.848 5	0.850 8	0.853 1	0.855 4	0.587 7	0.859 9	0.862 1
1.1	0.864 3	0.866 5	0.868 6	0.870 8	0.872 9	0.874 9	0.877 0	0.879 0	0.881 0	0.883 0
1.2	0.884 9	0.886 9	0.888 8	0.890 7	0.892 5	0.894 4	0.896 2	0.898 0	0.899 7	0.901 5
1.3	0.903 2	0.904 9	0.906 6	0.908 2	0.909 9	0.911 5	0.913 1	0.914 7	0.916 2	0.917 7
1.4	0.919 2	0.920 7	0.922 2	0.923 6	0.925 1	0.926 5	0.927 8	0.929 2	0.930 6	0.931 9
1.5	0.933 2	0.934 5	0.935 7	0.937 0	0.938 2	0.939 4	0.940 6	0.941 8	0.943 0	0.944 1
1.6	0.945 2	0.946 3	0.947 4	0.948 4	0.949 5	0.950 5	0.951 5	0.952 5	0.953 5	0.954 5
1.7	0.955 4	0.956 4	0.957 3	0.958 2	0.959 1	0.959 9	0.960 8	0.961 6	0.962 5	0.963 3
1.8	0.964 1	0.964 8	0.965 6	0.966 4	0.967 1	0.967 8	0.968 6	0.969 3	0.970 0	0.970 6
1.9	0.971 3	0.971 9	0.972 6	0.973 2	0.973 8	0.974 4	0.975 0	0.975 6	0.976 2	0.976 7
2.0	0.977 2	0.977 8	0.978 3	0.978 8	0.979 3	0.979 8	0.980 3	0.980 8	0.981 2	0.981 7
2.1	0.982 1	0.982 6	0.983 0	0.983 4	0.983 8	0.984 2	0.984 6	0.985 0	0.985 4	0.985 7
2.2	0.986 1	0.986 4	0.986 8	0.987 1	0.987 4	0.987 8	0.988 1	0.988 4	0.988 7	0.989 0
2.3	0.989 3	0.989 6	0.989 8	0.990 1	0.990 4	0.990 6	0.990 9	0.991 1	0.991 3	0.991 6
2.4	0.991 8	0.992 0	0.992 2	0.992 5	0.992 7	0.992 9	0.993 1	0.993 2	0.993 4	0.993 6
2.5	0.993 8	0.994 0	0.994 1	0.994 3	0.994 5	0.994 6	0.994 8	0.994 9	0.995 1	0.995 2
2.6	0.995 3	0.995 5	0.995 6	0.995 7	0.995 9	0.996 0	0.996 1	0.996 2	0.996 3	0.996 4
2.7	0.996 5	0.996 6	0.996 7	0.996 8	0.996 9	0.997 0	0.997 1	0.997 2	0.997 3	0.997 4
2.8	0.997 4	0.997 5	0.997 6	0.997 7	0.997 7	0.997 8	0.997 9	0.997 9	0.998 0	0.998 1
2.9	0.998 1	0.998 2	0.998 2	0.998 3	0.998 4	0.998 4	0.998 5	0.998 5	0.998 6	0.998 6
3.0	0.998 7	0.999 0	0.999 3	0.999 5	0.999 7	0.999 8	0.999 8	0.999 8	0.999 9	1.000 0

注:表中末行系函数值 $\Phi(3.0), \Phi(3.1), \cdots, \Phi(3.9)$.

附表 B 泊松分布表

$$1-F(x-1)=\sum_{r=x}^{\infty}\frac{e^{-\lambda}\lambda^r}{r!}$$

x	$\lambda=0.2$	$\lambda=0.3$	$\lambda=0.4$	$\lambda=0.5$	$\lambda=0.6$
0	1.000 000 0	1.000 000 0	1.000 000 0	1.000 000 0	1.000 000 0
1	0.181 269 2	0.259 181 8	0.329 680 0	0.323 469	0.451 188
2	0.017 523 1	0.036 936 3	0.061 551 9	0.090 204	0.121 901
3	0.001 148 5	0.003 599 5	0.007 926 3	0.014 388	0.023 115
4	0.000 056 8	0.000 265 8	0.000 776 3	0.001 752	0.003 358
5	0.000 002 3	0.000 015 8	0.000 612	0.000 172	0.000 394
6	0.000 000 1	0.000 000 8	0.000 004 0	0.000 014	0.000 039
7			0.000 000 2	0.000 000 1	0.000 000 3

x	$\lambda=0.7$	$\lambda=0.8$	$\lambda=0.9$	$\lambda=1.0$	$\lambda=1.2$
0	1.000 000 0	1.000 000 0	1.000 000 0	1.000 000 0	1.000 000 0
1	0.503 415	0.550 671	0.593 430	0.632 121	0.698 806
2	0.155 805	0.191 208	0.227 518	0.264 241	0.337 373
3	0.034 142	0.047 423	0.062 857	0.080 301	0.120 513
4	0.005 753	0.009 080	0.013 459	0.018 988	0.033 769
5	0.000 786	0.001 411	0.002 344	0.003 660	0.007 746
6	0.000 090	0.000 184	0.000 343	0.000 594	0.001 500
7	0.000 009	0.000 021	0.000 043	0.000 083	0.000 251
8	0.000 001	0.000 002	0.000 005	0.000 010	0.000 037
9					0.000 005
10				0.000 001	0.000 001

x	$\lambda=1.4$	$\lambda=1.6$	$\lambda=1.8$
0	1.000 000	1.000 000	1.000 000
1	0.753 403	0.798 103	0.834 701
2	0.408 167	0.475 069	0.537 163
3	0.166 520	0.216 642	0.269 379
4	0.053 725	0.078 813	0.108 708
5	0.014 253	0.023 862	0.036 407
6	0.003 201	0.006 040	0.010 378
7	0.000 622	0.001 336	0.002 569
8	0.000 107	0.000 260	0.000 562
9	0.000 016	0.000 045	0.000 110
10	0.000 002	0.000 007	0.000 019
11		0.000 001	0.000 003

续附表 B

$$1-F(x-1)=\sum_{r=x}^{\infty}\frac{e^{-\lambda}\lambda^r}{r!}$$

x	$\lambda=2.5$	$\lambda=3.0$	$\lambda=3.5$	$\lambda=4.0$	$\lambda=4.5$	$\lambda=5.0$
0	1.000 000 0	1.000 000 0	1.000 000 0	1.000 000 0	1.000 000 0	1.000 000 0
1	0.917 915	0.950 213	0.969 803	0.981 684	0.988 891	0.993 261
2	0.712 703	0.800 852	0.864 112	0.908 422	0.938 901	0.959 572
3	0.456 187	0.576 810	0.679 153	0.761 897	0.826 422	0.875 348
4	0.242 424	0.352 768	0.463 367	0.566 530	0.657 704	0.734 974
5	0.108 822	0.184 737	0.274 555	0.371 163	0.467 896	0.559 507
6	0.042 021	0.083 918	0.142 386	0.214 870	0.297 070	0.384 039
7	0.014 187	0.033 509	0.065 288	0.110 674	0.168 949	0.237 817
8	0.004 247	0.011 905	0.026 793	0.051 134	0.086 586	0.133 372
9	0.001 140	0.003 803	0.009 874	0.021 363	0.040 257	0.068 094
10	0.000 277	0.001 102	0.003 315	0.008 132	0.017 093	0.031 828
11	0.000 062	0.000 292	0.001 019	0.002 840	0.006 669	0.013 695
12	0.000 013	0.000 071	0.000 289	0.000 915	0.002 404	0.005 453
13	0.000 002	0.000 016	0.000 076	0.000 274	0.000 805	0.002 019
14		0.000 003	0.000 019	0.000 076	0.000 252	0.000 698
15		0.000 001	0.000 004	0.000 020	0.000 074	0.000 226
16			0.000 001	0.000 005	0.000 020	0.000 069
17				0.000 001	0.000 005	0.000 020
18					0.000 001	0.000 005
19						0.000 001

附表 C t 分布上侧分位数表

$$P\{t(n) > t_\alpha(n)\} = \alpha$$

n	α=0.2	α=0.10	α=0.05	α=0.025	α=0.01	α=0.005
1	1.0000	3.0777	6.3138	12.7062	31.8270	63.6574
2	0.8165	1.8856	2.9200	4.3072	6.9646	9.9248
3	0.7649	1.6377	2.3534	3.1824	4.5407	5.8409
4	0.7407	1.5332	2.1318	2.7764	3.7469	4.6041
5	0.7267	1.4759	2.0150	2.5706	3.3649	4.0322
6	0.7176	1.4398	1.9432	2.4469	3.1427	3.7074
7	0.7111	1.4149	1.8946	2.3646	2.9980	3.4995
8	0.7064	1.3968	1.8595	2.3060	2.8965	3.3554
9	0.7027	1.3830	1.8331	2.2622	2.8241	3.2498
10	0.6998	1.3722	1.8125	2.2281	2.7638	3.1693
11	0.6974	1.3634	1.7959	2.2010	2.7181	3.1058
12	0.6955	1.3562	1.7823	2.1788	2.6810	3.0545
13	0.6938	1.3502	1.7709	2.1604	2.6503	3.0123
14	0.6924	1.3450	1.7613	2.1448	2.6245	2.9768
15	0.6912	1.3406	1.7531	2.1315	2.6025	2.9467
16	0.6901	1.3368	1.7459	2.1199	2.5835	2.9208
17	0.6892	1.3334	1.7396	2.1098	2.5669	2.8982
18	0.6884	1.3304	1.7341	2.1009	2.5524	2.8784
19	0.6876	1.3277	1.7291	2.0930	2.5395	2.8609
20	0.6870	1.3253	1.7247	2.0860	2.5280	2.8453
21	0.6864	1.3232	1.7207	2.0796	2.5177	2.8314
22	0.6858	1.3212	1.7171	2.0739	2.5083	2.8188
23	0.6853	1.3195	1.7139	2.0687	2.4999	2.8073
24	0.6848	1.3178	1.7109	2.0639	2.4922	2.7969
25	0.6844	1.3163	1.7081	2.0595	2.4851	2.7874
26	0.6840	1.3150	1.7056	2.0555	2.4786	2.7787
27	0.6837	1.3137	1.7033	2.0518	2.4727	2.7707
28	0.6834	1.3125	1.7011	2.0484	2.4671	2.7633
29	0.6830	1.3114	1.6991	2.0452	2.4620	2.7564
30	0.6828	1.3104	1.6973	2.0423	2.4573	2.7500
31	0.6825	1.3095	1.6955	2.0395	2.4528	2.7440
32	0.6822	1.3086	1.6939	2.0369	2.4487	2.7385
33	0.6820	1.3077	1.6924	2.0345	2.4448	2.7333
34	0.6818	1.3070	1.6909	2.0322	2.4411	2.7824
35	0.6816	1.3062	1.6896	2.0301	2.4377	2.7238
36	0.6814	1.3055	1.6883	2.0281	2.4345	2.7195
37	0.6812	1.3049	1.6871	2.0262	2.4314	2.7154
38	0.6810	1.3042	1.6860	2.0244	2.4286	2.7116
39	0.6808	1.3036	1.6849	2.0227	2.4258	2.7079
40	0.6807	1.3031	1.6839	2.0211	2.4233	2.7045
41	0.6805	1.3025	1.6829	2.0195	2.4208	2.7012
42	0.6804	1.3020	1.6820	2.0181	2.4185	2.6981
43	0.6802	1.3016	1.6811	2.0167	2.4163	2.6951
44	0.6801	1.3011	1.6802	2.0154	2.4141	2.6923
45	0.6800	1.3006	1.6794	2.0141	2.4121	2.6896

附表 D χ^2 分布上侧分位数表

$$P\{\chi^2(n) > \chi_\alpha^2(n)\} = \alpha$$

n	α=0.995	α=0.99	α=0.975	α=0.95	α=0.90	α=0.75
1	—	—	0.001	0.004	0.016	0.102
2	0.010	0.020	0.052	0.103	0.211	0.575
3	0.072	0.115	0.216	0.352	0.584	1.213
4	0.207	0.297	0.484	0.711	1.064	1.923
5	0.412	0.554	0.831	1.145	1.610	2.675
6	0.676	0.872	1.237	1.635	2.204	3.455
7	0.989	1.239	1.690	2.167	2.833	4.255
8	1.344	1.646	2.180	2.733	3.490	5.071
9	1.735	2.088	2.700	3.325	4.168	5.899
10	2.156	2.558	3.247	3.940	4.865	6.737
11	2.603	3.053	3.816	4.575	5.578	7.584
12	3.074	3.571	4.404	5.226	6.304	8.438
13	3.565	4.107	5.009	5.892	7.042	9.299
14	4.075	4.660	5.629	6.571	7.790	10.165
15	4.601	5.229	6.262	7.261	8.547	11.037
16	5.142	5.812	6.908	7.962	9.312	11.912
17	5.697	6.408	7.564	8.672	10.085	12.792
18	6.265	7.015	8.231	9.390	10.865	13.675
19	6.844	7.633	8.907	10.117	11.651	14.562
20	7.434	8.260	9.591	10.851	12.443	15.452
21	8.034	8.897	10.283	11.591	13.240	16.344
22	8.634	9.542	10.982	12.338	14.042	17.240
23	9.260	10.196	11.689	13.091	14.848	18.137
24	9.886	10.856	12.401	13.848	15.659	19.037
25	10.520	11.524	13.120	14.611	16.473	19.939
26	11.160	12.198	13.844	15.379	17.292	20.843
27	11.808	12.879	14.573	16.151	18.114	21.749
28	12.416	13.565	15.308	16.928	18.939	22.657
29	13.121	14.257	16.047	17.708	19.768	23.576
30	13.787	14.954	16.791	18.493	20.599	24.478
31	14.458	15.655	17.593	19.281	21.434	25.390
32	15.134	16.362	18.291	20.072	22.271	26.304
33	15.815	17.074	19.047	20.867	23.110	27.219
34	16.501	17.789	19.806	21.664	23.952	28.136
35	17.192	18.509	20.569	22.465	24.797	29.054
36	17.887	19.233	21.336	23.269	25.643	29.973
37	18.586	19.960	22.106	24.075	26.492	30.893
38	19.289	20.691	22.878	24.884	27.343	31.815
39	19.996	21.426	23.654	25.695	28.196	32.737
40	20.707	22.164	24.433	26.509	29.051	33.660
41	21.421	22.906	25.215	27.326	29.907	34.585
42	22.138	23.650	25.999	28.144	30.765	35.510
43	22.859	24.398	26.785	28.965	31.625	36.436
44	23.584	25.148	27.575	29.787	32.487	37.363
45	24.311	25.901	28.366	30.612	33.350	38.291

$$P\{\chi^2(n) > \chi_\alpha^2(n)\} = \alpha$$

续附表 D

n	$\alpha=0.25$	$\alpha=0.10$	$\alpha=0.05$	$\alpha=0.025$	$\alpha=0.01$	$\alpha=0.005$
1	1.323	2.706	3.841	5.024	6.635	7.879
2	2.773	4.605	5.991	7.378	9.210	10.579
3	4.108	6.251	7.815	9.348	11.345	12.838
4	5.385	7.779	9.488	11.143	13.277	14.860
5	6.626	9.236	11.071	12.833	15.086	16.750
6	7.841	10.645	12.592	14.449	16.812	18.584
7	9.037	12.017	14.067	16.013	18.475	20.278
8	10.219	13.362	15.507	17.535	20.090	21.955
9	11.389	14.684	16.919	19.023	21.666	23.589
10	12.549	15.987	18.307	20.483	23.209	25.188
11	13.701	17.275	19.675	21.920	24.725	26.757
12	14.845	18.549	21.026	23.337	26.217	28.299
13	15.984	19.812	22.363	24.736	27.688	29.819
14	17.117	21.064	23.685	26.119	29.141	31.319
15	18.245	22.307	24.996	27.488	30.578	32.801
16	19.369	23.542	24.296	28.845	32.000	34.267
17	20.489	24.769	27.587	30.191	33.409	35.718
18	21.605	25.989	28.869	31.526	34.805	37.156
19	22.718	27.204	30.144	32.852	36.191	38.582
20	23.828	28.412	31.410	34.170	37.566	39.997
21	24.935	29.615	32.671	35.479	38.932	41.401
22	26.039	30.813	33.924	36.781	40.289	42.796
23	27.141	32.007	35.172	38.076	41.638	44.181
24	28.241	33.196	36.415	39.364	42.980	45.559
25	29.339	34.382	37.652	40.646	44.314	46.928
26	30.435	35.563	38.885	41.923	45.642	48.290
27	31.528	36.741	40.113	43.194	46.963	49.645
28	32.620	37.916	41.337	44.461	48.278	50.993
29	33.711	39.087	42.557	45.722	49.588	52.336
30	34.800	40.265	43.773	46.979	50.892	53.672
31	35.887	41.422	44.985	48.232	52.191	55.003
32	36.973	42.585	46.194	49.480	53.486	56.328
33	38.058	43.745	47.400	50.725	54.776	57.648
34	39.141	44.903	48.602	51.966	56.061	58.964
35	40.223	46.059	49.802	53.203	57.342	60.275
36	41.304	47.212	50.998	54.437	58.619	61.581
37	42.383	48.363	52.192	55.668	59.892	62.883
38	43.462	49.513	53.384	56.806	61.162	64.181
39	44.539	50.660	54.527	58.120	62.428	65.476
40	45.616	51.805	55.758	59.342	63.691	66.766
41	46.692	52.949	56.942	60.561	64.950	68.053
42	47.766	54.090	58.124	61.777	66.206	69.336
43	48.840	55.230	59.304	62.990	67.459	70.616
44	49.913	56.369	60.481	64.201	68.710	71.893
45	50.985	57.505	61.656	65.410	69.957	73.166

附表 E F 分布上侧分位数表

$$P\{F(n_1, n_2) > F_\alpha(n_1, n_2)\} = \alpha$$

$\alpha = 0.10$

n_1 \ n_2	1	2	3	4	5	6	7	8	9	10	12	15	20	24	30	40	60	120	∞
1	39.86	49.50	53.59	55.83	57.24	58.20	58.91	59.44	59.86	60.19	60.71	61.22	61.74	62.00	62.26	62.53	62.79	63.06	63.33
2	8.53	9.00	9.16	9.24	9.29	9.33	9.35	9.37	9.38	9.39	9.41	9.42	9.44	9.45	9.46	9.47	9.47	9.48	9.49
3	5.54	5.46	5.39	5.34	5.31	5.28	5.27	5.25	5.24	5.23	5.22	5.20	5.18	5.18	5.17	5.16	5.15	5.14	5.13
4	4.54	4.32	4.19	4.11	4.05	4.01	3.98	3.95	3.94	3.92	3.90	3.87	3.84	3.83	3.82	3.80	3.79	3.78	3.76
5	4.06	3.78	3.62	3.52	3.45	3.40	3.37	3.34	3.32	3.30	3.27	3.24	3.21	3.19	3.17	3.16	3.14	3.12	3.10
6	3.78	3.46	3.29	3.18	3.11	3.05	3.01	2.98	2.96	2.94	2.90	2.87	2.84	2.82	2.80	2.78	2.76	2.74	2.72
7	3.59	3.26	3.07	2.96	2.88	2.83	2.78	2.75	2.72	2.70	2.67	2.63	2.59	2.58	2.56	2.54	2.51	2.49	2.47
8	3.46	3.11	2.92	2.81	2.73	2.67	2.62	2.59	2.56	2.54	2.50	2.46	2.42	2.40	2.38	2.36	2.34	2.32	2.29
9	3.36	3.01	2.81	2.69	2.61	2.55	2.51	2.47	2.44	2.42	2.38	2.34	2.30	2.28	2.25	2.23	2.21	2.18	2.16
10	3.29	2.92	2.73	2.61	2.52	2.46	2.41	2.38	2.35	2.32	2.28	2.24	2.20	2.18	2.16	2.13	2.11	2.08	2.06
11	3.23	2.86	2.66	2.54	2.45	2.39	2.34	2.30	2.27	2.25	2.21	2.17	2.12	2.10	2.08	2.05	2.03	2.00	1.97
12	3.18	2.81	2.61	2.48	2.39	2.33	2.28	2.24	2.21	2.19	2.15	2.10	2.06	2.04	2.01	1.99	1.96	1.93	1.90
13	3.14	2.76	2.56	2.43	2.35	2.28	2.23	2.20	2.16	2.14	2.10	2.05	2.01	1.98	1.96	1.93	1.90	1.88	1.85
14	3.10	2.73	2.52	2.39	2.31	2.24	2.19	2.15	2.12	2.10	2.05	2.01	1.96	1.94	1.91	1.89	1.86	1.83	1.80
15	3.07	2.70	2.49	2.36	2.27	2.21	2.16	2.12	2.09	2.06	2.02	1.97	1.92	1.90	1.87	1.85	1.82	1.79	1.76
16	3.05	2.67	2.46	2.33	2.24	2.18	2.13	2.09	2.06	2.03	1.99	1.94	1.89	1.87	1.84	1.81	1.78	1.75	1.72
17	3.03	2.64	2.44	2.31	2.22	2.15	2.10	2.06	2.03	2.00	1.96	1.91	1.86	1.84	1.81	1.78	1.75	1.72	1.69
18	3.01	2.62	2.42	2.29	2.20	2.13	2.08	2.04	2.00	1.98	1.93	1.89	1.84	1.81	1.78	1.75	1.72	1.69	1.66
19	2.99	2.61	2.40	2.27	2.18	2.11	2.06	2.02	1.98	1.96	1.91	1.86	1.81	1.79	1.76	1.73	1.70	1.67	1.63
20	2.97	2.59	2.38	2.25	2.16	2.09	2.04	2.00	1.96	1.94	1.89	1.84	1.79	1.77	1.74	1.71	1.68	1.64	1.61
21	2.96	2.57	2.36	2.23	2.14	2.08	2.02	1.98	1.95	1.92	1.87	1.83	1.78	1.75	1.72	1.69	1.66	1.62	1.59
22	2.95	2.56	2.35	2.22	2.13	2.06	2.01	1.97	1.93	1.90	1.86	1.81	1.76	1.73	1.70	1.67	1.64	1.60	1.57
23	2.94	2.55	2.34	2.21	2.11	2.05	1.99	1.95	1.92	1.89	1.84	1.80	1.74	1.72	1.69	1.66	1.62	1.59	1.55
24	2.93	2.54	2.33	2.19	2.10	2.04	1.98	1.94	1.91	1.88	1.83	1.78	1.73	1.70	1.67	1.64	1.61	1.57	1.53
25	2.92	2.53	2.32	2.18	2.09	2.02	1.97	1.93	1.89	1.87	1.82	1.77	1.72	1.69	1.66	1.63	1.59	1.56	1.52
26	2.91	2.52	2.31	2.17	2.08	2.01	1.96	1.92	1.88	1.86	1.81	1.73	1.71	1.65	1.65	1.61	1.58	1.54	1.50
27	2.90	2.51	2.30	2.17	2.07	2.00	1.95	1.91	1.87	1.85	1.80	1.75	1.70	1.67	1.64	1.60	1.57	1.53	1.49
28	2.89	2.50	2.29	2.16	2.06	2.00	1.94	1.90	1.87	1.84	1.79	1.74	1.69	1.66	1.63	1.59	1.56	1.52	1.48
29	2.89	2.50	2.28	2.15	2.06	1.99	1.93	1.89	1.86	1.83	1.78	1.73	1.68	1.65	1.62	1.58	1.55	1.51	1.47
30	2.88	2.49	2.28	2.14	2.05	1.98	1.93	1.88	1.85	1.82	1.77	1.72	1.67	1.64	1.61	1.57	1.54	1.50	1.46
40	2.84	2.44	2.23	2.09	2.00	1.93	1.87	1.83	1.79	1.76	1.71	1.66	1.61	1.57	1.54	1.51	1.47	1.42	1.38
60	2.79	2.39	2.18	2.04	1.95	1.87	1.82	1.77	1.74	1.71	1.66	1.60	1.54	1.51	1.48	1.44	1.40	1.35	1.29
120	2.75	2.35	2.13	1.99	1.90	1.82	1.77	1.72	1.68	1.65	1.60	1.55	1.48	1.45	1.41	1.37	1.32	1.26	1.19
∞	2.71	2.30	2.08	1.94	1.85	1.77	1.72	1.67	1.63	1.60	1.55	1.49	1.42	1.38	1.34	1.30	1.24	1.17	1.00

$\alpha = 0.05$ 续附表 E

n_2 \ n_1	1	2	3	4	5	6	7	8	9	10	12	15	20	24	30	40	60	120	∞
1	161.4	199.5	215.7	224.6	230.2	234.0	236.8	238.9	240.5	241.9	243.9	245.9	248.0	249.1	250.1	251.1	252.2	253.3	254.3
2	18.51	19.00	19.16	19.25	19.30	19.33	19.35	19.37	19.38	19.40	19.41	19.43	19.45	19.45	19.46	19.47	19.48	19.49	19.50
3	10.13	9.55	9.28	9.12	9.01	8.94	8.89	8.85	8.81	8.79	8.74	8.70	8.66	8.64	8.62	8.59	8.57	8.55	8.53
4	7.71	6.94	6.59	6.39	6.26	6.16	6.09	6.04	6.00	5.96	5.91	5.86	5.80	5.77	5.75	5.72	5.69	5.66	5.63
5	6.61	5.79	5.41	5.19	5.05	4.95	4.88	4.82	4.77	4.74	4.68	4.62	4.56	4.53	4.50	4.46	4.43	4.40	4.36
6	5.99	5.14	4.76	4.53	4.39	4.28	4.21	4.15	4.10	4.06	4.00	3.94	3.87	3.84	3.81	3.77	3.74	3.70	3.67
7	5.59	4.47	4.35	4.12	3.97	3.87	3.79	3.73	3.68	3.64	3.57	3.51	3.44	3.41	3.38	3.34	3.30	3.27	3.23
8	5.32	4.46	4.07	3.84	3.69	3.58	3.50	3.44	3.39	3.35	3.28	3.22	3.15	3.12	3.08	3.04	3.01	2.97	2.93
9	5.12	4.26	3.86	3.63	3.48	3.37	3.29	3.23	3.18	3.14	3.07	3.01	2.94	2.90	2.86	2.83	2.79	2.75	2.71
10	4.96	4.10	3.71	3.48	3.33	3.22	3.14	3.07	3.02	2.98	2.91	2.85	2.77	2.74	2.70	2.66	2.62	2.58	2.54
11	4.84	3.98	3.59	3.36	3.20	3.09	3.01	2.95	2.90	2.85	2.79	2.72	2.65	2.61	2.57	2.53	2.49	2.45	2.40
12	4.75	3.89	3.49	3.26	3.11	3.00	2.91	2.85	2.80	2.75	2.69	2.62	2.54	2.51	2.47	2.43	2.38	2.34	2.30
13	4.67	3.81	3.41	3.18	3.03	2.92	2.83	2.77	2.71	2.67	2.60	2.53	2.46	2.42	2.38	2.34	2.30	2.25	2.21
14	4.60	3.74	3.34	3.11	2.96	2.85	2.76	2.70	2.65	2.60	2.53	2.46	2.39	2.35	2.31	2.27	2.22	2.18	2.13
15	4.54	3.68	3.29	3.06	2.90	2.79	2.71	2.64	2.59	2.54	2.48	2.40	2.33	2.29	2.25	2.20	2.16	2.11	2.07
16	4.49	3.63	3.24	3.01	2.85	2.74	2.66	2.59	2.54	2.49	2.42	2.35	2.28	2.24	2.19	2.15	2.11	2.06	2.01
17	4.45	3.59	3.20	2.96	2.81	2.70	2.61	2.55	2.49	2.45	2.38	2.31	2.23	2.19	2.15	2.10	2.06	2.01	1.96
18	4.41	3.55	3.16	2.93	2.77	2.66	2.58	2.51	2.46	2.41	2.34	2.27	2.19	2.15	2.11	2.06	2.02	1.97	1.92
19	4.38	3.52	3.13	2.90	2.74	2.63	2.54	2.48	2.42	2.38	2.31	2.23	2.16	2.11	2.07	2.03	1.98	1.93	1.88
20	4.35	3.49	3.10	2.87	2.71	2.60	2.51	2.45	2.39	2.35	2.28	2.20	2.12	2.08	2.04	1.99	1.95	1.90	1.84
21	4.32	3.47	3.07	2.84	2.68	2.57	2.49	2.42	2.37	2.32	2.25	2.18	2.10	2.05	2.01	1.96	1.92	1.87	1.81
22	4.30	3.44	3.05	2.82	2.66	2.55	2.46	2.40	2.34	2.30	2.23	2.15	2.07	2.03	1.98	1.94	1.89	1.84	1.78
23	4.28	3.42	3.03	2.80	2.64	2.53	2.44	2.37	2.32	2.27	2.20	2.13	2.05	2.01	1.96	1.91	1.86	1.81	1.76
24	4.26	3.40	3.01	2.78	2.62	2.51	2.42	2.36	2.30	2.25	2.18	2.11	2.03	1.98	1.94	1.89	1.84	1.79	1.73
25	4.24	3.39	2.99	2.76	2.60	2.49	2.40	2.34	2.28	2.24	2.16	2.09	2.01	1.96	1.92	1.87	1.82	1.77	1.71
26	4.23	3.37	2.98	2.74	2.59	2.47	2.39	2.32	2.27	2.22	2.15	2.07	1.99	1.95	1.90	1.85	1.80	1.75	1.69
27	4.21	3.35	2.96	2.73	2.57	2.46	2.37	2.31	2.25	2.20	2.13	2.06	1.97	1.93	1.88	1.84	1.79	1.73	1.67
28	4.20	3.34	2.95	2.71	2.56	2.45	2.36	2.29	2.24	2.19	2.12	2.04	1.96	1.91	1.87	1.82	1.77	1.71	1.65
29	4.18	3.33	2.93	2.70	2.55	2.43	2.35	2.28	2.22	2.18	2.10	2.03	1.94	1.90	1.85	1.81	1.75	1.70	1.64
30	4.17	3.32	2.92	2.69	2.53	2.42	2.33	2.27	2.21	2.16	2.09	2.01	1.93	1.89	1.84	1.79	1.74	1.68	1.62
40	4.08	3.23	2.84	2.61	2.45	2.34	2.25	2.18	2.12	2.08	2.00	1.92	1.84	1.79	1.74	1.69	1.64	1.58	1.51
60	4.00	3.15	2.76	2.53	2.37	2.25	2.17	2.10	2.04	1.99	1.92	1.84	1.75	1.70	1.65	1.59	1.53	1.47	1.39
120	3.92	3.07	2.68	2.45	2.29	2.17	2.09	2.02	1.96	1.91	1.83	1.75	1.66	1.61	1.55	1.50	1.43	1.35	1.25
∞	3.84	3.00	2.60	2.37	2.21	2.10	2.01	1.94	1.88	1.83	1.75	1.67	1.57	1.52	1.46	1.39	1.32	1.22	1.00

$\alpha=0.025$ 续附表 E

n_2 \ n_1	1	2	3	4	5	6	7	8	9	10	12	15	20	24	30	40	60	120	∞
1	647.8	799.5	864.2	899.6	921.8	937.1	948.2	956.7	963.3	968.6	976.7	984.9	993.1	997.2	1 001	1 006	1 010	1 014	1 018
2	38.51	39.00	39.17	39.25	39.30	39.33	39.36	39.37	39.39	39.40	39.41	39.43	39.45	39.45	39.46	39.47	39.48	39.49	39.50
3	17.44	16.06	15.44	15.10	14.88	14.73	14.62	14.54	14.47	14.42	14.34	14.25	14.17	14.12	14.08	14.04	13.99	13.95	13.90
4	12.22	10.65	9.98	9.60	9.36	9.20	9.07	8.98	8.90	8.84	8.75	8.66	8.56	8.51	8.46	8.41	8.36	8.31	8.26
5	10.01	8.43	7.76	7.39	7.15	6.98	6.85	6.76	6.68	6.62	6.52	6.43	6.33	6.28	6.23	6.18	6.12	6.07	6.02
6	8.81	7.26	6.60	6.23	5.99	5.28	5.70	5.60	5.52	5.46	5.37	5.27	5.17	5.12	5.07	5.01	4.96	4.90	4.85
7	8.07	6.54	5.89	5.52	5.29	5.12	4.99	4.90	4.82	4.76	4.67	4.57	4.47	4.42	4.36	4.31	4.25	4.20	4.14
8	7.57	6.06	5.42	5.05	4.82	4.65	4.53	4.43	4.36	4.30	4.20	4.10	4.00	3.95	3.89	3.84	3.78	3.73	3.67
9	7.21	5.71	5.08	4.72	4.48	4.23	4.20	4.10	4.03	3.96	3.87	3.77	3.67	3.61	3.56	3.51	3.45	3.39	3.33
10	6.94	5.46	4.83	4.47	4.24	4.07	3.95	3.85	3.78	3.72	3.62	3.52	3.42	3.37	3.31	3.26	3.20	3.14	3.08
11	6.72	5.26	4.63	4.28	4.04	3.88	3.76	3.66	3.59	3.53	3.43	3.33	3.23	3.17	3.12	3.06	3.00	2.94	2.88
12	6.55	5.10	4.47	4.12	3.89	3.73	3.61	3.51	3.44	3.37	3.28	3.18	3.07	3.02	2.96	2.91	2.85	2.79	2.72
13	6.41	4.97	4.35	4.00	3.77	3.60	3.48	3.39	3.31	3.25	3.15	3.05	2.95	2.89	2.84	2.78	2.72	2.66	2.60
14	6.30	4.86	4.24	3.89	3.66	3.50	3.38	3.29	3.21	3.15	3.05	2.95	2.84	2.79	2.73	2.67	2.61	2.55	2.49
15	6.20	4.77	4.15	3.80	3.58	3.41	3.29	3.20	3.12	3.06	2.96	2.86	2.76	2.70	2.64	2.59	2.52	2.46	2.40
16	6.12	4.69	4.08	3.73	3.50	3.34	3.22	3.12	3.05	2.99	2.89	2.79	2.68	2.63	2.57	2.51	2.45	2.38	2.32
17	6.04	4.62	4.01	3.66	3.44	3.28	3.16	3.06	2.98	2.92	2.82	2.72	2.62	2.56	2.50	2.44	2.38	2.32	2.25
18	5.98	4.56	3.95	3.61	3.38	3.22	3.10	3.01	2.93	2.87	2.77	2.67	2.56	2.50	2.44	2.38	2.32	2.26	2.19
19	5.92	4.15	3.90	3.56	3.33	3.17	3.05	2.96	2.88	2.82	2.72	2.62	2.51	2.45	2.39	2.33	2.27	2.20	2.13
20	5.87	4.46	3.86	3.51	3.29	3.13	3.01	2.91	2.84	2.77	2.68	2.57	2.46	2.41	2.35	2.29	2.22	2.16	2.09
21	5.83	4.42	3.82	3.48	3.25	3.09	2.97	2.87	2.80	2.73	2.64	2.53	2.42	2.37	2.31	2.25	2.18	2.11	2.04
22	5.79	4.38	3.78	3.44	3.22	3.05	2.93	2.84	2.76	2.70	2.60	2.50	2.39	2.33	2.27	2.21	2.14	2.08	2.00
23	5.75	4.35	3.75	3.41	3.18	3.02	2.90	2.81	2.73	2.67	2.57	2.47	2.36	2.30	2.24	2.18	2.11	2.04	1.97
24	5.72	4.32	3.72	3.38	3.15	2.99	2.87	2.78	2.70	2.64	2.54	2.44	2.33	2.27	2.21	2.15	2.08	2.01	1.94
25	5.69	4.29	3.69	3.35	3.13	2.97	2.85	2.75	2.68	2.61	2.51	2.41	2.30	2.24	2.18	2.12	2.05	1.98	1.91
26	5.66	4.27	3.67	3.33	3.10	2.94	2.82	2.73	2.65	2.59	2.49	2.39	2.28	2.22	2.16	2.09	2.03	1.95	1.88
27	5.63	4.24	3.65	3.31	3.08	2.92	2.80	2.71	2.63	2.57	2.47	2.36	2.25	2.19	2.13	2.07	2.00	1.93	1.85
28	5.61	4.22	3.63	3.29	3.06	2.90	2.78	2.69	2.61	2.55	2.45	2.34	2.23	2.17	2.11	2.05	1.98	1.91	1.83
29	5.59	4.20	3.61	3.27	3.04	2.88	2.76	2.67	2.59	2.53	2.43	2.32	2.21	2.15	2.09	2.03	1.96	1.89	1.81
30	5.57	4.18	3.59	3.25	3.03	2.87	2.75	2.65	2.57	2.51	2.41	2.31	2.20	2.14	2.07	2.01	1.94	1.87	1.79
40	5.42	4.05	3.46	3.13	2.90	2.74	2.62	2.53	2.45	2.39	2.29	2.18	2.07	2.01	1.94	1.88	1.80	1.72	1.64
60	5.29	3.93	3.34	3.01	2.79	2.63	2.51	2.41	2.33	2.27	2.17	2.06	1.94	1.88	1.82	1.74	1.67	1.58	1.48
120	5.51	3.80	3.23	2.89	2.67	2.52	2.39	2.30	2.22	2.16	2.05	1.94	1.82	1.76	1.69	1.61	1.53	1.43	1.31
∞	5.02	3.69	3.12	2.97	2.57	2.41	2.29	2.19	2.11	2.05	1.94	1.83	1.71	1.64	1.57	1.48	1.39	1.27	1.00

续附表 E

$\alpha = 0.01$

n_2 \ n_1	1	2	3	4	5	6	7	8	9	10	12	15	20	24	30	40	60	120	∞
1	4 052	4 999.5	5 403	5 625	5 764	5 859	5 928	5 982	6 022	6 056	6 106	6 157	6 209	6 235	6 261	6 287	6 313	6 339	6 366
2	98.50	99.00	99.17	99.25	99.30	99.33	99.36	99.37	99.39	99.40	99.42	99.43	99.45	99.46	99.47	99.47	99.48	99.49	99.50
3	34.12	30.82	29.46	28.71	28.24	27.91	27.67	27.49	27.35	27.23	27.05	26.87	26.69	26.60	26.50	26.41	26.32	26.22	26.13
4	21.20	18.00	16.69	15.98	15.52	15.21	14.98	14.80	14.66	14.55	14.37	14.20	14.02	13.93	13.84	13.75	13.65	13.56	13.46
5	16.26	13.27	12.06	11.39	10.97	10.67	10.46	10.29	10.16	10.05	9.89	9.72	9.55	9.47	9.38	9.29	9.20	9.11	9.02
6	13.75	10.92	9.78	9.15	8.75	8.47	8.26	8.10	7.98	7.87	7.72	7.56	7.40	7.31	7.23	7.14	7.06	6.97	6.88
7	12.25	9.55	8.45	7.85	7.46	7.19	6.99	6.84	6.72	6.62	6.47	6.31	6.16	6.07	5.99	5.91	5.82	5.74	5.65
8	11.26	8.65	7.59	7.01	6.63	6.37	6.18	6.03	5.91	5.81	5.67	5.52	5.36	5.28	5.20	5.12	5.03	4.95	4.86
9	10.56	8.02	6.99	6.42	6.06	5.80	5.61	5.47	5.35	5.26	5.11	4.96	4.81	4.73	4.65	4.57	4.48	4.40	4.31
10	10.04	7.56	6.55	5.99	5.64	5.39	5.20	5.06	4.94	4.85	4.71	4.56	4.41	4.33	4.25	4.17	4.08	4.00	3.91
11	9.65	7.21	6.22	5.67	5.32	5.07	4.89	4.74	4.63	4.54	4.40	4.25	4.10	4.02	3.94	3.86	3.78	3.69	3.60
12	9.33	6.93	5.95	5.41	5.06	4.82	4.64	4.50	4.39	4.30	4.16	4.01	3.86	3.78	3.70	3.62	3.54	3.45	3.36
13	9.07	6.70	5.74	5.21	4.86	4.62	4.44	4.30	4.19	4.10	3.96	3.82	3.66	3.59	3.51	3.43	3.34	3.25	3.17
14	8.86	6.51	5.56	5.04	4.69	4.46	4.28	4.14	4.03	3.94	3.80	3.66	3.51	3.43	3.35	3.27	3.18	3.09	3.00
15	8.68	6.36	5.42	4.89	4.56	4.32	4.14	4.00	3.89	3.80	3.67	3.52	3.37	3.29	3.21	3.13	3.05	2.96	2.87
16	8.53	6.23	5.29	4.77	4.44	4.20	4.03	3.89	3.78	3.69	3.55	3.41	3.26	3.18	3.10	3.02	2.93	2.84	2.75
17	8.40	6.11	5.18	4.67	4.34	4.10	3.93	3.79	3.68	3.59	3.46	3.31	3.16	3.08	3.00	2.92	2.83	2.75	2.65
18	8.29	6.01	5.09	4.58	4.25	4.01	3.84	3.71	3.60	3.51	3.37	3.23	3.08	3.00	2.92	2.84	2.75	2.66	2.57
19	8.18	5.93	5.01	4.50	4.17	3.94	3.77	3.63	3.52	3.43	3.30	3.15	3.00	2.92	2.84	2.76	2.67	2.58	2.49
20	8.10	5.85	4.94	4.43	4.10	3.87	3.70	3.56	3.46	3.37	3.23	3.09	2.94	2.86	2.78	2.69	2.61	2.52	2.42
21	8.02	5.78	4.87	4.37	4.04	3.81	3.64	3.51	3.40	3.31	3.17	3.03	2.88	2.80	2.72	2.64	2.55	2.46	2.36
22	7.95	5.72	4.82	4.31	3.99	3.76	3.59	3.45	3.35	3.26	3.12	2.98	2.83	2.75	2.67	2.58	2.50	2.40	2.31
23	7.88	5.66	4.76	4.26	3.94	3.71	3.54	3.41	3.30	3.21	3.07	2.93	2.78	2.70	2.62	2.54	2.45	2.35	2.26
24	7.82	5.61	4.72	4.22	3.90	3.67	3.50	3.36	3.26	3.17	3.03	2.89	2.74	2.66	2.58	2.49	2.40	2.31	2.21
25	7.77	5.57	4.68	4.18	3.85	3.63	3.46	3.32	3.22	3.13	2.99	2.85	2.70	2.62	2.54	2.45	2.36	2.27	2.17
26	7.72	5.53	4.64	4.14	3.82	3.59	3.42	3.29	3.18	3.09	2.96	2.81	2.66	2.58	2.50	2.42	2.33	2.23	2.13
27	7.68	5.49	4.60	4.11	3.78	3.56	3.39	3.26	3.15	3.06	2.93	2.78	2.63	2.55	2.47	2.38	2.29	2.20	2.10
28	7.64	5.45	4.57	4.07	3.75	3.53	3.36	3.23	3.12	3.03	2.90	2.75	2.60	2.52	2.44	2.35	2.26	2.17	2.06
29	7.60	5.42	4.54	4.04	3.73	3.50	3.33	3.20	3.09	3.00	2.87	2.73	2.57	2.49	2.41	2.33	2.23	2.14	2.03
30	7.56	5.39	4.51	4.02	3.70	3.47	3.30	3.17	3.07	2.98	2.84	2.70	2.55	2.47	2.39	2.30	2.21	2.11	2.01
40	7.31	5.18	4.31	3.83	3.51	3.29	3.12	2.99	2.89	2.80	2.66	2.52	2.37	2.29	2.20	2.11	2.02	1.92	1.80
60	7.08	4.98	4.13	3.65	3.34	3.12	2.95	2.82	2.72	2.63	2.50	2.35	2.20	2.12	2.03	1.94	1.84	1.73	1.60
120	6.85	4.79	3.95	3.48	3.17	2.96	2.79	2.66	2.56	2.47	2.34	2.19	2.03	1.95	1.86	1.76	1.66	1.53	1.38
∞	6.63	4.61	3.78	3.32	3.02	2.80	2.64	2.51	2.41	2.32	2.18	2.04	1.88	1.79	1.70	1.59	1.47	1.32	1.00

$\alpha = 0.005$

续附表 E

n_2 \ n_1	1	2	3	4	5	6	7	8	9	10	12	15	20	24	30	40	60	120	∞
1	16 211	20 000	21 615	22 500	23 056	23 437	23 715	23 925	24 091	24 224	24 226	24 630	24 836	24 940	25 004	25 148	25 258	25 359	25 465
2	198.5	199.0	199.2	199.2	199.3	199.3	199.4	199.4	199.4	199.4	199.4	199.4	199.4	199.5	199.5	199.5	199.5	199.5	199.5
3	55.55	49.80	47.47	46.19	45.39	44.84	44.43	44.13	43.88	43.69	43.39	43.08	42.78	42.62	42.47	42.31	42.15	41.99	41.83
4	31.33	26.28	24.26	23.15	22.46	21.97	21.62	21.35	21.14	20.97	20.70	20.44	20.17	20.03	19.89	19.75	19.61	19.47	19.32
5	22.78	18.31	16.53	15.56	14.94	14.51	14.20	13.96	13.77	13.62	13.38	13.15	12.90	12.78	12.66	12.53	12.40	12.27	12.14
6	18.63	14.54	12.92	12.03	11.46	11.07	10.79	10.57	10.39	10.25	10.03	9.81	9.59	9.47	9.36	9.24	9.12	9.00	8.88
7	16.24	12.40	10.88	10.05	9.52	9.16	8.89	8.68	8.51	8.38	8.18	7.97	7.75	7.65	7.53	7.42	7.31	7.19	7.08
8	14.69	11.04	9.60	8.81	8.30	7.95	7.69	7.50	7.34	7.21	7.01	6.81	6.61	6.50	6.40	6.29	6.18	6.06	5.95
9	13.61	10.11	8.72	7.96	7.47	7.13	6.88	6.69	6.54	6.42	6.23	6.03	5.83	5.73	5.62	5.52	5.41	5.30	5.19
10	12.83	9.43	8.08	7.34	6.87	6.54	6.30	6.12	5.97	5.85	5.66	5.47	5.27	5.17	5.05	4.97	4.86	4.75	4.64
11	12.23	8.91	7.60	6.88	6.42	6.10	5.86	5.68	5.54	5.42	5.24	5.05	4.86	4.76	4.65	4.55	4.44	4.34	4.23
12	11.75	8.51	7.23	6.52	6.07	5.76	5.52	5.35	5.20	5.09	4.91	4.72	4.53	4.43	4.33	4.23	4.12	4.01	3.90
13	11.37	8.19	6.93	6.23	5.79	5.48	5.25	5.08	4.94	4.82	4.64	4.46	4.27	4.17	4.07	3.97	3.87	3.76	3.65
14	11.06	7.92	6.68	6.00	5.56	5.26	5.03	4.86	4.72	4.60	4.43	4.25	4.06	3.96	3.86	3.76	3.66	3.55	3.44
15	10.80	7.70	6.48	5.80	5.37	5.07	4.85	4.67	4.54	4.42	4.25	4.07	3.88	3.79	3.69	3.58	3.48	3.37	3.26
16	10.58	7.51	6.30	5.64	5.12	4.91	4.69	4.52	4.38	4.27	4.10	3.92	3.73	3.64	3.54	3.44	3.33	3.22	3.11
17	10.38	7.35	6.16	5.50	5.07	4.78	4.56	4.39	4.25	4.14	3.97	3.79	3.61	3.51	3.41	3.31	3.21	3.10	2.98
18	10.22	7.21	6.03	5.37	4.96	4.66	4.44	4.28	4.14	4.03	3.86	3.68	3.50	3.40	3.30	3.20	3.10	2.99	2.87
19	10.07	7.09	5.92	5.27	4.85	4.56	4.34	4.18	4.04	3.93	3.76	3.59	3.40	3.31	3.21	3.11	3.00	2.89	2.78
20	9.94	6.99	5.82	5.17	4.76	4.47	4.26	4.09	3.96	3.85	3.68	3.50	3.32	3.22	3.12	3.02	2.92	2.81	2.69
21	9.83	6.89	5.73	5.09	4.68	4.39	4.18	4.01	3.88	3.77	3.60	3.43	3.24	3.15	3.05	2.95	2.84	2.73	2.61
22	9.73	6.81	5.65	5.02	4.61	4.32	4.11	3.94	3.81	3.70	3.54	3.36	3.18	3.03	2.98	2.88	2.77	2.66	2.55
23	9.63	6.73	5.58	4.95	4.54	4.26	4.05	3.88	3.75	3.64	3.47	3.30	3.12	3.02	2.92	2.82	2.71	2.60	2.48
24	9.55	6.66	5.52	4.89	4.49	4.20	3.99	3.83	3.69	3.59	3.42	3.25	3.06	2.97	2.87	2.77	2.66	2.55	2.43
25	9.48	6.60	5.46	4.84	4.43	4.15	3.94	3.78	3.64	3.54	3.37	3.20	3.01	2.92	2.82	2.72	2.61	2.50	2.38
26	9.41	6.54	5.41	4.79	4.38	4.10	3.89	3.73	3.60	3.49	3.33	3.15	2.97	2.87	2.77	2.67	2.56	2.45	2.33
27	9.34	6.49	5.36	4.74	4.34	4.06	3.85	3.69	3.56	3.45	3.28	3.11	2.93	2.83	2.73	2.63	2.52	2.41	2.29
28	9.28	6.44	5.32	4.70	4.30	4.02	3.81	3.65	3.52	3.41	3.25	3.07	2.89	2.79	2.69	2.59	2.48	2.37	2.25
29	9.23	6.40	5.28	4.66	4.26	3.98	3.77	3.61	3.48	3.38	3.21	3.04	2.86	2.76	2.66	2.56	2.45	2.33	2.21
30	9.18	6.35	5.24	4.62	4.23	3.95	3.74	3.58	3.45	3.34	3.18	3.01	2.82	2.73	2.63	2.52	2.42	2.30	2.18
40	8.83	6.07	4.98	4.37	3.99	3.71	3.51	3.35	3.22	3.12	2.95	2.78	2.60	2.50	2.40	2.30	2.18	2.06	1.93
60	8.49	5.79	4.73	4.14	3.76	3.49	3.29	3.13	3.01	2.90	2.74	2.57	2.39	2.29	2.19	2.08	1.96	1.83	1.69
120	8.18	5.54	4.50	3.92	3.55	3.28	3.09	2.93	2.81	2.71	2.54	2.37	2.19	2.09	1.98	1.87	1.75	1.61	1.43
∞	7.88	5.30	4.28	3.27	3.35	3.09	2.90	2.74	2.62	2.52	2.36	2.19	2.00	1.90	1.79	1.67	1.53	1.36	1.00

$\alpha = 0.005$

ˢ表示要将所列数乘以 100

续附表 E

n_2 \ n_1	1	2	3	4	5	6	7	8	9	10	12	15	20	24	30	40	60	120	∞
1	4 053ˢ	5 000ˢ	5 404ˢ	5 625ˢ	5 764ˢ	5 859ˢ	5 929ˢ	5 981ˢ	6 023ˢ	6 056ˢ	6 107ˢ	6 158ˢ	6 209ˢ	6 235ˢ	6 261ˢ	6 287ˢ	6 313ˢ	6 340ˢ	6 366ˢ
2	998.5	999.0	999.2	999.2	999.3	999.3	999.4	999.4	999.4	999.4	999.4	999.4	999.4	999.5	999.5	999.5	999.5	999.5	999.5
3	167.0	148.5	141.1	137.1	134.6	132.8	131.6	130.6	129.9	129.2	128.3	127.4	126.4	125.9	125.4	125.0	124.5	124.0	123.5
4	74.14	61.25	56.18	53.44	51.71	50.53	49.66	49.00	48.47	48.05	47.41	46.76	46.10	45.77	45.43	45.09	44.75	44.40	44.05
5	47.18	37.12	33.20	31.09	29.75	28.84	28.16	27.64	27.24	26.92	26.42	25.91	25.39	25.14	24.87	24.60	24.33	24.06	23.97
6	35.51	27.00	23.70	21.92	20.18	20.03	19.46	19.03	18.69	18.41	17.99	17.56	17.12	16.89	16.67	16.44	16.21	15.99	15.77
7	29.25	21.69	18.77	17.19	16.21	15.52	15.02	14.63	14.33	14.08	13.71	13.32	12.93	12.73	12.53	12.33	12.12	11.91	11.70
8	25.42	18.49	15.83	14.39	13.49	12.86	12.40	12.04	11.77	11.54	11.19	10.84	10.48	10.30	10.11	9.92	9.73	9.53	9.33
9	22.86	16.39	13.90	12.56	11.71	11.13	10.70	10.37	10.11	9.89	9.57	9.24	8.90	8.72	8.55	8.37	8.19	8.00	7.81
10	21.04	14.91	12.55	11.28	10.48	9.92	9.52	9.20	8.96	8.75	8.45	8.13	7.80	7.64	7.47	7.30	7.12	6.94	6.76
11	19.69	13.81	11.56	10.35	9.58	9.05	8.66	8.35	8.12	7.92	7.63	7.32	7.01	6.85	6.68	6.52	6.35	6.17	6.00
12	18.64	12.97	10.80	9.63	8.89	8.38	8.00	7.71	7.48	7.29	7.00	6.71	6.40	6.25	6.09	5.93	5.76	5.59	5.42
13	17.81	12.31	10.21	9.07	8.35	7.86	7.49	7.21	6.98	6.80	6.52	6.23	5.93	5.78	5.63	5.47	5.30	5.14	4.97
14	17.14	11.78	9.73	8.62	7.92	7.43	7.08	6.80	6.58	6.40	6.13	5.85	5.56	5.41	5.25	5.10	4.94	4.77	4.60
15	16.59	11.34	9.34	8.25	7.57	7.09	6.74	6.47	6.26	6.08	5.81	5.54	5.25	5.10	4.95	4.80	4.64	4.47	4.31
16	16.12	10.97	9.00	7.94	7.27	6.81	6.46	6.19	5.98	5.81	5.55	5.27	4.99	4.85	4.70	4.54	4.39	4.23	4.09
17	15.72	10.66	8.73	7.68	7.02	7.56	6.22	5.96	5.75	5.58	5.32	5.05	4.78	4.63	4.48	4.33	4.18	4.02	3.85
18	15.38	10.93	8.49	7.46	6.81	6.35	6.02	5.76	5.56	5.39	5.13	4.87	4.59	4.45	4.30	4.15	4.00	3.84	3.67
19	15.08	10.16	8.28	7.26	6.62	6.18	5.85	5.59	5.39	5.22	4.97	4.70	4.43	4.29	4.14	3.99	3.84	3.68	3.51
20	14.82	9.95	8.10	7.10	6.46	6.02	5.69	5.44	5.24	5.08	4.82	4.56	4.29	4.15	4.00	3.86	3.70	3.54	3.38
21	14.59	9.77	7.94	6.95	6.32	5.88	5.56	5.13	5.11	4.95	4.70	4.44	4.17	4.03	3.88	3.74	3.58	3.42	3.26
22	14.38	9.61	7.80	6.81	6.19	5.76	5.44	5.19	4.99	4.83	4.58	4.33	4.06	3.92	3.78	3.63	3.48	3.32	3.15
23	14.19	9.47	7.67	6.69	6.08	5.56	5.33	5.09	4.89	4.73	4.48	4.23	3.96	3.82	3.68	3.53	3.38	3.22	3.05
24	14.03	9.34	7.55	6.59	5.98	5.55	5.23	4.99	4.80	4.64	4.39	4.14	3.87	3.74	3.59	3.45	3.29	3.14	2.97
25	13.88	9.22	7.45	6.49	5.88	5.46	5.15	4.91	4.71	4.56	4.31	4.06	3.79	3.66	3.52	3.37	3.22	3.06	2.89
26	13.74	9.12	7.36	6.41	5.80	5.38	5.07	4.83	4.64	4.48	4.24	3.99	3.72	3.59	3.44	3.30	3.15	2.99	2.82
27	13.61	9.02	7.27	6.33	5.73	5.31	5.00	4.76	4.57	4.41	4.17	3.92	3.66	3.52	3.38	3.23	3.08	2.92	2.75
28	13.50	8.93	7.19	6.25	5.66	5.24	4.93	4.69	4.50	4.35	4.11	3.86	3.60	3.46	3.32	3.18	3.02	2.86	2.69
29	13.39	8.85	7.12	6.19	5.59	5.18	4.87	4.64	4.45	4.29	4.05	3.80	3.54	3.41	3.27	3.12	2.97	2.81	2.64
30	13.29	8.77	7.05	6.12	5.53	5.12	4.82	4.58	4.39	4.24	4.00	3.75	3.49	3.36	3.22	3.07	2.92	2.76	2.59
40	12.61	8.25	6.60	5.70	5.13	4.73	4.44	4.21	4.02	3.87	3.64	3.40	3.15	3.01	2.87	2.73	2.57	2.41	2.23
60	11.97	7.76	6.17	5.31	4.76	4.37	4.09	3.87	3.69	3.54	3.31	3.08	2.83	2.69	2.55	2.41	2.25	2.08	1.89
120	11.38	7.32	5.79	4.95	4.42	4.04	3.77	3.55	3.38	3.24	3.02	2.78	2.53	2.40	2.26	2.11	1.95	1.76	1.54
∞	10.83	6.91	5.42	4.62	4.10	3.74	3.47	3.27	3.10	2.96	2.74	2.51	2.27	2.13	1.99	1.84	1.66	1.45	1.00

附表 F 多重比较的 $q_\alpha(r,f)$ 表

$\alpha=0.10$

f \ r	2	3	4	5	6	7	8	9	10	15	20
1	8.93	13.4	16.4	18.5	20.2	21.5	22.6	23.6	24.5	27.6	29.7
2	4.13	5.73	6.77	7.54	8.14	8.63	9.05	9.41	9.72	10.9	11.7
3	3.33	4.47	5.20	5.74	6.16	6.51	6.81	7.06	7.29	8.12	8.68
4	3.01	3.98	4.59	5.03	5.39	5.68	5.93	6.14	6.33	7.02	7.50
5	2.85	3.72	4.26	4.66	4.98	5.24	5.46	5.65	5.82	6.44	6.86
6	2.75	3.56	4.07	4.44	4.73	4.97	5.17	5.35	5.50	6.07	6.47
7	2.68	3.45	3.93	4.28	4.55	4.78	4.97	5.14	5.28	5.83	6.19
8	2.63	3.37	3.83	4.17	4.43	4.65	4.83	4.99	5.13	5.64	6.00
9	2.59	3.32	3.76	4.08	4.34	4.54	4.72	4.87	5.01	5.51	5.85
10	2.56	3.27	3.70	4.02	4.26	4.47	4.64	4.78	4.91	5.40	5.73
11	2.54	3.23	3.66	3.96	4.20	4.40	4.57	4.71	4.84	5.31	5.63
12	2.52	3.20	3.62	3.92	4.16	4.35	4.51	4.65	4.78	5.24	5.55
13	2.50	3.18	3.59	3.88	4.12	4.30	4.46	4.60	4.72	5.18	5.48
14	2.49	3.16	3.56	3.85	4.08	4.27	4.42	4.56	4.68	5.12	5.43
15	2.48	3.14	3.54	3.83	4.05	4.23	4.39	4.52	4.64	5.08	5.38
16	2.47	3.12	3.52	3.80	4.03	4.21	4.36	4.49	4.61	5.04	5.33
17	2.46	3.11	3.50	3.78	4.00	4.18	4.33	4.46	4.58	5.01	5.30
18	2.45	3.10	3.49	3.77	3.98	4.16	4.31	4.44	4.55	4.98	5.26
19	2.45	3.09	3.47	3.75	3.97	4.14	4.26	4.42	4.53	4.95	5.23
20	2.44	3.08	3.46	3.74	3.95	4.12	4.27	4.40	4.51	4.92	5.20
24	2.42	3.05	3.42	3.69	3.90	4.07	4.21	4.34	4.44	4.85	5.12
30	2.40	3.02	3.39	3.65	3.85	4.02	4.16	4.28	4.38	4.77	5.03
40	2.38	2.99	3.35	3.60	3.80	3.96	4.10	4.21	4.32	4.69	4.95
60	2.36	2.96	3.31	3.56	3.75	3.91	4.04	4.16	4.25	4.62	4.86
120	2.34	2.93	3.28	3.52	3.71	3.86	3.99	4.10	4.19	4.54	4.78
∞	2.33	2.90	3.24	3.48	3.66	3.81	3.93	4.04	4.13	4.47	4.69

$\alpha=0.05$

f \ r	2	3	4	5	6	7	8	9	10	15	20
1	18.0	27.0	32.8	37.1	40.4	43.1	45.4	47.4	49.1	55.4	59.6
2	6.08	8.33	9.80	10.9	11.7	12.4	13.0	13.5	14.0	15.7	16.8
3	4.50	5.91	6.82	7.50	8.04	8.48	8.85	9.18	9.46	10.5	11.2
4	3.93	5.04	5.76	6.29	6.71	7.05	7.35	7.60	7.83	8.66	9.23
5	3.64	4.60	5.22	5.67	6.03	6.33	6.58	6.80	6.99	7.72	8.21
6	3.46	4.34	4.90	5.30	5.63	5.90	6.12	6.23	6.49	7.14	7.59
7	3.34	416	4.68	5.06	5.36	5.61	5.82	6.00	6.16	6.76	7.17
8	3.26	4.04	4.53	4.89	5.17	5.40	5.60	5.77	5.92	6.48	6.87
9	3.20	3.95	4.41	4.76	5.02	5.24	5.43	5.59	5.74	6.28	6.64
10	3.15	3.88	4.33	4.65	4.91	5.12	5.30	5.46	5.60	6.11	6.47
11	3.11	3.82	4.26	4.57	4.82	5.03	5.20	5.35	5.49	5.98	6.33
12	3.08	3.77	4.20	4.51	4.75	4.95	5.12	5.27	5.39	5.88	6.21

续附表 F

$\alpha=0.05$

f \ r	2	3	4	5	6	7	8	9	10	15	20
13	3.06	3.73	4.15	4.45	4.69	4.88	5.05	5.19	5.32	5.79	6.11
14	3.03	3.70	4.11	4.41	4.64	4.83	4.99	5.13	5.25	5.71	6.03
15	3.01	3.67	4.08	4.37	4.59	4.78	4.94	5.08	5.20	5.65	5.96
16	3.00	3.65	4.05	4.33	4.56	4.74	4.90	5.03	5.15	5.59	5.90
17	2.98	3.63	4.02	4.30	4.52	4.70	4.86	4.99	5.11	5.54	5.84
18	2.97	3.61	4.00	4.28	4.49	4.67	4.82	4.96	5.07	5.50	5.79
19	2.96	3.59	3.98	4.25	4.47	4.65	4.79	4.92	5.04	5.46	5.75
20	2.95	3.58	3.96	4.23	4.45	4.62	4.77	4.90	5.01	5.43	5.71
24	2.92	3.53	3.90	4.17	4.37	4.54	4.68	4.81	4.92	5.32	5.59
30	2.89	3.49	3.85	4.10	4.60	4.46	4.60	4.72	4.82	5.21	5.47
40	2.86	3.44	3.79	4.04	4.23	4.39	4.52	4.63	4.73	5.11	5.36
60	2.83	3.40	3.74	3.98	4.16	4.31	4.44	4.55	4.65	5.00	5.24
120	2.80	3.36	3.68	3392	4.10	4.24	4.36	4.47	4.56	4.90	5.13
∞	2.77	3.31	3.63	3.86	4.03	4.17	4.29	4.39	4.49	4.80	5.01

$\alpha=0.01$

f \ r	2	3	4	5	6	7	8	9	10	15	20
1	90.0	135	164	486	202	216	227	237	246	277	298
2	14.0	19.0	22.3	24.7	26.6	28.2	29.5	30.7	31.7	35.4	37.9
3	8.26	10.6	12.2	13.3	14.2	15.0	15.6	16.2	16.7	18.5	19.8
4	6.51	8.12	9.17	9.96	10.6	11.1	11.5	11.9	12.3	13.5	14.4
5	5.70	6.97	7.80	8.42	8.91	9.32	9.67	9.97	10.2	11.2	11.9
6	5.24	6.33	7.03	7.56	7.97	8.32	8.61	8.87	9.10	9.95	10.05
7	4.95	5.92	6.54	7.01	7.37	7.68	7.94	8.17	8.37	9.12	9.65
8	4.74	5.63	6.20	6.63	6.96	7.24	7.47	7.68	7.87	8.55	9.03
9	4.60	5.43	5.96	6.35	6.66	6.91	7.13	7.32	7.49	8.13	8.57
10	4.48	5.27	5.77	6.14	6.43	6.67	6.87	7.05	7.21	7.81	8.22
11	4.39	5.14	5.62	5.97	6.25	6.48	6.67	6.84	6.99	7.56	7.95
12	4.32	5.04	5.50	5.84	6.10	6.32	6.51	6.67	6.81	7.36	7.73
13	4.26	4.96	5.40	5.73	5.98	6.19	6.37	6.53	6.67	7.19	7.55
14	4.21	4.89	5.32	5.63	5.88	6.08	6.26	6.41	6.54	7.05	7.39
15	4.17	4.83	5.25	5.56	5.80	5.99	6.16	6.31	6.44	6.93	7.26
16	4.13	4.78	5.19	5.49	5.72	5.92	6.08	6.22	6.35	6.82	7.15
17	4.10	4.74	5.14	5.43	5.66	5.85	6.01	6.15	6.27	6.73	7.05
18	4.07	4.70	5.09	5.38	5.60	5.79	5.94	6.08	6.20	6.65	6.96
19	4.05	4.67	5.05	5.33	5.55	5.73	5.89	6.02	6.14	6.58	6.89
20	4.02	4.64	5.02	5.29	5.51	5.69	5.84	5.97	6.09	6.52	6.82
24	3.96	4.54	4.91	5.17	5.37	5.54	5.69	5.81	5.92	6.33	6.61
30	3.89	4.45	4.80	5.05	5.24	5.40	5.54	5.65	5.76	6.14	6.41
40	3.82	4.37	4.70	4.93	5.11	5.27	5.39	5.50	5.60	5.96	6.21
60	3.76	4.28	4.60	4.82	4.99	5.13	5.25	5.36	5.45	5.79	6.02
120	3.70	4.20	4.50	4.71	4.87	5.01	5.12	5.21	5.30	5.61	5.83
∞	3.64	4.12	4.40	4.60	4.76	4.88	4.99	5.08	5.16	5.45	5.65

部分习题参考答案

习 题 1A

1. (1) 样本点 ω_i 表示"出现 i 点" $(i=1,2,3,4,5,6)$,样本空间 $\Omega=\{\omega_1,\omega_2,\omega_3,\omega_4,\omega_5,\omega_6\}$;

   (2) $A=\{\omega_2,\omega_4,\omega_6\}$, $B=\{\omega_3,\omega_6\}$;

   (3) $\overline{A}=\{\omega_1,\omega_3,\omega_5\}$ 表示"出现奇数点",

   $\overline{B}=\{\omega_1,\omega_2,\omega_4,\omega_5\}$ 表示"出现的点数不能被3整除",

   $A\cup B=\{\omega_2,\omega_3,\omega_4,\omega_6\}$ 表示"出现的点数能被2或3整除",

   $AB=\{\omega_6\}$ 表示"出现的点数能被2和3整除",

   $\overline{A\cup B}=\{\omega_1,\omega_5\}$ 表示"出现的点数不能被2或3整除"

2. (1) $\Omega=\{(0,0),(0,1),(1,0),(1,1)\}$;

   (2) $\Omega=\{(1,1),\cdots,(1,4),(2,1),\cdots,(4,4)\}$.

3. A; $A\overline{B}\overline{C}$; $AB\overline{C}$; ABC.   4. (1) $\{2,3,4,5\}$; (2) $\{1,5,6,7,8,9,10\}$.

5. (1) $A\cap\overline{B}=\{\omega_1,\omega_2,\omega_3\}$;

   (2) $(A\cap\overline{B})\cup(\overline{A}\cap B)=\{\omega_1,\omega_2,\omega_3,\omega_7,\omega_8,\omega_9\}$;

   (3) $\overline{A\cup B}=\{\omega_{10},\omega_{11},\omega_{12}\}$;

   (4) $\overline{A}\cap\overline{B}=\{\omega_{10},\omega_{11},\omega_{12}\}$;

   (5) $\overline{A\cap B}=\{\omega_1,\omega_2,\omega_3,\omega_7,\omega_8,\omega_9,\omega_{10},\omega_{11},\omega_{12}\}$;

   (6) $\overline{A}\cup\overline{B}=\{\omega_1,\omega_2,\omega_3,\omega_7,\omega_8,\omega_9,\omega_{10},\omega_{11},\omega_{12}\}$.

6. $\overline{A}=$ "三件都是好品", $\overline{A}=C$;

   $A\cup C=\Omega$(必然事件);

   $A\cap C=\Phi$(不可能事件);

   $A-B=$ "三件中恰有一件废品".

7. $1-p$.   8. 0.625.   9. 0.3.   10. 0.6.   11. 略   12. $\frac{1}{12}$, $\frac{1}{20}$, $\frac{1}{6}$.

13. $\frac{7}{15}$, $\frac{14}{15}$.   14. $\frac{25}{49}$; $\frac{10}{49}$; $\frac{2}{7}$.   15. 0.909 1.   16. 0.128,0.572,0.872,0.428

17. $\frac{19}{28}$.   18. 3.45%, $\frac{25}{69}$.   19. 0.85;0.941.   20. 13/24.   21. 0.95.   22. 1/n.

23. $1-(0.992)^{25}$.   24. 0.5.   25. 0.6.   26. 0.902.   27. 0.104.   28. 0.279.

29. 0.222 4.

习 题 1B

1. (1) 当 $A\subset B$ 时,有最大值 0.5;(2) 当 $A\cup B=\Omega$ 时,有最小值 0.2.

2. (1) $A\supset B$;(2) $A\supset B$.

3. (1) $\overline{AB}=\{x\mid 0.25\leqslant x\leqslant 0.5\}\cup\{x\mid 1<x<1.5\}$;

   (2) $\overline{A}\cup B=\Omega=\{0\leqslant x\leqslant 2\}$;

   (3) $\overline{AB}=\overline{A}=\{x\mid 0\leqslant x<0.5\}\cup\{x\mid 1<x\leqslant 2\}$;

   (4) $\overline{A\cup B}=\overline{B}=\{x\mid 0\leqslant x<0.25\}\cup\{x\mid 1.5\leqslant x\leqslant 2\}$.

4. (1)0.375; (2)0.062 5; (3)0.562 5.　　5. 0.008 3　　6. 0.146,−0.238.　　7. 0.458.

8. 甲先击中目标的概率 $P_1 = \dfrac{p_1}{p_1+p_2-p_1p_2}$.

9. 三局两胜制,甲胜的概率为 0.648;五局三胜制,甲胜的概率约为 0.682.　　10. 略.

11. $P_1 = p^3(2-p^3), P_2 = p^3(2-p)^3; P_2 > P_1$.　　12. $n=4$.　　13. 0.994 8.　　15. $\dfrac{1}{4}$.

习　题　2A

1.

X	2	3	4	5	6	7	8	9	10	11	12
P	$\frac{1}{36}$	$\frac{2}{36}$	$\frac{3}{36}$	$\frac{4}{36}$	$\frac{5}{36}$	$\frac{6}{36}$	$\frac{5}{36}$	$\frac{4}{36}$	$\frac{3}{36}$	$\frac{2}{36}$	$\frac{1}{36}$

2. (1)

X	0	1	2
P	$\frac{22}{35}$	$\frac{12}{35}$	$\frac{1}{35}$

(2) $P\{X \leqslant \frac{1}{2}\} = \frac{22}{35}, P\{1 < X \leqslant \frac{3}{2}\} = 0, P\{1 \leqslant X \leqslant \frac{3}{2}\} = \frac{12}{35}$;

(3) $F(x) = \begin{cases} 0 & \text{当 } x < 0 \\ \frac{22}{35} & \text{当 } 0 \leqslant x < 1 \\ \frac{34}{35} & \text{当 } 1 \leqslant x < 2 \\ 1 & \text{当 } x \geqslant 2 \end{cases}$.

3.

X	0	1	2	3
P	0.008	0.096	0.384	0.512

$P\{X \geqslant 2\} = 0.896$.

4. $\dfrac{19}{27}$.　　5. $P\{X=k\} = (1-p)^{k-1}p, k=1,2,\cdots$.

6. $\begin{pmatrix} 1, 2, \cdots, n-2, n-1 \\ \dfrac{1}{n}, \dfrac{1}{n}, \cdots, \dfrac{1}{n}, \dfrac{2}{n} \end{pmatrix}$.

7. (1) 略;

(2)

X	0	1	3	6
P	1/4	1/12	1/6	1/2

(3) 1/3, 1/2, 1/6.

8. (1)

X	3	4	5
P	0.1	0.3	0.6

(2) $F(x) = \begin{cases} 0, & x < 3, \\ 0.1, & 3 \leqslant x < 4, \\ 0.4, & 4 \leqslant x < 5, \\ 1, & 5 \leqslant x. \end{cases}$

9.

X	1	2	...	m	...
P	0.4	0.4×0.6	...	$0.4 \times 0.6^{m-1}$	...

$P\{X<2\}=0.4, P\{X\leq 2\}=0.64$.

10. $c=1$;   11. $60/77$, $12/77$, $65/77$, $27/77$

12. (1) $P\{X=k\} = \frac{1}{3}\frac{(\ln 3)^k}{k!}, k=0,1,2,\cdots$; (2) $\frac{1}{3}(2-\ln 3)$.

13. 0.004 7.   14. 0.655 6   15. 0.91; 0.09   16. 月初进货 8(件).

17. (1) $A=\frac{1}{2}, B=\frac{1}{\pi}$; (2) $\frac{1}{2}$; (3) $f(x)=\frac{1}{\pi}\frac{1}{1+x^2}$.

18. $F(x)=\begin{cases}\frac{1}{2}e^x & \text{当 } x\leq 0 \\ \frac{1}{2}+\frac{x}{4} & \text{当 } 0<x\leq 2 \\ 1 & \text{当 } x>2\end{cases}$

19. $A=\frac{2}{1-e^{-9}}$, $P=\left[\frac{1-e^{-4}}{1-e^{-9}}\right]^5$.

20. (1) $\frac{1}{\pi}$; (2) $\frac{1}{3}$; (3) $F(x)=\begin{cases}0 & \text{当 } x<-1 \\ \frac{1}{\pi}\arcsin x+\frac{1}{2} & \text{当 } -1\leq x\leq 1 \\ 1 & \text{当 } x>1\end{cases}$

21. $P\{2<X\leq 5\}=0.5328$, $P\{-4<X\leq 10\}=0.9996$, $P\{X>3\}=0.5$, $C=3$.

22. $a=2$, 0.875

23. (1) $A=1/2$. (2) $\sqrt{2}/4$

24. (1) $A=1$. (2) 0.4. (3) $f(x)=2x, 0<x<1$.

25. (1) $c=21$; (2) $17/54$.   26. 0.6

27.

$2X+5$	1	3	5	7	11
P	$\frac{1}{5}$	$\frac{1}{6}$	$\frac{1}{5}$	$\frac{1}{15}$	$\frac{11}{30}$

X^2	0	1	4	9
P	$\frac{1}{5}$	$\frac{7}{30}$	$\frac{1}{5}$	$\frac{11}{30}$

28.

$\frac{2}{3}X+2$	2	$\frac{\pi}{3}+2$	$\frac{2}{3}\pi+2$
P	$\frac{1}{4}$	$\frac{1}{2}$	$\frac{1}{4}$

$\cos X$	1	0	-1
P	$\frac{1}{4}$	$\frac{1}{2}$	$\frac{1}{4}$

29. (1) $f_Y(y)=\begin{cases}\frac{1}{y} & \text{当 } 1<y<e \\ 0 & \text{其他}\end{cases}$; (2) $f_Y(y)=\begin{cases}\frac{1}{2}e^{-\frac{y}{2}} & \text{当 } y>0 \\ 0 & \text{当 } y\leq 0\end{cases}$.

30. (1) $f_Y(y)=\begin{cases}\frac{1}{y\sqrt{2\pi}}e^{-\frac{\ln^2 y}{2}} & \text{当 } y>0 \\ 0 & \text{当 } y\leq 0\end{cases}$; (2) $f_Y(y)=\begin{cases}\sqrt{\frac{2}{\pi}}e^{-\frac{y^2}{2}} & \text{当 } y>0 \\ 0 & \text{当 } y\leq 0\end{cases}$;

(3) $f_Y(y)=\begin{cases}\frac{1}{2\sqrt{\pi(y-1)}}e^{-\frac{y-1}{4}} & \text{当 } y>1 \\ 0 & \text{当 } y\leq 1\end{cases}$.

31. (1) $f_{Y_1}(y)=\begin{cases}\frac{y}{2} & 0<y<2 \\ 0 & \text{其他}\end{cases}$; (2) $f_{Y_2}(y)=\begin{cases}2(1-y), & 0<y<2 \\ 0, & \text{其他}\end{cases}$;

(3) $f_{Y_3}(y) = \begin{cases} 1, & 0 < y < 1 \\ 0, & \text{其他} \end{cases}$.

32.

Y	−1	1
P	1/3	2/3

习　题　2B

1. $k = \begin{cases} \lambda-1 \text{ 或 } \lambda & \text{当 } \lambda \text{ 是整数} \\ [\lambda] & \text{当 } \lambda \text{ 不是整数} \end{cases}$.

2. (1)

X	1	2	3	4	5	6
P	11/36	9/36	7/36	5/36	3/36	1/36

(2) $F(x) = \begin{cases} 0 & x<1 \\ 11/36 & 1 \le x < 2 \\ 20/36 & 2 \le x < 3 \\ 27/36 & 3 \le x < 4 \\ 32/36 & 4 \le x < 5 \\ 35/36 & 5 \le x < 6 \\ 1 & 6 \le x \end{cases}$.

3. (1) 0.142 88; (2) $n \ge 4$; (3) 1 或 2.

4. (1) 0.018; (2) 0.013; (3) 0.014.

5. (1) $c=1$; (2) 0.75; (3) $F(x) = \begin{cases} 0 & x < -1 \\ \dfrac{1}{2}(1+x)^2 & -1 \le x < 0 \\ 1 - \dfrac{1}{2}(1-x)^2 & 0 \le x < 1 \\ 1 & x \ge 1 \end{cases}$.

6. $a = \sqrt[3]{4}$.　　7. 略.

8. $f_Y = \begin{cases} \dfrac{2}{\pi\sqrt{1-y^2}} & \text{当 } 0 < y < 1 \\ 0 & \text{其他} \end{cases}$.

9. $f_Y(y) = \dfrac{2e^y}{\pi(1+e^{2y})}$, $-\infty < y < +\infty$.

10. $f_Y(y) = \begin{cases} \dfrac{2}{\pi\sqrt{1-y^2}} & 0 < y < 1 \\ 0 & \text{其他} \end{cases}$.

习　题　3A

1. $\dfrac{7}{8}$; $\dfrac{1}{8}$; $\dfrac{3}{4}$; $\dfrac{3}{8}$.　　2. $\alpha = \dfrac{2}{9}$, $\beta = \dfrac{1}{9}$, 相互独立.

3.

Y\X	0	1	2	3
0	0	0	$\frac{3}{35}$	$\frac{2}{35}$
1	0	$\frac{6}{35}$	$\frac{12}{35}$	$\frac{2}{35}$
2	$\frac{1}{35}$	$\frac{6}{35}$	$\frac{3}{35}$	0

4.

X	51	52	53	54	55
概率	0.18	0.15	0.35	0.12	0.2

Y	51	52	53	54	55
概率	0.28	0.28	0.22	0.09	0.13

k	51	52	53	54	55
$P\{X=k\|Y=51\}$	$\frac{6}{28}$	$\frac{7}{28}$	$\frac{5}{28}$	$\frac{5}{28}$	$\frac{5}{28}$

5.

X	−1	0	1
P	5/12	1/6	5/12

Y	0	1	2
P	7/12	1/3	1/12

6. $a=1/18, b=2/9, c=1/6$.   7. 0.89   8. 0.5

9. $A=\frac{1}{\pi^2}$, $B=C=\frac{\pi}{2}$, $F_X(x)=\frac{1}{\pi}\left(\frac{\pi}{2}+\arctan\frac{x}{2}\right)$, $-\infty<x<+\infty$,

$F_Y(y)=\frac{1}{\pi}\left(\frac{\pi}{2}+\arctan\frac{y}{3}\right)$, $-\infty<y<+\infty$.

10. (1) $F_X(x)=\begin{cases}1-e^{-0.01x} & \text{当 } x>0 \\ 0 & \text{当 } x\leqslant 0\end{cases}$, $F_Y(y)=\begin{cases}1-e^{-0.01y} & \text{当 } y>0 \\ 0 & \text{当 } y\leqslant 0\end{cases}$;

(2) $2e^{-1.2}-e^{-2.4}$.

11. $C=\frac{\pi}{6}$.   12. $\frac{15}{64}$; 0; $\frac{1}{2}$; $f_X(x)=\begin{cases}2x & \text{当 } 0<x<1 \\ 0 & \text{其他}\end{cases}$, $f_Y(y)=\begin{cases}2y & \text{当 } 0<y<1 \\ 0 & \text{其他}\end{cases}$.

13. $A=20$, $f_X(x)=\frac{4}{\pi(16+x^2)}$, $f_Y(y)=\frac{5}{\pi(25+y^2)}$.

14. $\frac{1}{2}$; 0.120 7.   15. $\frac{1}{5}$.   16. $1-e^{-\frac{r^2}{2}}$.

17. (1) $f_X(x)=\begin{cases}3x^2 & 0<x<1 \\ 0 & \text{其他}\end{cases}$, $f_Y(y)=\begin{cases}3(1-y^2)/2 & 0<y<1 \\ 0 & \text{其他}\end{cases}$.   (2)不独立.

18. (1) $f_X(x)=\begin{cases}1+x & -1<x<0 \\ 1-x & 0<x<1 \\ 0 & \text{其他}\end{cases}$, $f_Y(y)=\begin{cases}2y & 0<y<1 \\ 0 & \text{其他}\end{cases}$,   (2)不独立.

19.

Z	0	1
P	0.25	0.75

20. (1) $f_X(x)=\begin{cases}1+2x-3x^2 & \text{当 } 0<x<1 \\ 0 & \text{其他}\end{cases}$, $f_Y(y)=\begin{cases}3y^2 & \text{当 } 0<y<1 \\ 0 & \text{其他}\end{cases}$,

(2) $f_Z(z)=\begin{cases}z^2 & \text{当 } 0<z\leqslant 1 \\ 2z-z^2 & \text{当 } 1<z\leqslant 2; \\ 0 & \text{其他}\end{cases}$.

21. (1) $\frac{1}{8}$; (2) $\frac{2}{8}$; (3) $\frac{27}{32}$; (4) $f_Z(z) = \begin{cases} \frac{1}{8}(-z^2+8z-12) & \text{当 } 2 \leqslant z < 4 \\ \frac{1}{8}(6-z)^2 & \text{当 } 4 \leqslant z \leqslant 6 \\ 0 & \text{其他} \end{cases}$.

22. $f_Z(z) = \begin{cases} \frac{1}{2}(1-e^{-z}) & \text{当 } 0 < z < 2 \\ \frac{1}{2}e^{-z}(e^2-1) & \text{当 } z \geqslant 2 \\ 0 & \text{当 } z \leqslant 0 \end{cases}$. 23. $f_Z(Z) = \begin{cases} \frac{1}{2}e^{-\frac{Z}{2}} & Z \geqslant 0 \\ 0 & Z < 0 \end{cases}$.

24.

Z	0	1
P	$\frac{\mu}{\lambda+\mu}$	$\frac{\lambda}{\lambda+\mu}$

习 题 3B

1.

Y \ X	0	1	2	3
1	0	$\frac{3}{8}$	$\frac{3}{8}$	0
3	$\frac{1}{8}$	0	0	$\frac{1}{8}$

2. $P\{X=n\} = \frac{14^n e^{-14}}{n!}$, $n=0,1,2,\cdots$; $P\{Y=m\} = \frac{e^{-7.14}(7.14)^m}{m!}$, $m=0,1,2,\cdots$.

当 $m=0,1,2,\cdots$ 时,$P\{X=n|Y=m\} = \frac{e^{-6.86}(6.86)^{n-m}}{(n-m)!}$, $n=m, m+1, \cdots$;

当 $n=0,1,2,\cdots$ 时,$P\{Y=m|X=n\} = \binom{n}{m}(0.51)^m(0.49)^{n-m}$, $m=0,1,2,\cdots,n$;

$P\{Y=m|X=20\} = \binom{20}{m}(0.51)^m(0.49)^{n-m}$, $m=0,1,2,\cdots,20$.

3. $f_T(t) = 3\lambda e^{-3\lambda t}$, $t > 0$.
4. $f_Z(z) = 4ze^{-2z}$, $z > 0$.
5. $f(z) = z^3 e^{-z}/6$, $z > 0$.
6.

Z	0	1
P	0.25	0.75

X+Y	−1	1
P	0.25	0.75

7. 当 $0 < x < \frac{\pi}{2}$ 时,$f_{Y|X}(y|x) = \begin{cases} \frac{1}{3} & \text{当 } 0 \leqslant y \leqslant 3 \\ 0 & \text{其他} \end{cases}$,

当 $0 \leqslant y \leqslant 3$ 时,$f_{X|Y}(x|y) = \begin{cases} \sin x & \text{当 } 0 \leqslant x \leqslant \frac{\pi}{2} \\ 0 & \text{其他} \end{cases}$.

8. 不相互独立.

9. $f_Z(z) = \frac{1}{\pi(1+z^2)}$. 22. 0.818 55.

10. $f_z(z) = \begin{cases} \dfrac{1}{2}(1-e^{-2}) & \text{当 } 0 < z < 2 \\ \dfrac{1}{2}e^{-2}(e^2-1) & \text{当 } z \geq 2 \\ 0 & \text{当 } z \leq 0 \end{cases}$. 11. $1/3$.

习 题 4A

1. $E(X) = 0.3$, $E(X^2) = 0.7$, $E(-2X^2+3) = 1.6$.

2. $E(X) = 0$, $E(X^2) = 2$. 3. $E(X) = 1$, $D(X) = \dfrac{1}{6}$.

4. $E(Y^2) = 20$.

5. (1) $\dfrac{1}{4}$, $\dfrac{183}{80}$; (2) $-\dfrac{17}{20}$, $\dfrac{1\,211}{400}$.

6. $\dfrac{4}{5}$, $\dfrac{3}{5}$, $\dfrac{1}{2}$, $\dfrac{16}{15}$. 7. $k = 2$, $E(XY) = \dfrac{1}{4}$.

9. (2)提示：$S^2 = \dfrac{1}{n-1}(\sum\limits_{i=1}^{n} X_i^2 - n\overline{X}^2)$.

10. $E(XY) = 1$, $D(XY) = \dfrac{7}{6}$.

11. 提示：考察分布律

(X,Y)	$(-1,-1)$	$(-1,0)$	$(-1,1)$	$(0,-1)$	$(0,1)$	$(1,-1)$	$(1,0)$	$(1,1)$
P	$\dfrac{1}{8}$	$\dfrac{1}{8}$	$\dfrac{1}{8}$	$\dfrac{1}{8}$	$\dfrac{1}{8}$	$\dfrac{1}{8}$	$\dfrac{1}{8}$	$\dfrac{1}{8}$

12. $k = 1$, $E(X) = E(Y) = \dfrac{7}{12}$, $\text{Cov}(X,Y) = -\dfrac{1}{144}$, $\rho_{XY} = -\dfrac{1}{11}$, $D(X+Y) = \dfrac{5}{36}$.

习 题 4B

1. $E(Z) = \sqrt{\dfrac{\pi}{2}}$, $D(Z) = 2 - \dfrac{\pi}{2}$.

2. $E(X) = \sqrt{\dfrac{\pi}{2}}\sigma$, $D(X) = \dfrac{4-\pi}{2}\sigma^2$. 3. $E(X) = \dfrac{1}{p}$, $D(X) = \dfrac{1}{p^2} - \dfrac{1}{p}$.

5. $E(X) = E(Y) = \dfrac{\pi}{4}$, $D(X) = D(Y) = \dfrac{\pi^2 + 8\pi - 32}{16}$.

6. $a = 1/4$, $b = -1/4$, $c = 1$.

7. 21 单位

8. 答案：设随机变量 $X_i(i=1,2,\cdots,n)$ 表示在第 i 个车站的停车次数，则

$$X_i = \begin{cases} 0, & \text{如果在第 } i \text{ 个车站无人下车；} \\ 1, & \text{如果在第 } i \text{ 个车站有人下车.} \end{cases}$$

易知 X_i 的概率分布为

X_i	0	1
$P\{X_i = x\}$	$\left(\dfrac{n-1}{n}\right)^N$	$1 - \left(\dfrac{n-1}{n}\right)^N$

于是，沿途停车次数 $Y = \sum\limits_{i=1}^{n} X_i$，其数学期望

$$E(Y) = \sum_{i=1}^{n} E(X_i) = n\left[1 - \left(\dfrac{n-1}{n}\right)^N\right].$$

习 题 5A

1. $>8/9$ 2. $\frac{1}{12}$.   4. $P\{260<Y<340\}\geqslant\frac{13}{16}$.   5. (1) 0.737 2；(2) 0.987 8；   6. 0.952 5.

习 题 5B

1. 约 141.48 千瓦.   2. 842   3. 16

习 题 6A

1. (1)(2)(3)是，(4)(5)不是.   4. (1) 0.262 8；(2) 0.292 3；(3) 0.578 5.
5. 0.1.   6. (1) 22.362, 17.535；(2) 1.943 1, 1.372 2；(3) 3.33, 0.4.   7. $\chi^2(n)$.
8. 略.   9. $a=\frac{1}{20}, b=\frac{1}{100}$.   10. 0.682 6.

习 题 6B

1. 0.674 4.   2. 略   3. 略   4. $F(1,1)$.
5. (1) 0.94；(2) 0.895.

习 题 7A

1. $\hat{P}=\overline{X}$.   2. $\frac{\overline{X}}{m}$.   3. $\frac{1}{\overline{x}}, \frac{1}{\overline{x}}$.   4. 0.008.
5. (1) $-n\Big/\sum\limits_{i=1}^{n}\ln X_i$；(2) $n\Big/\sum\limits_{i=1}^{n}X_i^a$.
6. 4, 4.   7. -1.   8. $C=\frac{1}{2(n-1)}$.
9. (1) (2.121, 2.129)；(2) (2.117, 2.133).   10. (55.2, 444.036).
11. (1) (19.83, 20.19)；(2) (19.85, 20.17)；(3) (0.018 8, 0.150 8).

习 题 7B

1. $\hat{\mu}=\overline{X}-\sqrt{B_2}$, $\hat{\theta}=\frac{1}{\sqrt{B_2}}$.   2. $\Phi\left(\frac{t-\overline{x}}{\sqrt{\sum\limits_{i=1}^{n}(x_i-\overline{x})^2}}\right)$.   3. 2.36, 2.2.   4. 略
5. $\frac{1}{3n}\sum\limits_{i=1}^{n}z_i^2$.   6. $2\overline{X}-\frac{1}{2}$.   7. $a=\frac{n_1-1}{n_1+n_2-1}$.
8. (1.316 4, 5.616 8).   9. $(-7.497\ 7, 1.964\ 3)$.   10. (0.222, 3.601).

习 题 8A

1. 不正常.   2. 接受 H_0.   3. 合乎要求.   4. $|u|\approx 1.94<u_{0.025}$.   5. 略   6. 略

习 题 8B

1. 认为不合格.   2. 认为显著大于 10.   3. 接受 H_0.   4. 认为显著偏大.   5. 不认为小.
6. 有显著差异.   7. 无显著差异.   8. 认为无显著差异.   9. 接受 H_0.   10. 接受 H_0 和 H_0'.
11. 接受 H_0.   12. 认为服从泊松分布.   13. 接受 H_0.   14. 认为来自正态总体.   15. 拒绝 H_0.

16. 接受 H_0.   17. 认为型号 A 比型号 B 使用时间长.

习 题 9

1. 无显著差异.   2. 有显著差异.
3. (1)高度显著；(2)第 V 种农药为最优水平 $\hat{\mu}=94.5\%$ 0.90 的置信区间(91.07, 97.93)；
   (3)在水平 $\alpha=0.05$ 下 $A_1 A_2 A_5$ 三者两两之间无显著差异. $A_3 A_4 A_6$ 三者两两之间无显著差异. $A_1 A_2 A_5$ 中任一个与 $A_3 A_4 A_6$ 中的任一个显著差异.
4. (1)有显著差异；(2)链霉素为最优水平 $\hat{\mu}_{优}=7.85\%$ 0.90 的置信区间为(5.188 8, 10.461 2)；
   (3)青霉素四环素氯霉素三者两两之间无显著差异,除此之外任两者之间有显著差异.
5. (1)两因素均高度显著交互作用不显著；
   (2)最优水平组合为 $A_3 B_4$, $\hat{\mu}_{A_3 B_4}=42.288$ 0.90的置信区间为(41.324, 43.252).
6. (1)A, B 及 $A \times B$ 均高度显著；
   (2)最优水平组合为 $A_3 B_3$ $\hat{\mu}_{A_3 B_3}=6.75$ $\mu_{A_3 B_3}$ 置信度为 0.90 的置信区间为(6.402, 7.22).
7. (1)操作工之间的差异高度显著,机器之间差异不显著,两因素的交互作用高度显著；
   (2)最优水平组合为 $A_3 B_2$.
8. (1)机器性能差异高度显著,工人技术水平差异高度显著； (2)最优水平组合为 $A_6 B_1$.

习 题 10

1. $\hat{y}=11.6+0.499\,2x$,回归效果显著.
2. $\hat{y}=9.121+0.223x$,回归效果显著,$\hat{y}_0=18.487$,预测区间为(17.319, 19.655).
3. $\hat{y}=21.005\,7+19.528\ln x$,$S=0.9227$.